落葉樹林の進化史

Saving
the World's
Deciduous Forests

R・A・アスキンズ＝著
黒沢令子＝訳

恐竜時代から続く生態系の物語

築地書館

Saving the World's Deciduous Forests:
Ecological Perspectives from East Asia, North America, and Europe
by Robert A. Askins

Japanese Translation by Reiko Kurosawa
Published in Japan by Tsukiji-Shokan Publishing Co., Ltd., Tokyo

前書き

当初は東アジア、北米東部、ならびにヨーロッパの落葉樹林に生息する野生動物の保全を主眼に置いて本書を執筆しようと考えていた。しかし、野生動物が生きていくためには、健全に機能する森林の生態系を保全することが不可欠なので、本書では哺乳類や鳥類を始めとする特定の動物種の個体群から、森林生態系の進化史や生態的機能まで幅広く取り上げることになった。このような広い視点に立って、保全策を講じなければ効果は期待できないからだ。

東アジア、北米東部、およびヨーロッパの落葉樹林は起源は同じだが、何百万年もの間、隔離されて進化してきたので、三地域の森林を比較するのはとりわけ興味深い。三地域の森林生態系は起源が同じで、気候も似ていることから似たような機能をもっているのだろうか？　それとも、長い間、隔離されていたので、まったく異なった進化を遂げてきたのだろうか？　生態系の過程がこの三大陸で基本的には同じだとすれば、一つの大陸で得られた生態学的洞察や保全戦略は他の二大陸にも応用が利くはずだ。

三大陸の落葉樹林については、これまでにタイプ別の分類や記述がなされているので、本書では各大陸の落葉樹林の違いに深く立ち入ることは避け、その生態学的な比較を試みることにした。本書の最終目標は、生態系の普遍的なパターンや、保全問題に幅広く用いることができる解決策を探ることである。三大陸の落葉樹林はよく似ているが、それぞれの地質や生物、文化は大きく異なるので、大陸間にみられる類似点と相違点を理解するためには、時間軸の異なる様々な歴史的視点が重要になる。そこで、数万から数百万年という地質学的な遠い過去と、考古学や歴史学、野外生態学が対象にする近い過去の両面から、落葉樹林の歴史を論じようと思う。本書では、環境問題の事例として、シカの増えすぎ、森林の分断化、樹木の病原体、気候変動といった落葉樹林の生物多様性を地球規模で脅かすものを主に取り上げたが、この問題は他にも、酸性降下物、大気汚染、持続不可能な狩猟圧、殺虫剤汚染など、枚挙にいとまがない。しかし、こうした影響は比較的に局所的で、世界中の落葉樹林に広く及ぶものではないので、特に踏み込んで論じなかった。

世界の落葉樹林の中には、本書で論じなかった種類もある。大昔には、北半球の高緯度地方に落葉性の針広混交樹林が広がっていたが、本書の目的は、それに由来する「夏緑樹林」の野生生物生態系を比較することである。そこで、タイやコスタリカ、セネガルなどの熱帯の乾燥地域に分布する落葉樹林は取り上げていない。こうした熱帯の落葉樹林は雨季に葉を茂らせて、程度の差はあれ、乾季には葉を落とし、主に熱帯性の動植物を支えているので、北方の夏緑樹林とは著しく異なるからだ。また、南半球の温帯林も取り上げなかった。例えば、オーストラリアの落葉樹林やチリのナンキョクブナ科の森林も北半球のものとは別々に進化したので優占している動植物が異なるからだ。さらに、メキシコやグアテマラの高山地帯に分断分布している小規模の温帯落葉樹林や、北米西部に見られるハコヤナギ（ヤマナラシとも）の河畔林にも触れていない。こうした樹林は中新世初期に広く分布していた北方温帯林の末裔だが、北米東部の大落葉樹林帯と比べると、規模の小さい、不完全な遺物に過ぎないからだ。しかし、このような但し書きを書名に網羅するのは実際的ではないので、本書は、世界中の落葉樹林はいうまでもなく、原書タイトルに含まれる東アジア、北米、ヨーロッパのすべての落葉樹林に関する研究を意図したものではないとお断りすれば十分だろう。

また、私自身の専門分野や紙数の制約もあるので、温帯落葉樹林が分布する国をすべて取り上げて、森林の生態や保全に関して包括的な比較を試みたわけでもない。その代わりに、アメリカ（米国）、イギリス（英国）、日本に着目して、この三か国で行なわれた研究に基づいて、土地の管理や保全の取り組みを論じた。さらに、森林の歴史や生態研究を論じる際には、中央ヨーロッパ（特にポーランド）と中国も含めた。カナダで行なわれている研究にも数多く言及した。北米東部に広がる落葉樹林帯は、カナダでは南東部にその一部が分布するだけだが、カナダではこの落葉樹林の生態学的研究が進んでいる。「カロライナ林」と呼ばれているこの落葉樹林は大部分が破壊されたが、残っている森にカナダで絶滅が危惧されている多くの種が生息しているからである。

科学の研究によって知見が得られれば保全問題に応用できるわけだが、それを積極的に応用する役割を果たしてくれるのは、アマチュアの自然愛好家や環境保護関係者、土地管理者などが多い。前著の『鳥たちに明日はあるか——景観生態学に学ぶ自然保護』（文一総合出版、二〇〇三年）でも心がけたことだが、本書でもこうした方々を念頭に置いて、専門用語を使った方が説明しやすい場合でも、生態学関連の専門知識を有しない読者にはわかりにくいと思われる専門用語は極力避けるように心がけた。例えば、「攪乱レジーム」、「メタ個体群動態」、「遺伝子流動」、「最大持続生産量」、「短輪伐期」、「分断化脆弱種」などのような専門用語は、生態学や野生生物学、林業で用いられている便利な用語だが、本書ではこうした専門用語は使用せずに、平易な言葉でその概念を表した。さらに、本書を読みやすくすると共に、学術文献の出典も調べられるように、引用文献を巻末にまとめて提示した。一般の読者と専門家や研究者の双方を対象にした本を著すのは至難の業だということは十分に承知しているが、北米やヨーロッパ、アジアの森林を比較して得られた洞察には、生態学者や森林管理者、野生生物の研究者にとっても役に立つものがあると思う。

本書は大学の教科書を意図したものではないが、森林生態学の授業では教科書として、野生生物の管理、生態学、保全生物学の講座では補助教材として利用できると思われる。しかし、私自身がこうした分野で授業を行なうときには、科学雑誌で使われている専門用語に学生を馴染ませることも目的の一環としている。そこで、本書を教科書として授業で利用しようとする場合は、例えば、どの部分が樹冠ギャップ動態や栄養カスケードを示しているのか、などについて教師は説明して、概念と専門用語を結びつけて教える必要があるだろう。

目次

第6章　孤立林と森林性鳥類の減少　141

第7章　オオカミが消えた森の衰退　180

第8章　世界的気候変動の脅威　218

第9章　もう一つの脅威　海を越える外来種　238

第10章　三大陸の保全戦略を融合する　270

巻末付録

第1章　よく似た景観

ニューイングランドと京都の春の森

ある晴れた早春の朝に、私は京都北部にある山の渓流沿いを歩いていた。そのときに気づいたことが本書が生まれるきっかけとなった。私は北米東部の森林で長年、鳥の研究を行なってきたが、日本の森には北米東部の森とよく似たところがある半面、異なるところもあることに気づいたのだ。渓流沿いの森は馴染み深く思えた。渓流の上にはカエデやカシが枝を張り出し、新芽が芽吹き始めていたし、落ち葉に覆われた褐色の林床には、スミレやイチリンソウ、エンレイソウの群落が鮮やかに彩りを添えていた。まっすぐに伸びたブナの灰色の幹、浅く斜めに射してくる春の日差し、戻ってきた渡り鳥のさえずりがニューイングランドの春の森を彷彿させ、ツガやナラ、ギンリョウソウモドキもコネチカットの自宅近くを流れている小川沿いにみられるものに似ていた。

しかし、よく見ると、細部は明らかに違っていた。個々の鳥のさえずりは聞いたことがないものだ。植物も大きな分類群はお馴染みのものだったが、種は初めて見るものだった。しかも、種の数がずっと多いので、識別するのは大変だった。ブナは北米東部には一種しかないが、ここには二種あるし、カエデも三種ではなく、十数種を数える。フィールド図鑑をみると、一見同じようなスミレも多くの種に分かれていることがわかる。まるで更新世の大絶滅がまだ起きていない八〇〇万年前の北米の森にタイムスリップしたようだ。京都の森に似た古代の北米の森林は、当時の植物の化石記録からその姿がおぼろげに見えるだけだ。

東アジアと北米東部では樹種は同じとは限らないが、南部に亜熱帯林、中部に落葉広葉樹林、そして北部に亜寒帯の針葉樹林が分布するという森林のタイプが極めて似ている。フロリダのキーウェストからカナダ南東部のノヴァスコシアにかけて植生が移り変わる様子は、沖縄から北海道北部にかけての変化と似ている。旅してみるといずれの地域でも、マングローブに縁取られた白い砂浜に始まり、多種多様な落葉樹林を経て、トウヒやモミ、カバノキに囲まれた岩礁海岸に終わるのだ。

もちろん、日本と北米は地理的、生物学的に大きく異なる。北米を代表する景観といえば、プレーリーと呼ばれる温帯草原やサバンナという熱帯草原、砂漠などがあるが、日本にはこうした景観は存在しない。一方、日本は大小の島々からなる島国なので、大陸と比べると、単位面積あたりの種の多様性が低いというような、島嶼に特有の生物学的特性がみられる。また、日本と北米は土地利用の歴史や農業形態が著しく異なっている。しかし、日本と北米東部には、ナラ類やカエデ類などの広葉樹が優占する落葉樹林が広がっており、生態的にはよく似た世界なのだ。見事な紅葉を見たいと思ったら、世界広しといえども、北米のアパラチア山脈と日本の本州の右に出るところはないだろう。どちらの地域も早くから人が定住し、人口密度も高いので、自然はほとんど残っていないのではないかと思ったら、とんでもない思い違いである。日本と米国北東部はどちらも六～七割が森林に覆われている。その大部分が道路や市街地で分断された二次林なのは確かだが、意外なほど広大な森林が残っているのも事実だ。しかも、多くの森林は成熟しつつあり、原生林に見られるような大木や閉じた樹冠、枯死木が徐々に増えている。

日本と北米の森林が似ているのはなぜか?

今から一五〇〇万年前頃、ユーラシアと北米の北部が氷河の前進と後退にくり返し見舞われる以前には、北半球の大陸は落葉樹林に覆われていた。中新世代当時の落葉樹林は動植物の多様性が極めて高く、現在は絶滅してしまった種も数多く生息していた。人類が北半球に分布を広げた結果、生息環境の変化や狩猟圧をもたらしたことで死に絶えた種もあるが、技術を身につけた人類が現れるはるか前に絶滅した種がほとんどだった。そうした種は地球規模の気候変動を生き延びられなかったわけだが、とりわけ更新世代は著しい寒冷化が起きたので、厚みが一〇〇〇メートルに及ぶ氷河が形成され、乾燥した寒風が吹き荒れたことで、ずば抜けた適応能力を備えた頑健な動植物以外には、北半球の温帯地域の広い範囲が生息に適さない土地になってしまった。

現在の北米東部、ヨーロッパ、東アジアの中緯度地方には落葉樹林が飛び飛びに分布している。[*1] ヨーロッパでは絶滅を免れた森の樹種が比較的少ないが、それは中新世と更新世にヨーロッパの西部が厳しい寒冷化と氷河期に見舞われたときに、地中海によって森林の南下が阻まれたからだ。一方、北米東部の森林がヨーロッパよりも多様性が高いのは、メキシコ湾岸や現在はメキシコ湾の海底に没している大陸棚の比較的温暖な地域に動植物が避難することができたからである。しかし、当時の落葉樹林にみられた本来の多様性を理解するためには、中国東部や韓国、日本の森林を見に行く必要がある。この地域は更新世代に大陸氷河に覆われなかったので、森林が気候変動の大きな影響を受けていないからだ。

もちろん、生息環境が似ていると、進化の結果で、類縁関係のない生物同士でも形態が似てくることがあるが、ヨーロッパ、東アジア、北米東部の落葉樹林が似ているように見えるのは、同じ分類群の植物を共有しているからだ。この三地域に優占して生えている木本や低木、草本はそれぞれ同じ「科」に属しているだけでなく、「属」まで同じものも多い。ちなみに、属とは祖先を共有する近縁種のグループのことで、この三地域に同じ属の種が多くみられるということは、この地域の森林が地質学的時間で、つい最近までつながっていたことを示している。中新世代の大きな気候変動が始まる前の比較的温暖だった古第三紀（六五〇〇万年～二三〇〇万年前）の化石記録と照合すると、共通の属の数はもっと多くなる。[*2] 現在では東アジアにしかみられない属も、当時の北米ないしヨーロッパ、あるいは両地域に多数みられていたのだ。また、現在は、ヨーロッパには なくて北米にみられる属が、当時のヨーロッパには生息していた。実際、現在、落葉樹林がみられる北米東部、ヨーロッパ、東アジアの全地域ないし二地域に、かつては大部分の樹木の属が生息していた。北米から姿を消した属は比較的少ないが、ヨーロッパでは大半が失われてしまった。北米では西部で樹種の絶滅率がとりわけ高く、広葉樹林のほとんどが草原や砂漠、針葉樹林にとって代わられてしまった。[*3] 一方、東アジアでは絶滅した植物の属は極めて少なかった。

植物の絶滅率が東アジアと北米東部では低く、ユーラシアの他地域や北米西部で高かったため、植物が奇妙な分布の仕方をしている。特定の分類群が、東アジアと北米東部の落葉樹林にだけ生き残り、他の温帯地域では化石記録として以外は姿を消してしまったのだ。[*4] 東アジアと北米東部の植物相が驚くほど似ていることは一九五〇年代にリ・ハイリンが余すところなく報告しており、その論文には遠く離れたこの二地域だけにみられる数十属の地理的分布を示す地図が掲載されている。[*5] その中には、マンサク、ツタ、イワナシ、キササゲ、ツルアリドオシのような北米でお馴染みの属が含まれているが、このような分布の仕方を示す植物が六五属ほどあるのだ。[*6] こうした属の多くに関して、様々な種の遺伝子の配列を比較した結果、それぞれの属を代表する種は東アジアと北米で数百万年前に共通の祖先から進化したことが確認された。したがって、両地域の植物が似ているのは、生息環境が似ているために生じる収斂進化の結果ではないのだ。

落葉樹林の主要な樹種が進化していた時期は、北米、北東アジア、およびヨーロッパがグリーンランドやベーリング海峡を介して断続的につながっていたので、この三地域に同じ分類群の温帯性植物が数多くみられたり、または過去にみられたのは驚くにはあたらない。[*7] しかし、この三地域は一五〇〇万年ほど前に再び海で隔てられてしまったので、その後は、この三大陸間で絶滅した植物群を近縁のグループの移入で埋め合わせることができなくなり、元来の多様性が大幅に失われてしまった地域もある。現在、ヨーロッパ、北米、および東アジアの落葉樹林がかなり異なってみえるのは、この数百万年の間に起きた気候の寒冷化や氷河期の影響で多くの種が絶滅した結果だが、とりわけ、ヨーロッパの森林では植物種の多様性の減少が甚だしかった。

一方、東アジアと北米東部の落葉樹林で多様性が異なる理由は、それほど単純な要因ではないようだ。[*8] 東アジアで植物の多様性が北米よりも高いのは、北米では絶滅してしまったモクレン属やイチョウのような古い時代の植物の仲間が生き残っているからだ。また、その他の仲間の多様性が高いのは、北米よりも新種の進化速度が速いからだと思われる。日本列島や朝鮮半島がアジア大陸から海や山で隔てられていることも一役買っている。第2章で詳述するが、こうした地理的隔離は種分化を促すのである。また、中国では熱帯・亜熱帯林と温帯落葉樹林は隣接して分布しているので、南方の樹種が北上して季節変動の大きい気候に適応しやすいために、東アジアでは落葉樹の新種が頻繁に進化してきたのだろう。中国南部の山地では、標高は異なるが、極めて至近距離に熱帯と温帯の植生が分布しているので、こうした動きが加速された可能性がある。一方、北米東部の落葉樹林は西インド諸島やメキシコの低地帯に分布する熱帯林とつながっているといってもか細いものに過ぎず、両者は海や、この数百万年の間は米国南西部からメキシコ北部に広がる砂漠や半砂漠によって隔てら

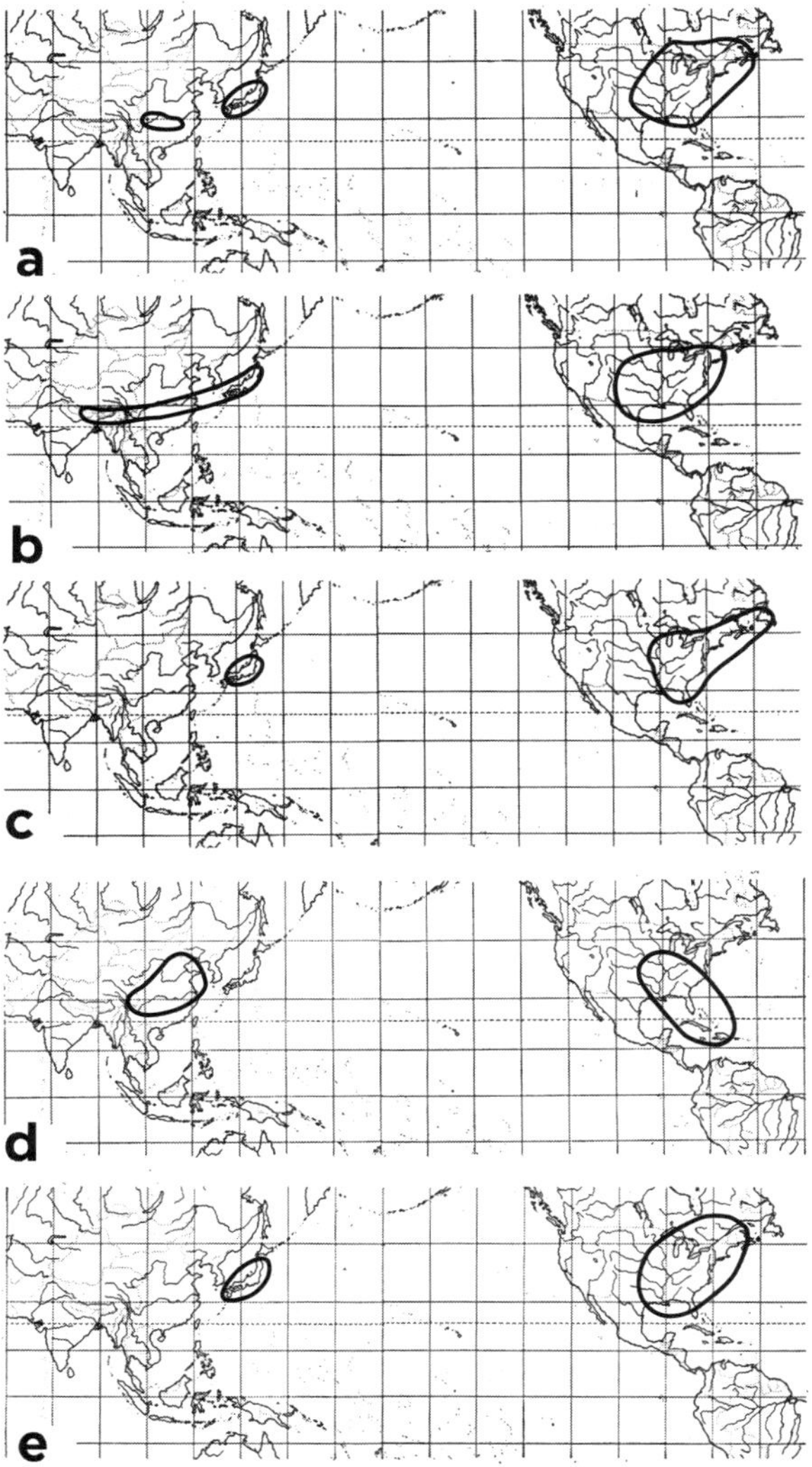

図１　東アジアと北米東部に地理的な隔離分布を示す植物の属は多いが、その数例を示す。(a) マンサク (b) ツタ (c) イワナシ (d) キササゲ (e) ツルアリドオシ (Li, 1952, p.416−422; American Philosophical Society の許可により掲載)

れている。その結果、北米の森林は東アジアの森林に似てはいるが、種の絶滅頻度がより高く、新種の補充率が低いために、多様性が低いのだ。一方、日本列島は現在はアジア大陸と海で隔てられているが、地質学的時間でみれば最近といえる氷河期には海水面がもっと低く、大陸とつながっていたので、植物の多様性が比較的高く保たれているのである。

森林生態系の一般法則を求めて

東アジア、ヨーロッパ、北米の落葉樹林には類似点があるので、「自然の実験」が可能になる。しかし、自然の実験は研究者が計画したものではないので、対照区や反復試行の数が満たされているわけではない。つまり操作実験に劣るのだが、一つだけ利点がある。数千年から数百万年という長期間や島や大陸全体という広域で進行する過程を研究者が実験で検証することは不可能だが、自然実験ではできるのだ。

初めて日本を訪れたときに特に興味をもったのは、北米と日本の落葉樹林が鳥の渡り行動の平行進化に及ぼした影響である。ニューイングランドと同じように、日本でも夏は森に小鳥が満ちているが、秋になると、数千キロメートル南にある熱帯の越冬地へ渡っていってしまう。どちらの地域も小鳥たちの行動は似ている。オスはさえずりによってなわばり宣言をし、つがいで子育てができるだけのなわばりを防衛する。ほとんどの鳥類種は何層にも重なった複雑な森林の葉の中で昆虫を採食する。採食する場所が、低木層や樹冠のような特定の林層に特殊化している種も多い。葉の裏にいる昆虫を捕食するものや、樹皮の中にいる昆虫を捕るもの、飛んでいる昆虫を追いかけるものもいる。このように鳥類相の全体的な構造はよく似ているが、種はまったく異なっている。しかも、多くは近縁関係にないのだ。つまり、最近、共通の祖先から分かれたものではないのである。例えば、モズモドキ科、アメリカムシクイ科、タイランチョウ科といった北米でみられる主要な科の鳥類は日本には生息していない。一方、ヒヨドリや旧世界のヒタキの仲間は日本には生息しているが、北米ではみられない。したがって、G・イブリン・ハッチンソンの言葉を借りれば、生態的舞台は似ているが、役者はほぼ全員が異なっているというとりわけ興味深い自然の実験が行なえるのだ。[*9] 芝居の筋書きは同じだったのだろうか？　同じような生態的パターンがみられたのだろうか？　保全問題やその解決法は似ているのだろうか？　もしそうなら、日本と北米の生態学者や保全家が互いに学び合える事柄はたくさんあるはずだし、明らかになってきた原則はヨーロッパや韓国、中国の温帯性落葉樹林にも当てはまるかもしれない。

日本と北米の森林の平行進化について考え始めると、様々な疑問が浮かんできた。例えば、日本にも北米東部にも、比較的最近までオオカミが生息していたが、その絶滅によって自然の森林の生態系はどのような影響を受けたのだろうか？　近年、日本でも北米でもシカの個体数が爆発的に増えているが、個体数の激増は両地域の生態系に似たような変化をもたらしているのだろうか？　森林が成熟すると、若齢林や林内の空き地に適応した種にどのような影響を及ぼすのだろうか？　木材を伐採すると生物の多様性に及ぶ影響は、日本でも北米でも同じなのだろうか？　日本と北米東部の森林で類似のパターンがみられたら、それを韓国や中国、ヨーロッパの温帯落葉樹林にも当てはめることができるのだろうか？

こうした比較にとりわけ興味をそそられるのは、保全の取り組み方や自然環境や自然美に対する見方が日本と北米では異なっているからだが、両地域でとられている保全方法には優劣があるのだろうか？　それとも、いずれの方法にも長所と短所があるだろうか？　温帯の落葉樹林は、湿潤な熱帯以北では種の多様性が最も高い地域の一つである。両地域でとられている保全方法を組み合わせれば、このように多種多様な生物種で賑わい、色鮮やかな秋の紅葉、「春の妖精」と呼ばれ、林床を彩る春植物、明らかに異なる四季といった特性をもつ温帯落葉樹林を効率よく保全することができるだろうか？　このように比較をしてみたとき、その結果は、土地利用や野生生物の保全の伝統が北米や日本と異なるイギリスなどのヨーロッパ諸国や中国の保全の取り組みに、どのように結びつくのだろうか？　こうした疑問が浮かんできたのだ。

第2章　白亜紀の森　落葉樹林の起源

北極地方の落葉樹林

「夏緑」落葉樹林は思いがけない時期に、思いも寄らない場所で誕生した。多くの落葉樹の祖先は一億一三〇〇万年前から六五〇〇万年前の白亜紀中期から後期にまで遡ることができる。当時は地球の大部分が熱帯や亜熱帯気候の地域であり、恐竜がまだ陸上の覇者だった。そして、驚くことに、大規模な落葉樹林はアラスカやカナダ、シベリアの北極周辺や、オーストラリアや南極大陸の南極に近い高緯度地方だけに分布していたのだ。アラスカのノーススロープやカナダのエルズミア島といった北方の地域で出土する木の葉の化石や脊椎動物の骨に基づき、当時の落葉樹林を再現してみると、おぼろげながらも現代の落葉樹林とはまったく異なる姿が浮かび上がってくる。[*1] 白亜紀のこの時代には顕花植物が進化を遂げ、森林の下層に普通にみられたが、優占していた樹木は針葉樹などの裸子植物だった。[*2] メタセコイアに近縁の針葉樹や、園芸好きにはお馴染みのイチョウやソテツのような広葉裸子植物である。針葉樹の現生種はほとんどが常緑なので、「針葉樹」と「常緑樹」は同じものだと思っている人が多いが、カラマツやイトスギなどのように冬になると落葉する針葉樹もあるのだ。白亜紀の極地林では、落葉針葉樹の仲間が少数派ではなく、主流で、樹冠を占めていた。こうした落葉針葉樹は絶滅したか、絶滅に瀕している植物の仲間だが、現生のイトスギやセコイアと類縁関係があるようだ。こうした太古の樹木の仲間で一番よく知られているのはセコイアとイチョウだろう。いずれも中国の森に遺存個体群が生き残り、今ではヨーロッパや北米、東アジアで公園や街路によく植えられている。

アラスカは白亜紀後期には現在より北極に近い位置にあったことが、地磁気の証拠から明らかになっているが、当時は地球全体の気温がもっと高かったので、気候は穏やかだった。[*3] このことは化石として残っている木の葉の形からわかるのだ。現生の植物種では、葉の形と年平均気温の間に一貫した関係がはっきりと見てとれる。[*4] 例えば、温暖な地域から寒冷地へ向かうにつれて、縁が鋸歯《きょし》状になった葉をもつ種の割合が着実に増える。このような葉の特徴を統計的に分析した結果、白亜紀には北極地方の気温は冬期でも氷点下に下がることはめったになかったことがわかったし、永久凍土の存在を示す地質学的証拠が見つからないこともこのことを裏付けている。しかし、カナダ北東部のエルズミア島で見つかった化石化した樹幹には厳しい冷え込みによる損傷と共に成長中断が見られるので、気温が時折、氷点下に下がったことを示している。[*5] また、おおむね温暖だとはいえ、北極では冬期になると、一日中太陽が昇らなかったので大変暗かった。地軸が傾いているために、北方の高緯度地方では太陽光がほとんど届かない期間が毎年、数か月続くのだ。そのために、当時、北極地方に生育していた高木や低木は緯度にもよるが、毎年、数週間から数か月にわたって光合成をすることができなかった。[*6] 当時の化石木の年輪がこのことを裏付けている。年輪の成長が突然に止まっているのだ。これは冬期の暗闇の到来と共に、光合成と植物の成長が突然に停止したことを示している。

代	紀	世	年代（百万年前）
新生代	第四紀	完新世	0.01
		更新世	2.6
	新第三紀	鮮新世	5.3
		中新世	23.0
	古第三紀	漸新世	33.9
		始新世	56.0
		暁新世	66.0
中生代	白亜紀		145.0
	ジュラ紀		201.3
	三畳紀		252.2
古生代	ペルム紀		298.9
	石炭紀		358.9
	デボン紀		419.2
	シルル紀		443.4
	オルドビス紀		485.4
	カンブリア紀		541.0
先カンブリア代			541.0〜

図２　地質年代の大区分。（F.M. Gradstein, J.G. Ogg, M. Schmitz, and G. Ogg〈2012〉The Geologic Time Scale 2012. Elsevier. IUGS〈国際地質科学連合〉の許諾済み、日本語版 ISC Chart〈2012 年版〉から作成）

冬期の暗がりと温暖な気候で、白亜紀の樹木の多くが成長期の終わりに葉を落とした説明がつくだろう。落葉すれば、長い暗闇の期間に水分の損失とエネルギー消費を効果的に抑えることができるだろう。冬期は比較的温暖だったので、常緑樹の葉は呼吸を続けていたと思われる。そのため、光合成ができなくてエネルギーの補給が利かない期間は、蓄えられた養分は葉を維持するために使われてしまっただろう。一方、落葉樹は葉を落として休眠状態に入ることで、その間はほとんどエネルギーを失わずに済み、春になって太陽が再び昇ってくれば、短いとはいえ、一日中日が沈まない時期が続くので、新たに葉を出して十分に成長することができた。

白亜紀の北極地方で落葉樹が優占していたと思われる理由について、この説明は理路整然としているので、長いこと厳密に検証されることがなかった。しかし、白亜紀の北極と南極地方に生育していた落葉樹と常緑樹と同じ仲間に属する樹種を用いて、二〇〇〇年代の初めに行なわれた実験の結果、この仮説に綻びが生じた。[*7] ある研究チームが落葉樹であるイチョウとメタセコイアの二種と、常緑樹であるナンキョクブナ科マートルブナとセコイアの二種の若木を、寒くはないが薄暗い白亜紀の北極地方の冬期を模した温室の中で育て、成長率の比較を行なった。[*8] すると驚いたことに、落葉樹の方が常緑樹よりも蓄えられた養分（炭素含有量）の消費量が多かったのである。これは、落葉によって大量の炭素が直接失われることによる。落葉で失われる炭素の量は冬期の休眠による炭素の節約分を上回るのだ。実験に用いた現生種が白亜紀の近縁種と同じように振る舞っているとしたら、常緑樹が北極地方の森林の覇者にならなかったのは理解に苦しむ。しかし、落葉樹の強みが生かされたのは冬ではなく、夏だったのかもしれない。短い成長期に落葉樹の方が常緑樹よりもすばやく葉を広げて光合成を行なうことができたと思われるからだ。[*9]

表面の細部が鮮明に残っている葉の化石や化石化した樹木の幹の断片から白亜紀の北極地方に分布していた落葉樹林の生物の豊かさや美しさを垣間見ることができるが、その森の中を散策したらどんな感じだったか想像するのは難しい。化石化した樹木の幹や葉の形から推測すると、比較的に背の低い樹木がまばらに生えた森のようだった。現生のイチョウやメタセコイアと同じように、白亜紀の近縁種も鮮やかな緑色をしていたとすれば、夏には日が差し込み、濃い黄緑色の森になっただろう。林床にはシダやトクサの仲間が生い茂っていた。[10] 現在の落葉樹林の原型をみたいと思ったら、下層植生に目をやり、ソテツやイチョウに交ざっている顕花植物を探し出す必要がある。[11] そこにみられるのは現生のカバノキ科、スズカケノキ科、クルミ科、ニレ科に近縁の低木である。この低木は後に北半球の温帯林で優占種となる広葉樹の祖先だ。現代の落葉樹林に特徴的な樹木はカエデ科だが、当時はキョクチカエデの仲間（*Acer arcticum*種群）だった。ちなみに、このキョクチカエデの仲間は絶滅したカエデ属に分類されている。[12] 落葉針葉樹やイチョウは秋になると、現生のアメリカカラマツやセイヨウカラマツのように、落葉する前に鮮やかな黄金色に紅葉しただろう。下層にあった落葉性の低木が燃えるような赤や橙色に染まる現在の落葉樹林を予感させるように、秋の紅葉に彩りを添えていたと思われる。

落葉樹林の恐竜

白亜紀の落葉樹林を散策している最中に何より目を引くのは、まばらな木立の間を動き回って植物を食べる植食性の大型恐竜の姿だろう。ハドロサウルス（カモノハシ竜）やトリケラトプスに近縁の角竜が高木や低木の葉を食んでいた。[13] ハドロサウルス科のエドモントサウルスのように体長が一八メートルに達する巨大な恐竜がいたということは、当時の落葉樹林が疎林だったことを示唆している。[14] 密林にいたのは小型の恐竜だったからだ。例えば、中国東部では、白亜紀初期の熱帯林の付近にあった湖のきめの細かい堆積物から、驚くほど多様な小型恐竜の化石が出土している。こうした恐竜の化石には、悪名高いヴェロキラプトルに近縁の二足歩行をしたコエルロサウルスの仲間も多数含まれている。さらに、原始的な鳥類や哺乳類を含む小型の脊椎動物の化石もみつかっている。[*15] 小型恐竜の中には、羽もしくは羽に似た繊維で覆われたものも多く、飛行や滑空ができるものもいた。しかし、この場所からは膨大な数の化石が出土しているにもかかわらず、大型の草食恐竜の化石は一例に過ぎない。このことは、この熱帯林の典型的な動物相が小型の脊椎動物だったことを示している。大型の草食恐竜は、北極地方の疎林に適応していたのだ。大型恐竜は疎林の方が自由に動き回ることができただけでなく、恐竜自身の採食行動が疎林の維持に一役買っていたと思われる。しかし、北極地方の森林が開けていたのは、成長期が短かった上に、当時の堆積物から炭化物が出土することでわかるのだが、時折火災が発生したためではないか。[*16] 長く暗い冬を乗り切ることができたのは、短い成長期にたっぷり太陽光を浴びて光合成を行ない、十分な炭水化物を生産できた樹木だけだっただろう。[*17]

大型恐竜は、白亜紀初期の中国東北部の密林に比べれば、白亜紀後期のアラスカの開けた極地林により多くいたが、それでも、南方に位置する現在のカナダ西部のアルバータの平原にはかなわなかった。白亜紀後期のこの地域には、一五種に及ぶ草食恐竜を含めて、多様な巨大恐竜が高密度で生息しており、その個体群を支えていたのは、背の低いシダ類や顕花植物の低木だった。[*18] 主要な草食恐竜はハドロサウルスや角竜だったが、同じ堆積層から大量の化石が一度にみつかっているので、大きな群れで移動していたようだ。[*19] アメリカ人にとって恐竜やその生息環境といえば、ニューメキシコからアルバータに至る北米西部に広がっていた古代の平原のイメージが強いが、他の地域の白亜紀の地層から発見された化石は、七〇〇〇万年前の地球も今に劣らず、地理的多様性が高かったことを示している。砂丘を伴う砂漠や熱帯林、湿地林などの環境が存在し、各環境にはそれぞれ異なる恐竜や他の脊椎動物が生息していた。北極地方の落葉樹林はこうした多様な生態系の一つに過ぎなかった。

まだ解明されていない問題は、北極地方の森に生息していた恐竜が暗く寒い冬をどうやって生き延びていたのかという点である。冬眠するには身を守る隠れ場所が必要になるので、大型恐竜にはありそうもない。おそらく、北極地方に生息している現在のカリブーのように、恐竜も南の地域へ大移動をしていたのだろう。[*20] 三か月ほどかけて二〇〇〇キロメートル南へ下がれば、日が差して暖かい地域へ行くことができたはずだ。[*21] 一方、南下せずに、葉の落ちた暗い森に居残っていた可能性も考えられる。ジャコウウシは冬を迎えても、白亜紀よりも厳しい現在の北極地方に留まっているが、草食恐竜もジャコウウシのように葉の落ちた小枝や枯葉を食べていたのかもしれない。[*22] しかし、肉食恐竜は獲物をみつけて捕まえなければならないので、暗い冬は特に生き延びるのが厳しかっただろう。アラスカの白亜紀層からみつかった肉食恐竜の化石はトロオドン・フォルモスという種だけだが、数は多かったようだ。トロオドンは体長が二メートルに満たない二足走歩行の小型恐竜であり、[*23] 恐竜としては並外れて目が大きかった。

白亜紀の森林生態系の終焉

独特な生態系を生み出した白亜紀後期の落葉樹林も、地球に小惑星が衝突したとき、他の大多数の生物と共に、突然の終焉を迎えた。[*24] 恐竜は数ある系統の中で、現代の鳥類につながる系統だけが生き延びた。北米の陸生植物も大部分が惑星衝突で姿を消してしまったが、落葉樹の多くは生き延びた。熱帯や亜熱帯の植物よりは落葉性の高木や低木の方が、衝突で舞い上げられた塵に覆われた地球の暗く寒冷化した環境にうまく適応できたのだ。北米西部から出土した化石に関する限りでは、落葉樹の方が常緑樹よりも絶滅率が低く、衝突の後で南の地域へ分布を広げた北極地方の落葉樹もあったようだ。[*25] 「恐竜の時代」と呼ばれる中生代に続く、「哺乳類の時代」といわれる新生代は、落葉樹が温帯林の重要な構成要素になったのである。小惑星の衝突は地球の動植物に新たな進化をもたらし、その結果、北半球の温帯では落葉樹の優占する森林が生まれたといえるかもしれない。

小惑星の衝突が短期間に大絶滅をもたらしたという仮説は、必ずしも古生物学者のすべてに受け入れられているわけではない。恐竜やその他の生物は惑星が衝突する以前に様々な理由で次第に姿を消していったと主張している研究者も多い[*26]。六五五〇万年前に小惑星が地球に衝突したことを裏付ける決定的な証拠があるにもかかわらず、衝突原因説に異を唱える古生物学者は後を絶たないのだ。小惑星が衝突したことは、イリジウムを豊富に含む薄い泥層の存在という動かぬ証拠で裏付けられている[*27]。この元素は小惑星には高い濃度で存在するが、地球の地殻には元来ほとんど含まれていないのだ。さらに、衝突の高圧で生じる種類の衝撃石英の結晶もこの泥層に含まれている。また、ユカタン半島北部と隣接するメキシコ湾の地下に、この衝突の年代と規模に見合うクレーターが見つかっている[*28]。このチクシュルーブ・クレーターは直径が一八〇キロメートルで、六五〇〇万年ほど前のものなので、白亜紀の末期と一致する。しかし、ドナルド・プロセロという古生物学者が述べているように、白亜紀後期は「生き物にとっては厳しい時期だった」[*29]。白亜紀末期の大絶滅を引き起こしたのは小惑星の衝突だけではなかったのだろう。例えば、インド西部一帯の火山から、「デカントラップ」と呼ばれる溶岩流や火山灰が大量に噴出され、大気中の有毒ガスの濃度が上昇する一方で、海水面が下がり、北米中部の大陸棚などの上に広がる生産性の高い浅海が干上がってしまった。おそらく、こうした大規模な環境の変化が長い時間をかけて徐々に絶滅を引き起こしていったのだろう。問題は、白亜紀後期の絶滅は数か月から数十年という短期間に生じたのか、それとも数十万年から数百万年という長い期間にわたって徐々に起きたのかということになる。小惑星の衝突でイリジウムを豊富に含む泥層が形成された頃に、微小生物や動植物の大半が短期間に絶滅に至ったことを裏付ける有力な証拠が続々と挙がってきている。こうした絶滅種は泥岩層の境界のすぐ下には普通にみられたのに、境界の上ではまったく見当たらないのだ。こうした状況はすべての生物に当てはまるのではなく、陸生植物や光合成を行なう海生生物（とりわけ、有孔虫や石灰質の微小プランクトン）にはっきりと見てとれる。いずれも、長期にわたり太陽光が遮られたら、生き延びることはできないと思われる生物だ。*30

しかし、化石記録からイリジウムを多く含む境界層で絶滅した種を見つけ出すのは必ずしも簡単ではない。化石が頻繁に見つかる種ならば、絶滅が起きた時代の堆積層から急に姿を消してしまったことがわかるだろうが、化石がまれにしか発見されない種は絶滅が起きた境界層のすぐ下にも化石が残っていないことがあるかもしれない。こうした化石記録の少ない種の発見された地層がたまたま境界層のはるか下だけだった場合には、徐々に絶滅に向かったように見える恐れがある。*31 特に恐竜などの脊椎動物の化石にはこうした状況が当てはまると思われるので、小惑星が衝突した後、短期間で絶滅したとしても、化石記録からは徐々に姿を消していったようにみえるかもしれない。化石に残った木の葉についても同じことがいえる。実際には多くの種が同時に絶滅したかもしれないのに、種が少しずつ姿を消していったような印象を与えるのだ。一方、花粉の化石はみつかる頻度も数も多いので、特定の種や属の化石が絶滅した境界層まで連続して出土し、境界層でパタリと途絶えているのだ。ちなみに、花粉を特定できるのは属レベルまでのことが多い。米国西部の白亜紀末期の堆積層から出土する花粉の化石記録には、まさにこの状況が当てはまる。顕花植物の花粉化石は多様性も密度もイリジウムを含む泥層の上で激減し、その代わりにシダ植物の胞子化石が増えるのだ。*32 この「シダ植物の急増」は各地のイリジウム層のすぐ上でみられ、多様性に富んだ森林がたった一種のシダが優占する開けた草原にとって代わられたことを示している。興味深いことに、インドネシアのクラカタウ島が一八八三年に大噴火を起こした後で、同じような現象がみられている。地表に大量に降り積もった火山灰が冷えた後で、島の植生を最初に優占したのはシダ類だった。[*33] しかし、クラカタウ島ではシダの優占は数年に過ぎなかった。近くにあるジャワ島やスマトラ島から顕花植物がまもなく入りこんできたからだ。白亜紀末期に起きた大絶滅の後の長期にわたるシダの優占は、当時の大変動の規模が格段に大きかったことを示している。

大量絶滅の後に新しい時代が到来したが、それまで生き延びた木本植物の多くは北極地方によくみられる湿性林の樹種だった。[*34] こうした湿原は、小惑星の衝突が引き起こした大火災に対して緩衝地帯の役目を果たしただろう。また、こうした落葉樹は日がほとんど差さない長い冬に適応していたので、地球の大部分が塵に覆われ、太陽光が遮られた期間も耐えられたのかもしれない。[*35]

「哺乳類の時代」の幕が開けた白亜紀から新生代への移行期は、米国のノースダコタ、サウスダコタ、モンタナ、カナダのサスカチュワンの各州にまたがる広大なウィリストン盆地でとりわけ詳しい研究が行なわれている。[*36] ウィリストン盆地の白亜紀後期の堆積層は保存状態のよいティラノサウルスやトリケラトプスの骨格を含めて、大物恐竜の化石が出土していることで有名だが、さらに植物の葉や花粉の化石も大量に出土する。この地域の堆積層は北極地方の落葉樹林ではなく、亜熱帯環境のものだが、化石が豊富で研究も進んでいるので、白亜紀末期の様子を詳しく知ることができるのだ。ウィリストン盆地では、イリジウムと衝撃石英の結晶が豊富に含まれている泥岩層によって、いわゆるK－T境界と呼ばれてきた白亜紀末期と小惑星の衝突が明確に示されている[*37]〔訳注：現在では白亜紀―古第三紀境界をK－P境界という〕。この境界層の上と下の岩石層から出土した膨大な数の葉や花粉の化石標本の分析が行なわれているが、盆地全域で同じ分析結果が得られている。イリジウム層の上の方が植物の多様性が著しく低かったのである。また、葉などの大きな化石の分析結果から、植物種が大幅に入れ替わっていることがわかった。分析した植物種の七九％がK－T（K－P）境界の下だけで、上では見られず、白亜紀の後期に絶滅したことが示唆される。しかも、こうした種の多くはK－T（K－P）境界で突然、姿を消している。さらに、白亜紀の堆積層から出土する植物の優占種の多くが暁新世（六五〇〇～五五〇〇万年前）の堆積層にはみられないので、植生の構成が大きく変わったことがわかる。また、花粉化石にみられたタイプのうち三割もが失われるという大きな変化が記録に現れている。

ウィリストン盆地から出土する化石には、白亜紀末期に突然起きた植物の大絶滅が類をみないほど克明に記録されているが、この盆地がメキシコ南部の小惑星の衝突地点に比較的近い北米の地域にあることと無縁ではないだろう。この地域は衝突の影響が特に深刻だったのではないかと思われるが、残念ながら、白亜紀から暁新世への移行期を示す陸上環境の堆積層を探すのは難しい。ヨーロッパやアジアの古生物学者は陸生植物の大絶滅が突然起きたことに懐疑的だが、それはフィールドで出土する葉などの植物化石は断片的なものが多いので、白亜紀の植物が突然絶滅したのか、徐々に絶滅に向かったのか、判断がむずかしいからだ。さらに、白亜紀と暁新世の境界を明確に示すイリジウムを含む泥岩層がみられない地域もあるので、白亜紀と暁新世の区別をするのも困難になる*38。

しかし、近年、ニュージーランドで石炭と砂岩層から出土した花粉や胞子の微小化石を分析した結果、白亜紀と暁新世の境界を越えると植物が変わることが明らかになった。ちなみに、境界にはイリジウムを含む石炭層がみられた。白亜紀に知られているすべての顕花植物を含め、数多くの種が境界で姿を消していた。境界より上では、ウィリストン盆地と同様に、顕著なシダ植物の急増がみられた。数万年にわたりシダ植物が植生の九〇％を占めていたようだ*39。チクシュルーブ・クレーターの裏側にあたるニュージーランドでも大絶滅を示す詳細な化石記録が見つかったことで、白亜紀末期の大絶滅が北米だけでなく、地球全体に及んでいたことがわかったのだ。

図３　トリケラトプスがいた湿地林。白亜紀後期のコロラド州デンバー盆地にあった湿地林の植生を描いたジャン・ヴリーセンによる復元図。白亜紀後期の大絶滅を生き延びた植物の多くは、このような湿地環境に生息していた。森の中を歩くトリケラトプスの群れが左奥に見える。（著作権：Jan Vrieson and Kirk Johnson; 制作依頼と所蔵：the City and County of Denver）

小惑星の衝突によって、生物の多様性が失われただけではなく、生態系の機能も大打撃を受けた。巨大な草食恐竜は平原やサバンナ、疎林のような背丈の低い植生を維持していたと思われるが、こうした「生態系エンジニア〔訳注：生態系の構造に大きな影響を及ぼす生き物〕」が突然、姿を消してしまったのだ。昆虫も多くの種が失われてしまったので、恐竜の場合ほど顕著ではないが、長期にわたり生態系の機能に影響が出ただろう。白亜紀末期の大絶滅を生き延びた植物の多くは虫媒花ではなく、風媒花だったので、花粉を媒介していた昆虫の多くが失われたことが示唆される。[*40] また、恐竜と並んで、昆虫も森林植生の主要な植食者だった。ウィリストン盆地から出土した数千点に上る葉の化石を分析したコンラッド・ラバンデイラらは、白亜紀―暁新世境界より上では昆虫による食害の頻度が著しく低下していることに気づいた。[*41] 食害の程度がとりわけ低かったのは、潜葉性（葉潜り）昆虫や虫瘤《むしこぶ》を作る昆虫などによるもので、これらの昆虫は現代の生態系でも寄生する植物が厳密に決まっている。限られた植物種に寄生する昆虫は絶滅の危険性が特に高いことを示しているのだ。ウィリストン盆地から出土した植物種の八割がたが絶滅してしまったので、少数の植物種に特化した植食性昆虫も大量に絶滅したとしても少しも不思議ではない。その後は一〇〇万年にわたって葉の食害率は低い状態が続いた。

新しい森の出現

小惑星の衝突以後、北米の中緯度地方では植物の多様性が低い時代が数百万年続いた。花粉ではなく、葉などの植物の大きな部分の化石を大化石というが、その分析結果が示すところでは、高緯度にあるカナダのアルバータ中部では白亜紀にみられた植物種で絶滅したものは二五％程度に過ぎなかったが、中緯度地方では八〇

%近くに達していた。[*42] また、中緯度地方では、常緑広葉樹から落葉樹へ植生が劇的に変化している。[*43] 落葉樹は白亜紀には中緯度地方に広く分布していたのではなく、河畔のような不安定な環境だけにみられたようだ。落葉樹は常緑樹の多くが絶滅した後で、こうした不安定な環境や白亜紀後期に落葉樹林が優占していた北極地方から分布を広げたのかもしれない。中緯度地方でも、現生のペカン、エノキ、ハコヤナギ、フウ、カエデに近縁の古代種を含め、様々な落葉広葉樹に並んで、メタセコイアなどの落葉針葉樹がよくみられるようになった。[*44]

北米西部では、暁新世の森林について研究が進んでおり、その多くで落葉高木や低木の少数の植物種が優占していたが、一九九四年にコロラド州デンバー付近のキャッスル・ロックで、まったく異なる森林が発見された。[*45] 白亜紀末期の大絶滅から一五〇万年ほどしか経っていない暁新世初期に、キャッスル・ロックには北米西部の他の地域よりはるかに多様な熱帯雨林が広がっていたのだ。キャッスル・ロックから出土した化石の葉は、縁が滑らかで大きく、「滴下先端（ドリップティップ）」と呼ばれる型が多いという雨林の樹木の特徴がみられるからだ。[*46] ちなみに、滴下先端型とは先端が細くとがった葉のことを指すが、これは、豪雨に見舞われても葉から水が速やかに流れ落ちるようにするための適応である。この雨林の謎や、それが北米の森林の進化に果たした役割はまだ解明されていない。北米西部の内陸部のように研究が進んでいる地域でも、化石記録について解明しなければならないことがまだまだたくさんあるということの証である。この雨林を白亜紀の様々な植物が暁新世まで生き延びたレフユージア（避難所）と解釈したくなるのは無理もないが、キャッスル・ロックでみつかった植物の多くは同じ地域で発見されていた小惑星の衝突以前の植物と種が異なるのだ。[*47] ということは、キャッスル・ロックから出土した植物化石は、白亜紀末期の大絶滅の後に、植物が急速に多様化したことを示している。しかし、北米西部の数百か所に及ぶ他の地域では、大絶滅の後も数百万年にわたり多様化がみられず、優占していた植生は雨林の樹木ではなく、落葉樹だった。

図４　小惑星衝突後の世界。白亜紀末のコロラド州デンバー盆地で、小惑星の衝突から数年後の植生を描いたジャン・ヴリーセンによる復元図。シダ類が優占した景観の中にハート形の葉をした水生植物が１種だけ見られる。ワニ（中央の中州上）はかろうじて生き延びた脊椎動物の一つだった。（著作権：Jan Vrieson and Kirk Johnson; 制作依頼と所蔵：the City and County of Denver）

葉の化石に見られる昆虫の食害を分析した最近の研究で、複雑な食物網が復活するまでの過程は予測がつかないだけでなく、長い時間を要することが明らかになった。[*48] 小惑星の衝突から数百万年も経った暁新世後期まで、植物も植食昆虫も多様化がみられない地域が多数に上った。キャッスル・ロックの雨林は驚くほど速やかに植物の多様性を回復したが、植食昆虫は多様性も密度も低いままだった。モンタナ州のある地域では、暁新世初期には、北米西部の他地域と同様に植物の多様性は低かったが、潜葉性のような特殊な昆虫を含めて、葉食性昆虫の多様性ははるかに高かったので、葉食昆虫の方が木本植物よりも回復が早かったことを示している。フランスのある地域では、暁新世中期の植物も植食昆虫も、潜葉性などの特化した昆虫を含めて、多様性が北米よりはるかに高かった。[*49] ヨーロッパの方が回復が早かったことや、絶滅の規模が小さかったことが示唆されるが、そちらの方が小惑星が衝突したメキシコからの距離が遠かったからだろうと思われる。

白亜紀末期の大絶滅から一〇〇〇万年後の暁新世末までには、北米西部の内陸部から出土する化石記録に常緑広葉樹が再びよくみられるようになるが、当時の気候が比較的温暖だったことを考えれば、少しも不思議ではないだろう。興味深いことは、当時の河畔林はたいていカバノキやヤナギ、スズカケノキ類などの落葉樹が優占していて、現在、北米西部でみられるのと同じような植生だったのだ。[*50] 五六〇〇万年前に始まる次の始新世は気候がかなり温暖化した。[*51] 二酸化炭素の濃度が急速に高まり、地球の気温が五〜一〇℃も上昇したのだ。[*52] 温暖化に伴い、植生の組成も一万年というわずかな期間に急変したことがワイオミング州のビッグホーン盆地から出土する葉や花粉の化石からわかる。それまではどこでもみられた種が衰退して、熱帯種が登場する。こうした熱帯種の中には数百キロメートル南の暁新世の堆積層から出土するものもあるので、分布域を北へ広げたことがわかる。始新世代には亜熱帯林がアラスカあたりまで北上していた。[*53] こうした森林の優占樹種には、現在の熱帯雨林の樹種のように、葉の縁が滑らかで滴下先端を備え、皮革のように分厚いという特徴がみられた。そこでみられた樹種の多くは、現在ではおおむね分布域が熱帯に限られる科に属している。北米西部の中緯度に位置する地域からは、たいていニレ、クルミ、フウ、トネリコのような温帯林を代表する樹種だけでなく、現生のイチジク属やパンノキ属、クスノキ属に似た熱帯樹種も出土しているのだ。*[54]

気候に大きな変動がなければ、熱帯性の常緑広葉樹が引き続き優占していたと思われるが、始新世後期までには、気候が寒冷化に向かい、落葉樹や乾燥した環境では常緑針葉樹が分布域を広げ始めた。始新世に続く漸新世と中新世代には、気候の寒冷化が進んだ結果、北半球の温帯全域で落葉植物が多様化を遂げた。およそ一五〇〇万年前の中新世中期までには、温帯の落葉樹林は分布域でも多様性でも頂点に達していた。*[55] 中新世代の化石記録にみられる北半球の落葉樹林の高木や低木を、東アジアでは現在でも目にすることができる。北米とヨーロッパでは、中新世の後期になると、落葉高木や低木が衰退に向かい、落葉樹林の分布域も急激に縮小し始めた。

気候変動と落葉樹林の衰退

中新世と次の鮮新世代に北半球の温帯で気候が次第に寒冷化し、更新世代には厳しい氷河期がくり返し訪れることになった。気候が長期にわたって変動する理由は複雑なので、十分に理解が進んでいないが、火山活動の低下により大気中の二酸化炭素の濃度が低まっていたことや、大陸の大きさと位置が変わったために海流に変化が生じたことに関係がある。現在は産業革命以後、二酸化炭素の濃度が増加の一途を辿り、地球の温暖化を招いているが、当時はそれとちょうど逆の現象が起きたのだ。さらに、チベット高原やロッキー山脈が隆起したために、ユーラシアや北米の内陸部の気候が変わってしまった。*[56] 気団は山脈を越えるときに冷えて、水分を降水として失うので、山脈の風下側では降水量が著しく少ない「雨陰」と呼ばれる地域が生まれる。また、隆起したばかりの山脈や高原は周辺の低地よりも気温がかなり低いので、北米西部の広い地域が乾燥化したか、または隆起していたと思われる。落葉樹林は、乾燥化が進んだ地域では砂漠や草原に、冬が厳しく乾燥化が進んだ標高の高い地域やいずれか一方の条件を備えた高標高の地域では、針葉樹林にとって代わられてしまった。その結果、落葉樹林は主に河川沿いなどの湿度の高い場所に残り、多くの落葉樹の属が絶滅した。[*57] 中央アジアでも同様の現象が起こり、ヨーロッパの落葉樹林と、中国東部から朝鮮半島、日本にあたる東アジアの落葉樹林が分断されたのだ。

およそ八〇〇万年前の中新世後期までには、北米のグレートプレーンズという大平原地帯の広域が開けた草原に覆われていた。[*58] 種子や果実の化石記録を分析した結果によると、この地域はイネ科の草本や様々な広葉草本の草原に覆われていて、森林はまばらに点在するに過ぎなかった。この太古の草原では、ラクダやサイ、ブタに似た数種のオレオドンに五種のウマが草を食んでいた。

メリーランド州南部は当時のグレートプレーンズとは明らかに異なっていた。[*59] 花粉記録によれば、六〇〇万年前にこの地域に見られた落葉樹林にはマツやカエデ、ミズキ、ブナ、フウ、ユリノキ、トネリコ、サクラ、カシ（三種）、ウルシなどの属が生えていたので、現在の私たちにも身近なものに思えただろう。しかし、北米ではすでに絶滅してしまった植物のグループもこの森林にはみられたので、現在のメリーランド州の森よりも多様性が高かったようだ。例えば、ニレ科のケヤキやクルミ科のサワグルミの二つの属は日本と中国の落葉樹林には現在でもみられるが、北米からは姿を消してしまった。ケヤキは京都の寺院周辺の古い森や林にもみられるが、そのまっすぐに伸びた背の高い姿はとても印象的な樹である。

中新世から出土した日本の化石記録をみると、数百万年にわたる森林の変遷が詳細にわかる。葉や堅果、果実などの化石から種まで同定できるのだ。[*60] 日本では、中新世までには現在と同じ属の樹木がみられており、大きな違いは種レベルだった。また、中新世のはるか以前の始新世代には、比較的温暖な南部の沿岸地域のほとんどが、今でもみられるような常緑広葉樹林に覆われていた。この常緑広葉樹林で優占していた樹木はカシやシイなどだが、冬でも落葉しない分厚い皮のような葉を備えていた。一方、北部の北海道には、ペカン（ヒッコリーとも）、ニレ、フウ、トネリコ、ケヤキ、カエデなどの属が優占する落葉樹林が分布していた。落葉樹林は気候の寒冷化に伴って分布域を南へ広げ、日本の多くの地域で常緑広葉樹林にとって代わった。日本の森林は中新世後期までには、ブナ、カエデ、トネリコ、ツガ、ニレ、ケヤキ、メタセコイアなどの属が優占する冷温帯林になっていた。メタセコイアを除けば、この森は現在の日本や北米東部、ヨーロッパの森を見慣れた人には身近に感じられたのではないだろうか。

中新世後期のヨーロッパの森林は、北米東部や日本とは明らかに異なっていた。メタセコイアやセコイアを含めた針葉樹が優占しており、落葉樹の占める割合は小さかった。[*61] 当時の針葉樹の化石記録は一六属三〇種以上に上る。一方、こうした針葉樹と混交林を形成した落葉樹は北米東部や東アジアの森林の落葉樹よりも樹種の数が少なく、むしろ北米西部の太平洋沿岸地方や山地に現在みられる森林に似ている。現在の針葉樹林生態系では、火災や洪水で環境が乱される地域で落葉樹が最もよくみられるが、当時もそうだったのかもしれない。

二五〇万年ほど前の更新世の始め頃までには、北極地域は低温多湿のために夏でも完全には根雪が融けないため、大陸氷河の発達と拡大が促された。こうした氷河は厚さが数千メートルに達し、行く手にある森林を情け容赦なく押し潰し、環境を破壊しながら南下したので、現在のカナダ東部、米国北東部の諸州と五大湖地方、そしてヨーロッパの北部が氷河に覆われてしまった。一方、東アジアでは氷河の影響はこれほど大きくなく、高山を除けば日本でも、また中国の中緯度地方でも、氷河に見舞われた地域はほとんどなかった。[*62]

氷河が残していった岩石や砂利の堆積物や地形に基づいて、更新世代には温暖な間氷期を挟み、氷河期が四回訪れたという仮説が地質学者によって立てられていた。しかし、大陸氷河が発達した順序を陸上で解読するのは困難なのだ。新しい氷河が発達するたびに、過去の氷河の痕跡がほとんど消されてしまうからだ。氷期と間氷期が交互に訪れたことを示す記録は、海洋底の堆積物から得られたものの方が信頼性が高い。例えば、海洋生物の殻などの外殻には、その生物が生きていたときに海水に溶けていた二種類の酸素同位体（^{18}Oと^{16}O）が記録されているので、海洋底の堆積物に含まれている生物の外殻を分析すれば同位体比がわかる。海水温が低いときには、^{18}Oの比率が高くなるのだ。*63 そうした生物の外殻に記録されている酸素の同位体比を調べたところ、この一六〇万年の間に氷期と間氷期は四回ではなく、一八～二〇回も交互に訪れていたことがわかった。*64

また、この二〇〇万年は地球の広い地域が氷河に覆われ、寒冷化が進んだ一方で、氷河に大量の水が閉じ込められたために、海水面が著しく低下していたことも明らかになった。北米の北部にあるカナダや東部、さらにヨーロッパが被った氷河の影響は甚大だった。氷河の前進と後退に伴って、こうした地域の森林は南下と北上を何度もくり返したのだ。氷河期には、北方の地域は厚さ数千メートルに達する氷に閉ざされたし、その南にはツンドラやトウヒの疎林やモミ－トウヒの混交林などが広く広がっていたので、こうした地域から落葉樹林は姿を消していた。落葉樹の主要な種が生き延びたのははるか南方に位置していたルイジアナ州やブルガリア、中国南部などにあったレフュージアと呼ばれる比較的狭い避難所だった。ヨーロッパでは気候の寒冷化に伴い針葉樹が優占種になるにつれて、更新世に入る前にすでに落葉樹の一部の種が失われていたが、氷河が南下をくり返すようになると、北米でも絶滅する樹種が増えていった。

二〇〇万年の間にくり返し訪れた間氷期には、氷河が融けるに従い、北方の森林は再編成され、種子散布によって樹種が次々に北方へ分布を広げていったが、この過程について一番信頼のおける記録は一万四〇〇〇年ほど前に始まった現在の間氷期に残されているものだ。最後の大陸氷河が融解したときに、いずれ湖沼となる深い窪地を残していったが、こうした窪地の堆積物や泥炭に保存されている花粉を分析すると、数千年にわたる植生の変遷を知ることができる。花粉からは樹木の属レベルの識別は明確にできるが、種レベルの識別は不可能に近い。したがって、優占していた樹木の属（例えば、コナラやカエデ、トウヒ）は識別できるので、そこから、森林の大まかな型を特定することはできる。

生態学者は数百か所に上る湖沼の堆積物を分析し、その結果に基づいて、最後の大陸氷河が後退する前とその後の生態系の分布を大まかな種類ごとに割り出した。気候の寒冷化が進み、氷河の南下が最大に達した各氷期の最寒冷期には、カナダ東部と米国北部のほとんどが氷河に覆われた。氷原の南にはツンドラ、トウヒの疎林、モミやトウヒ、バンクスマツやレジノサマツなどのマツ類が優占する針葉樹林が帯状に広がっていた。

ケンタッキー州とテネシー州にまたがるアパラチア山脈のアレゲニー高原やカンバーランド高原には、中新世の孤立林が手つかずのまま残っているという仮説が広く受け入れられていたので、研究者たちは、帯状や孤立した落葉樹林の跡をアパラチア山脈で探し求めたが、発見には至らなかった。やがて、この仮説は花粉記録の証拠によって覆されてしまう。[*65] こうした標高の高い台地には、北米で最も多様性が高い温帯林（適潤地に生える中生樹木の混交林）がみられる。[*66] 二〇世紀初期に活躍した著名な森林生態学者のE・ルーシー・ブラウンは、こうした台地の森林は数百万年の星霜を生き抜いてきた荘厳な「失われた世界」を象徴する存在であり、したがって、大陸氷河が後退した後の荒野に根を下ろした落葉樹林の起源と原型であるという仮説を提唱した。そこで、アパラチア山脈の原始の落葉樹林は、氷期には低温多湿や氷河の影響で樹木が生育できなかった地域に比較的新しく生育した森林とは明確に区別できるはずと考えられた。

ヘイゼル・デルコートは、ケンタッキー州のカンバーランド高原にみられる中生混交林は氷河期を潜り抜けた生き残りであるという仮説の検証に着手したときのことをこう述べている。[*67] まず、最終氷期の最寒冷期に遡る湖沼の堆積物をみつける必要があったが、カンバーランド高原の地質はほとんどが砂岩なので、水はけが良すぎて、最後の最寒冷期に降り注いだ花粉の記録が保存されている湖沼が残っていないのだ。しかし、運よく、ヘイゼルと共同研究者でもある夫のポールは一万九〇〇〇年前からの堆積物が残っている池のある陥落孔をみつけた。最終氷期の最寒冷期に堆積した一番下の泥層には、中生混交林の多様な花粉ではなく、主にマツ類の花粉が含まれていた。当時、この地域は落葉広葉樹の避難所ではなく、葉から判断すると、おそらくバンクスマツと思われるが、北方系のマツの仲間が生い茂っていたのだ。

したがって、花粉記録から、氷河期の落葉樹林は主な高原上や帯状に幅広く分布していたのではなく、こうした高原のはるか南の湿度が比較的高い地域にまばらに点在して生きながらえていたことがわかる。テキサス北東部の堆積物の調査で、最終氷期には、カエデ、ハンノキ、ペカン、トネリコ、エノキの仲間は氾濫原や湖畔に生えていたことが明らかになっている。[*68] 氷河期に落葉樹林の避難所になっていた場所はテネシー州南西部、アーカンソー州中南部、フロリダ州北部でみつかっているが、大西洋岸南東部の海岸平野やアパラチア山脈にあるこうした避難所はほとんどがトウヒやモミ、マツなどの針葉樹林が優占する氷河景観だった。[*69] 多様な落葉広葉樹の花粉を含む堆積物は、メキシコ湾に近い河川氾濫原で数多く発見されている。[*70] 落葉樹林の避難所はさらに南で、現在はメキシコ湾に没している地域にもあったと思われる。最終氷期の最寒冷期には海水面が一二一メートルも低かったので、陸地は現在の海岸線のはるか南まで広がっていたからだ。

ヨーロッパでも、氷河期の落葉樹の避難所を特定するのは難航している。大陸の氷床から氷河に覆われたアルプスまでの全域が樹木のない寒冷砂漠やツンドラで、アルプスの南側から地中海まではステップと呼ばれる樹木の生えない大草原が広がっていた。[71]氷河期末期の堆積物記録に初めて樹木の花粉が現れた状況を考えると、ステップはトルコやイランまで広がってはいたが、落葉樹の種はヨーロッパ南東部の避難所に生き残っていたようである。北米と同様に、樹木は生息に好適な比較的狭い地域で生き延びていたのかもしれない。そのために絶滅率が高まり、氷河期が訪れるたびに、樹木の属が次から次へと姿を消してしまったのだろう。[72]更新世代以前の化石記録を分析した結果では、くり返し訪れた氷河期を生き延びた樹木の属は東アジアでは九六％、北米東部では八二％あるのに対して、ヨーロッパでは二九％に過ぎない。[73]ヨーロッパでは針葉樹の多様性が極めて高かったが、この時期に失われてしまい、後に続く間氷期には生き延びた落葉樹が優占するようになった。[74]

落葉樹林の再編成

過去一万五〇〇〇年の花粉記録から、北米やヨーロッパの高緯度地方では、氷河の後退に伴って、氷河の岩砕に覆われた荒野やツンドラ地帯に森林が戻ってきたことが明らかになった。堆積層の年代は放射性同位体の濃度を測定すれば、正確にわかるので、植生の変遷順序を一〇〇年単位か場合によっては一〇年単位で追うことができる。また、花粉記録から、樹木の北上速度が種によって異なったので、北方の森林は組成が徐々に変わってきたこともわかった。

落葉樹林の歴史をこのように考える見方は、気候変動や植物進化についての学術的な議論に留まらず、広く影響を及ぼす可能性がある。ブラウンが唱えた中生混交林の残存仮説は生態系の機能に関する一般仮説と一致する。それによれば、ほとんどの自然群集は古くから種間で相互に適応や適合を進化させてきた仲間なので、現在では互いに依存し合うようになった。その結果、自然な群集にみられる種はその組み合わせも相互作用も予想ができるものだということになる。そうならば、中生混交林が避難所としていた高原では、それぞれの種だけでなく、森林生態系の維持に不可欠な相互作用網も氷河期の影響から保護されていたはずである。しかし、花粉記録から、最終氷期にはアパラチア高原はマツやトウヒの針葉樹に覆われていたことがわかっており、中生混交林が完全な形で残っていたという証拠はないのだ。トウヒやモミ、北方系のマツははるか南、フロリダにまで分布していた。南東部の海岸平野はマツやコナラ、ペカンの森に覆われ、落葉樹の多様性は低かった。*75 氷河期には、中生混交林を形成する様々な植物種は広い地域に散在する避難所にまばらに分散しており、再び間氷期が訪れ、気候が温暖化へ向かうと、再び混交林を形成し始めたようだ。種間の複雑で、おそらく絶対的な相互依存関係はいずれも数万年の間は途絶えていたのである。

生態系の構造について現在一番広く受け入れられている仮説は、動植物の種は気候の変動や環境の変化に対してそれぞれ別々に反応していて、温帯林は互いに依存し合う運命共同体ではなく、生息環境の要件が似ていたためや歴史の巡り合わせで、たまたま同じ時期に同じ場所に生息している集団だという見方だ。一方、森林生態系は緊密な相互依存関係にある共同体であるという伝統的な見方は、環境に関する自然もののドキュメンタリーや一般書には未だに根強く残っているが、この見方は（少なくとも、純然たる元の形では）生態学的研究によって否定されている。

コネチカット州の沿岸部にある自宅のテラスでこの原稿をしたためているが、周囲の林には成熟したアカエデ、ヒッコリー、ホワイトオーク、ハナミズキなどがある。この落葉樹林はさほど古いものではない。目の前に広がる低地に生えている最も古い木立でも、一〇〇年を少し超えるくらいだろう。周辺の樹木はもっと若い。しかし、周辺の森と違って、森の生態系は原始の姿を留めているようにみえる。樹冠を形成している樹種は光を巡る競争によく適応しているようだ。春先に花を咲かせるスミレやイチリンソウの仲間のアネモネ・クインケフォリアは、木々が葉を出す前の林床に日光が届く短い期間を活用するように適応している。こうした植物は春の陽光を利用できる間に葉と花を付け、樹冠が高木の葉で覆われて、林床が日陰になる頃に種子を実らせる。一方、地下の巣穴で冬を過ごしたマルハナバチの女王はこうした春植物の花の蜜を利用して、働き蜂を育て始める。午前中いっぱいは渡ってきた夏鳥のさえずりが周囲の森に響きわたっていた。夏鳥たちは採食場所や食物資源がかち合わないように、種同士でうまく適応しているようだ。例えば、カマドムシクイは林床で木の葉をひっくり返し、フタスジアメリカムシクイはガマズミなどの低木の葉を丹念に探る。ハゴロモムシクイは樹冠近辺や下部の葉の中から虫を追い出す。アカメモズモドキは左右の葉をのぞき込みながら、高木の樹冠をゆっくりと移動する。こうした夏鳥は自分やヒナのために昆虫やクモを探しているのだが、種ごとに採食場所や餌動物の種類を変えているので、同じ森で餌探しを行なっても、餌の競合があまり生じないのだ。さすがに長い時間をかけて進化を遂げただけのことはあって、この生態系はよくできていると思える。

このような種同士の適応が進化するまでに、長い時間がかかっただろうと思われるが、その過程が成し遂げられた場所は、コネチカット州などの一定の場所でないことは明らかだ。一万八〇〇〇年前にはこの地域に森林はなく、あったのは氷河だけだった。私の自宅からわずか数キロメートルのところにあるロジャーズ湖の堆積物を分析すると、氷河の後退に伴う植生の変遷が正確にわかるのだ。一九六〇年代にマーガレット・デイビスがロジャーズ湖の堆積物のコアサンプル〔訳注：ロータリー掘削機による地層資料〕を二本分析した。[*76] ちなみに、デイビスは、太古の花粉を様々な生息環境から収集した現生の花粉雨〔訳注：ある土地に降り注ぐ花粉や胞子〕と比較して解釈するために、今日利用されている手法の多くを開発した研究者だ。デイビスは分析結果を図表にまとめ、花粉の割合（％）や堆積率の変化を分類群別に示した。一一・五メートルに達するコアサンプルの堆積物を一定の間隔ごとに放射性炭素同位体の濃度を測り、その年代を特定した。地質学や進化の時間スケールでは一万四〇〇〇年といっても瞬時に過ぎないが、その間に植生が絶えず変化していたことが図5から読み取れる。この地域は一万四三〇〇年から一万二一五〇年前まで、ほとんど木の生えていないツンドラに覆われていたが、やがて寒帯林がそれにとって代わり、三〇〇〇年ほど続く。この寒帯林はカナダのケベック州北部に現在みられるトウヒの疎林に似ていたと思われるが、マツの割合がもっと高かった。このマツはレジノサマツか、バンクスマツのどちらかだったようだが、いずれも現在のコネチカット州には自生していない。しかし、九一〇〇年ほど前に、このトウヒとレジノサ／バンクスマツの混交林は突然、ストローブマツと落葉広葉樹が優占する森林にとって代わられてしまう。この森はツガ、ハコヤナギ、コナラ、カエデが優占していたので、この地域に現在みられる森に多少似ているが、重要な樹種で欠けているものが数多くあった。それから九〇〇〇年間にわたって、ロジャーズ湖周辺の森林は組成が絶え間なく変化している。八〇〇〇年ほど前に落葉樹が増え始めると、ストローブマツが衰退する。六五〇〇年前にアメリカブナ、五五〇〇年前にペカン、二〇〇〇年前にアメリカグリが登場する。

花粉の組成図から、ロジャーズ湖や周辺地域の森林組成が現在と同じになるまでに、落葉広葉樹が優占植生になってからもさらに数千年かかったことがわかる。しかし、落葉樹の進出は「落葉樹林帯」が一丸となって北へ移動していったのではない。それぞれの樹種が種子散布の媒体（風や鳥類、小型哺乳類）や、究極的にはもっと重要な低温や乾燥に対する耐性によって、種特有の分散率やパターンでそれぞれ北へと分布を広げたのである。[*77] 最終氷期が去った後に北上を始めた落葉樹の分散速度は、風媒散布のヤナギが年に二八七メートル、鳥媒散布のチュペロ（ヌマミズキとも）が七〇メートルと、様々だ。北米東部ではほとんどの地域で、植生の組成が絶えず変化していた。[*78] 更新世の気候変動期に比較的安定していたのは、米国南東部のメキシコ湾岸沿いにあるマツ林と湿地林だけだった。[*79]

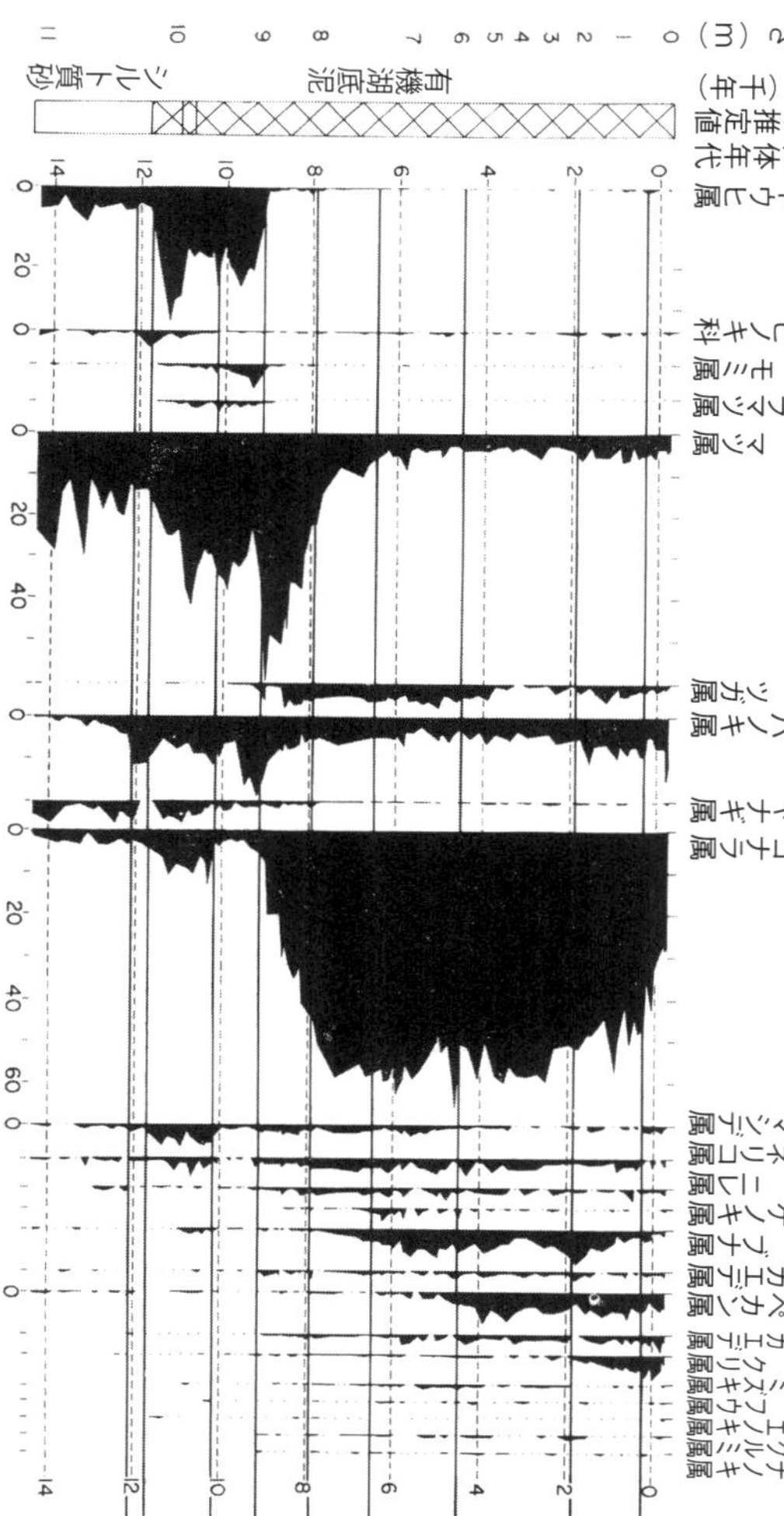

図5　コネチカット州ロジャーズ湖で過去14,000年間の堆積物に含まれている各樹木の花粉の割合（%）。堆積物中の陸上植物全部に対するタイプ毎の花粉の割合を百分率で表した。（Davis, 1969; Ecological Society of America の許可により掲載）

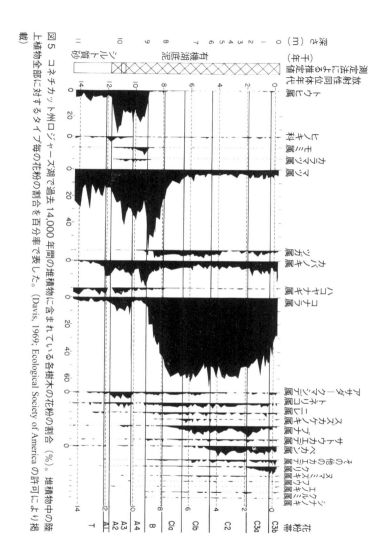

ヨーロッパで最終氷期が終わった後にみられた植生の変化も北米とおおむね似ていたが、異なる点もあった。[*80] ヨーロッパでは主要な山脈が東西に走り、森林限界より高い高山帯を樹木が簡単には越えられないので、分布を北へ広げる妨げになっている。しかし、大きな河川はおおむね北へ向かって流れているので、種子の分散を助ける役目を果たしているだろう。一方で、北米東部の河川は東または南へ流れている。ヨーロッパと北米では最終氷期後の気候が異なったために、ヨーロッパでは樹木が北へ分布を広げ始めるのが北米よりも二〇〇〇年ほど遅れた。しかし、一たび分散を始めると、その速度は北米を上回り、年に一〇〇〇メートルという北米の最速記録の二倍を超える種も現れた。落葉樹や針葉樹の生き残っている種はほとんどがブルガリアやバルカン半島の他の地域に局所的に残っていた避難所から分布を広げたものだ。スペイン南部でも落葉樹林が氷期を生き延びていたが、スペインから分布を広げるには、ピレネー山脈が障害になっただろう。更新世の氷河期や、それ以前の針葉樹が優占していた寒冷な時期に、様々な樹木の仲間が絶滅した。その中にはラクウショウ、ツガ、ペカン、フウ、ユリノキ、モクレン、チュペロ、サッサフラスのような北米東部や東アジア、もしくはその両地域に現在でもみられる樹種が数多く含まれている。[*81] ヨーロッパで氷河期を生き延びた木本植物は、比較的に環境適応力の高いジェネラリストで、日和見性の種だった。こうした樹木は、氷河が後退するとヨーロッパ西部に急速に分布を拡大したが、東アジアや北米のアパラチア山脈の高原にみられる落葉樹林に比肩するほど、特殊化した高木や低木を併せ持つ多様性豊かな森林を形成することはできなかった。

東アジアでは氷床がはるか南にまで広がることはなかったが、それでも中国や日本の北部はツンドラや北方林に覆われた。[*82] 落葉樹林は中国南部の避難所に限られていたが、落葉樹と針葉樹の混交林は、中国や日本の南部と当時は陸地になっていた東シナ海の一部にも分布していた。当時の落葉広葉樹林の分布域は現在の足元にも及ばないが、最終氷期のヨーロッパや北米に比べれば、規模がずっと大きかったことが花粉記録からわかる。

その結果、東アジアでは落葉樹林に伴う植物の絶滅率が比較的低かったのだ。[*83]

東アジアの方が温帯植物の多様性が高い理由として、種分化の頻度が高いことも挙げられるかもしれない。[*84] ヨーロッパや北米の落葉樹林はほとんど途切れることなく続いているが、東アジアの温帯落葉樹林は海や山脈で分断されている。日本と朝鮮半島の落葉樹林は互いに孤立しているだけでなく、中国からも切り離されている。温暖な間氷期はこのような状態が続いただろうが、氷河期には海水面が下がり、日本の南部と朝鮮半島や中国の間の浅い海域は干上がってしまい、陸続きになった。気候モデルや花粉記録によって、最終氷期には日本と朝鮮半島と中国大陸の落葉樹林がつながっていたことが示されている。落葉樹林が長期にわたって地理的に隔離されれば、それぞれの地域で異なる種が進化し、地域ごとに異なる種がみられるはずだ。しかし、日本は朝鮮半島や中国大陸から切り離されたままではなく、くり返し陸続きになったので、地理的隔離が生じている間に進化した新種も隔離が解消されると、互いに移入し合い、東アジアの森林の中に近縁種が増加することになるだろう。カエデをはじめとする落葉樹の多様性が東アジアで極めて高いのは、低い絶滅率と高い種分化頻度の相乗効果といえるのではないか。

保全上の意義

化石記録は温帯落葉樹林の理解を深めてくれるので、保護や持続可能性を目的とした保全に役立てることができる。現生の落葉樹林に優占している落葉広葉樹の仲間は、生態系が著しく乱されることが往々にして生じる、かなり過酷な環境に適応しているので、数千万年に及ぶ星霜を生き抜いてきた。白亜紀末期に起きた小惑星の衝突によって、北米では陸生植物の八〇%が絶滅したが、落葉広葉樹はその大変動を生き延びたのである。

落葉広葉樹は暁新世の新しい生態系で優占樹木になると、始新世初期の急速に温暖化する気候に耐え、中新世の寒冷化に向かった気候の下で繁栄したし、北温帯〔訳注：北回帰線と北極圏限界線の間〕の広い地域が氷床やツンドラや針葉樹林にくり返し覆われるようになった更新世には、間氷期が訪れるたびに、失地を回復してきた。その回復力は今でも失われていない。落葉広葉樹は火災や洪水、地滑りや伐採の後に一番に入り込んでくる樹木の仲間だ。こうした変動が生じる前に優占していた樹種が針葉樹や常緑広葉樹だった地域も例外ではない。カナダやシベリアにみられるモミ－トウヒの寒帯林でも、最初に定着する樹木は落葉樹のカバノキやハコヤナギである。日本の南部には常緑広葉樹林がみられるが、こうした地域が攪乱を受けた場合も、最初に入ってくる樹種は元の常緑広葉樹のカシやシイではなく、落葉樹のカエデやコナラである。小惑星衝突の後に訪れた暗闇と低温の時代やこの数百万年にわたる気候の大変動をこれほど多くの落葉広葉樹が生き抜いてこられたのは、この回復力と定着力のおかげだろう。また、東アジアの一部もそうだが、ヨーロッパや北米では、落葉広葉樹の現生種は比較的狭い避難所で氷河期を生き延び、間氷期が訪れて気候が温暖化に向かうと、分布域を広げたのだ。

とはいえ、中新世以後、多くの種が失われており、落葉広葉樹の回復力にも限界があることがわかる。特にヨーロッパでは、氷河期の避難所が狭かったり、分布の拡大を阻む障壁が大きかったりしたために、数多くの樹種が絶滅した。人間の土地利用と気候変動による環境の急激な変化に直面している現在、私たちは広葉樹と針葉樹とを問わず、ヨーロッパで起きたような樹種の大絶滅をもたらす状況を生み出さないようにしなければならない。最終氷期を生き延び、その後に気候が温暖化に向かうと、分布を広げて北方の森林を回復した過程を理解すれば、将来起こるかもしれない環境の大変動を樹木が生き延びられるように手を貸してやれるかもしれない。

第3章　人類出現後の落葉樹林

現在の間氷期が訪れる以前に、温帯林の形成に影響していたのは、造山運動や海面水位の変動に伴う陸橋の消長のような地質学的作用や気候の変動だった。しかし、大陸氷河が後退してからは、森林の運命は高度な技術を身につけた人類の活動によって次第に左右されるようになった。人類の影響力が農業や工業の発達により増大の一途を辿ったのは明らかだが、それ以前から、人類は火や進んだ狩猟技術を使用することで、森林に大きな影響を及ぼしていたかもしれない。

落葉樹林に生息する大型哺乳類の絶滅

一九六〇年代にポール・マーティンは、人類は北米に到着すると、まもなく生態系に大きな影響を与え始めたという仮説を提唱した。マーティンの「有史以前の乱獲」説によれば、新大陸にはマンモスやマストドン、ラクダ、ウマなどの大型哺乳類が栄えていたが、こうした大型獣は人間という捕食者を経験したことがなかった。そこへ、ユーラシアで狩猟の道具と手法を発達させた狩猟民が進出してきたという。[*1] こうした警戒心の薄い「ナイーブな」動物は簡単に捕まってしまい、人類は繁栄し、人口は急速に増加した。その結果、狩猟民たちは速やかに新大陸に広がり、数百年で南米の先端に到達した。更新世にみられた大型獣のほとんどがいなくなってしまった原因はこのときの狩猟民の爆発的な拡散にあるといっても過言ではない。当時、北米の一部に生息していた大型哺乳類の多様性は現在の東アフリカのセレンゲティ平原に勝るとも劣らなかったのである。ゾウやウマ、ラクダ、メガテリウムというゾウほどもある地上性ナマケモノなどの固有種を含む三五属の哺乳類が北米から姿を消してしまったのだ。[*2] 体重が一〇〇〇キロを超える種は全部、三二キロを超える種は半分以上が絶滅した。[*3] ユーラシアでも絶滅した大型哺乳類は枚挙にいとまがないが、サハラ砂漠以南のアフリカでは、このときに絶滅した大型哺乳類はほとんどいない。人類の祖先はアフリカで進化したので、狩られる側の動物が人類の狩猟技術が進歩するのに合わせて、防衛行動を進化させたり、習得したりする時間的余裕があったからではないかと思われる。マーティンらは「乱獲仮説」はオーストラリアや大きな島嶼のマダガスカルやニュージーランドにも当てはまると考えている。人類が定着してまもなく、オーストラリアでは大型の有袋類、マダガスカルとニュージーランドでは大型の飛べない鳥が絶滅したからだ。[*4]

この仮説はかなり過激だったので、最初から受け入れた考古学者や古哺乳類学者はほとんどいなかったようだ。その反論の理由は、北米やユーラシアで起きた大型哺乳類の絶滅は、石器を使用していた少人数の狩猟民の狩猟圧がもたらした悲惨な絶滅ではなく、気候や生息環境の変化に伴う緩やかな種の絶滅だったと考えた方が理に適っているという点である。大型の哺乳類は気候が急激に大きく変動した時期に絶滅している。氷河やツンドラ地帯は、最終氷期が収束した後に一旦は北へ後退したが、その後に一〇〇〇年にも及ぶヤンガードリアスと呼ばれる寒冷期が訪れたときに再び南下した。そのときに気候の大変動が起きたわけだが、絶滅した大型哺乳類の化石で最後の記録はこのヤンガードリアスの時期と一致するのだ。[*5] マストドン、マンモス、ウマ、ラクダがかつて生息していた北極地方のステップや疎林はこの気候の大変動で著しく破壊されたり、分断されたりしただろう。[*6] 大型の草食動物が消えると、ダイアウルフ（原狼）、スミロドン（剣歯虎）、ライオン、ショートフェイスベアなどの大型の捕食者やスカベンジャー（屍肉食者）も衰退し、姿を消していった。

更新世後期の哺乳類の化石記録が直接的な証拠になって、両者の仮説の検証が可能になった。人類が大型動物を狩猟する技術を身につけて北米にいたのが確実な時期は、一万三五〇〇～一万三〇〇〇年前であり、北米で絶滅した三五属に及ぶ哺乳類のうちでその時期まで生き延びていたのは一六属に過ぎない。[*7] この時期のクロ文化は、槍の尖頭器に使われていたと思われるが、縦溝の付いた長い石の刃で知られている。こうした石の刃の中には、マンモスの骨のそばで発見されたものもあるが、大型哺乳類の多くの種はクローヴィス化よりもはるかに古い最終氷期の最寒期の化石を最後にみられなくなっていたのだ。こうした化石記録は、狩猟民が新大陸にやってきたすぐ後で（あるいは、少なくとも洗練された武器を携えた狩猟民が現れた直後に）、大型の哺乳類が同時に絶滅したという仮説と矛盾する。

しかし、更新世後期の哺乳類化石は数が少ないので、ほぼ同時に大絶滅が起こったのか、緩やかな絶滅が次々に起きたのかを区別するのは極めて難しい。白亜紀末期に多くの種が突然絶滅したのかどうかを判定することが難しいのと同じだ。第2章でみてきたように、白亜紀末期の大絶滅の時期を特定する根拠になったものは花粉や微小生物のような大量に出土する化石であり、まれにしかみつからない恐竜の化石ではなかった。更新世末期の絶滅は大型の草食動物とその捕食者やスカベンジャーに限られ、微生物や海生生物、植物、小動物が大量に絶滅したことを裏付ける証拠は見当たらない。したがって、絶滅の時期や期間を特定するために、葉や海生微生物のような大量に出土する化石記録を利用することができないのだ。

こうして、決め手となる化石記録がないために、「乱獲説」と「気候変動説」を巡る論争は四〇年以上も続いてきた。科学上の論争は証拠が不完全だったり、決定的でなかったりすると、とりわけ長期にわたり対立が続く。しかし、最近になって、両仮説の検証を決定的なものにする新しい情報源が発見されたのだ。スポロルミエラ属は草食哺乳類の糞に生える菌類だが、この菌の胞子が花粉と一緒に湖底堆積物の中に保存されていたのだ。二〇〇〇年代の初めに研究チームが、最終氷期の終わりまで遡る堆積物にみられるこの菌の胞子の分布状態を分析した[*8]。その結果、この菌類（とそれが依存する草食動物の糞）は最終氷期から現在の間氷期の初めまでは分布密度が高かったが、大型動物の狩猟が行なわれていたクローヴィス文化期にあたる一万四〇〇〇〜一万三〇〇〇年前の間に急減していることがわかった。ニューヨーク州の北部、オハイオ州、インディアナ州の調査地からも同様の分析結果が出ている。菌類の胞子は個々の大型哺乳類の運命については何も教えてはくれないが、大型哺乳類が全体として激減したということは物語っている。大型哺乳類が激減すると、それまで優占していたトウヒやマツの林に落葉樹が進出してきて、植生に大きな変化が生じた。また、火災の発生頻度も高まり、湖底堆積物から検出される木炭の小片が増加した。草食動物が激減したことで、植生の密度や多様性が高まったと思われるが、密生した植生は火災が発生しやすいのだ。意図的にしろ、不用意にしろ、人為的原因で発生した火災もあっただろう。いずれにしても、それまで樹冠が閉じないように剪定役を果たしていたマストドンや地上性ナマケモノのような大型の草食動物が姿を消してしまうと、森林の植生が大幅に入れ替わった。こうした状況は、狩猟圧がおそらく野焼きと組み合わさって、大型哺乳類の大絶滅を引き起こしたという仮説に合致する。

しかし、スポロルミエラの分布を分析した結果では、大型哺乳類の減少は数百年にわたり、地域によって時

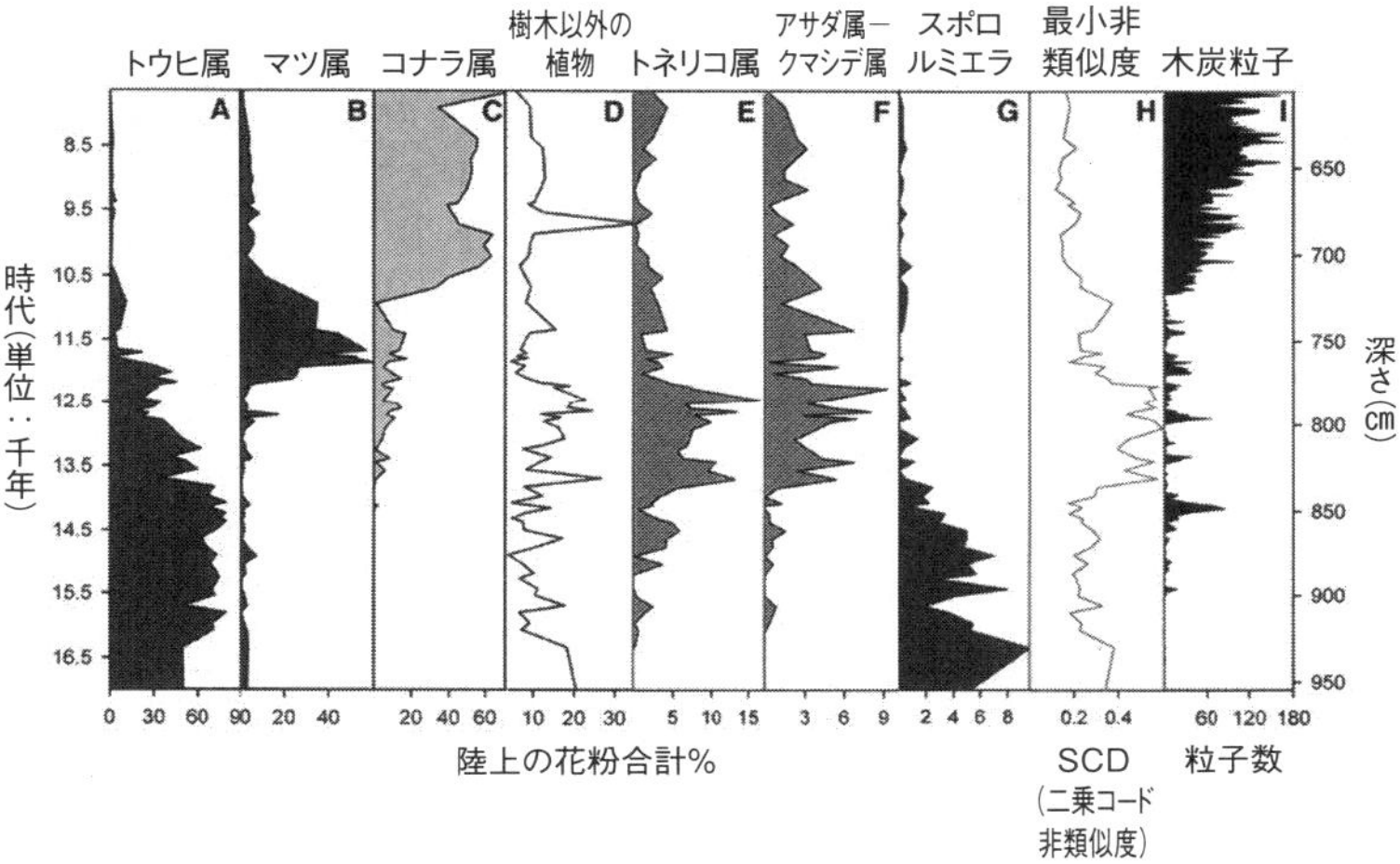

図６　過去 17,000 年間におけるインディアナ州アップルマン湖の堆積物に占める花粉と菌類胞子の量。花粉は（A）トウヒ属、（B）マツ属、（C）コナラ属、（D）樹木以外の植物（NAP）、（E）トネリコ属、（F）アサダ属－クマシデ属について示す。胞子は（G）スポロルミエラで、大型哺乳類の糞量の指標となる。（H）最小二乗コード非類似度は現代の北米における植物群落との比較を表し、（I）木炭粒子の量は火災の指標である。アップルマン湖付近の植物群落が現代の植物群落と一番違っていたのは、大型哺乳類の糞が減少した後、火災頻度が増すまでの間だった。（Gill et al., 2009; AAAS の許可により掲載）

期も異なっているのだ。この分析結果は、狩猟民の進出する先々で大型動物は次々に絶滅へ追いやられたというマーティンの仮説とは合わない。絶滅は徐々に進んだもので、気候の変化が絶滅速度を速めた可能性も考えられる。しかし、スポロルミエラの減少はヤンガードリアスの寒冷期のずっと前に起きているので、大型哺乳類の減少時期に起きた緩やかな気候の変化は絶滅を引き起こすほどのものではなく、したがって、おそらく絶滅の要因にはならなかっただろう。マダガスカル島でも、人類が最初に移入した直後の二〇〇〇年前の堆積物からまずスポロルミエラの胞子が減少し、その後、木炭の小片が増加している。[*9] この時期にカバや数種のキツネザルが絶滅している。

気候変動説の大きな弱点は、氷期と間氷期が入れ替わりながらくり返し生じていた過去七八万年間を生き抜いてきた哺乳類が、現在の間氷期の初めになって絶滅してしまったということだ。[*10] 最終氷期から現在の間氷期への移行が特別に厳しかったわけでも、急激だったわけでもないし、ヤンガードリアスと同じような気温の変動は他の間氷期の初めにも起きていたようだからだ。[*11] また、大型哺乳類の絶滅の仕方や時期は北温帯の地域によって異なっていた。例えば、ヨーロッパでは、最終氷期の四万〜二万年前と間氷期初めの一万四〇〇〇〜一万年前に絶滅が起きている。[*12] アンチクウスゾウ〔訳注：ナウマンゾウの仲間〕やカバのように温帯落葉樹林に生息していた種は最終氷期に絶滅し、北極地方のステップに生息していたケナガマンモスやケブカサイなどは間氷期に絶滅した。いずれの場合も、気候の変化で生息地が著しく狭められたために絶滅しているが、それ以前にもくり返し生じた似たような気候の変動を生き延びてきているのである。しかし、最終氷期やその後の間氷期に伴う気候の変動で、こうした大型哺乳類の好みの生息地が大幅に失われたときには、すでに現生人類（ホモ・サピエンス）がヨーロッパの広い地域に進出していたので、その狩猟圧で、それ以前の気候変動のときとは異なり、大型哺乳類の絶滅が引き起こされやすくなった可能性は考えられる。

一方、日本で起きた大型哺乳類の絶滅はヨーロッパとは異なっている。ナウマンゾウやヤベオオツノシカのような大型哺乳類は三万〜二万年前に絶滅したが、この時期に人口が急増していることが、五四〇〇か所を超える地域から出土した旧石器時代の考古学的証拠が示している。[*13] この時期の気候変化は比較的に穏やかだったが、こうした大型哺乳類が絶滅していった。マンモスも中国中部から姿を消してしまったが、アジアゾウや二種のサイのような大型哺乳類は歴史時代に入ってからも、中国中部の広大な落葉樹林で生き延びていた。[*14]

大陸によって絶滅の仕方や時期は異なるが、結局は世界中の落葉樹林から「メガファウナ」と呼ばれる大型哺乳類は姿を消してしまった。北米では、地上性のナマケモノ、マストドン、カストロイデスと呼ばれる巨大なビーバーが、ヨーロッパではアンチクウスゾウやカバが、東アジアではゾウやサイが林内の空き地や開けた樹冠を作り出したり、維持したりすることで、重要な生態的役割を果たしていたと思われる。大型哺乳類の減少は植生や火災の発生頻度が大きく変わる以前に起きていたということが、スポロルミエラの胞子の調査結果で明らかになっているので、森林構造が著しく変化したのは大型哺乳類が姿を消した後だということになる。大型動物相が失われたことで、それ以前の間氷期とは異なる森林を生み出すような変化が連鎖して起きただろう。[*15] 同様に、現在のアフリカの生態系でゾウやシロサイの個体数に大きな変動が生じると、植生や火災の発生頻度が大きく変わり、その結果、中型の草食動物を含む様々な哺乳類が影響を受けるだろう。[*16] 特にアフリカゾウは疎林の樹木の増加を抑え、林内の草地を維持しているので、東アフリカではアフリカゾウの増加に伴い、林が低木の藪やサバンナ、あるいは草原に変わってしまっている。[*17] 現代の落葉樹林に生息する様々な生物は、ゾウなどの大型哺乳類がいわば管理を行なっていた森林で、数万年にわたって進化を遂げてきたので、北半球の中緯度地方で現在みられる樹冠の閉じた自然林は、こうした生物種にとって理想的な生息環境とはいえないかもしれないのだ。

火災と落葉樹林

採集狩猟生活を営んでいた人類は、火を制御する技術を身につけたことで、暖を取ったり、料理をしたりするだけでなく、環境を改変することもできるようになった[*18]。火災は人間の野営地から不用意に広まったこともあっただろうが、多くは意図的に起こされたと思われる。草食動物は開けた環境に惹きつけられてくるし、しかも視界が利いて狩りもしやすいので、狩猟民の社会では野焼きをして開けた環境を作り、獲物を追い込むなどのことが普通に行なわれている。また、野焼きを行なうと、草食動物の餌となる草の量が増すので、獲物の数を増やすこともできる。氷河の後退に伴って回復し始めた落葉樹林は、こうした野焼きの影響を受けた可能性がある。特に、乾燥した地域や水はけのよい砂地では、野焼きによって森林が樹木のまばらなサバンナや草原に変貌を遂げた可能性もある。頻繁に野焼きが行なわれたことで維持されてきたと思われる開けた草原環境としては、バージニア州のシェナンドー川流域やニューヨーク州のロングアイランドにあるヘムステッド平原、ウィスコンシン州とミネソタ州にまたがるナラ類の疎林、ケンタッキー州の「ブルーグラス」地方、「プレーリー半島」と呼ばれる広大な高茎草原（イリノイ州、インディアナ州、ウィスコンシン州南部）がある[*19]。ヨーロッパ人が入植して野焼きが行なわれなくなると、こうした地域の草原は開発されなければたいてい落葉樹林に還ったからだ。雨量の多い地域や水はけのよくない地域では、定期的に野焼きを行なっても森林が消滅することはなく、下層だけが開けて、獲物の生息密度が高まり、狩猟もしやすくなったかもしれない。入植初期のヨーロッパ人の記録には、北米東部の落葉樹林は下層が開けているが、これは先住民が野焼きを行なっているからだと記されている[*20]。

先史時代に野焼きが狩猟の効率を高める役割を果たした可能性については、北米の中東部にとりわけ詳細な記録が残っているが、他の落葉樹林帯でも、そうした役割を果たしていたと思われる。英国南部で九〇〇〇年前頃に始まった中石器時代の狩猟社会は、乾燥した砂地の地域に集中していた。この時期に使われていた斧や細石器（投げ槍につける鎌形の小さな刃）のような石の道具が出土する場所は、元はナラの疎林だった砂質地が圧倒的に多い。[*21] こうしたタイプの森は下層が開けているので、狩猟に向いていただろうと思われるが、野焼きもしやすい。花粉記録の分析結果から、中には、下藪が茂った状態からヒースやイネ科草本が優占する開けた環境に移行した森もあったことが明らかになっている。これは中石器時代に野焼きが定期的に行なわれていたことを示唆している。また、ポーランドで六七〇〇～五六〇〇年前の湖底堆積物から出土した木炭は森林で大規模な野焼きが行なわれたことを示している。さらに、英国北部では、くり返し火災が起きたことを示す木炭の層や、森の中に藪の生えた大規模な空き地があったことを示唆する花粉記録が数多くの発掘現場から発見されている。[*22]

スティーブン・パインが指摘していることだが、人類は火を手にしたことで、熱帯アフリカのサバンナの外へ生活圏を拡大することができただけでなく、出ていった先でサバンナを作り出すこともできたのだ。[*23] この指摘は中緯度地方の密林へ進出した人類にとりわけよく当てはまる。人類が寒冷な冬を乗り切り、狩猟技術に適した開けた環境を作り出すために、火が大きな役割を果たしたからだ。高緯度地方の落葉樹林内で空き地を生み出し、開けた状態を維持していたのは大型哺乳類だったが、そうした哺乳類を追いやった人類が野焼きを行なうことで、その代役を果たした可能性があるのは皮肉なことだ。

したがって、人類は穀物や家畜が主要な食料源になる前から、疎林や林内に空き地を作り出すことで、森林に大きな影響を与えていたのかもしれない。しかし、森林への火入れを裏付ける明らかな証拠はあるのだが、

「生態系エンジニア」としての採集狩猟社会の役割については未だに議論が絶えない。人類が野焼きを行なった考古学的証拠は様々な発掘現場でみつかっているが、一般的に行なわれていたのか、一部の地域に限られていたのかわからないのだ。[*24] ヨーロッパや北米、東アジアの落葉樹林帯において大規模な森林伐採が始まる以前に、比較的手の入っていない大森林と分断化された疎林が混在していたということを裏付けるはっきりした証拠はまだみつかっていないからだ。このことは、採集狩猟民だけでなく、北米の北東部に住んでいた先住民のように、小規模な農業と狩猟と漁労で生計を立てていた人々にも当てはまる。

農業の発達と森林の縮小

人類が定住して、広大な耕作地を開墾し始めると、森林に及ぼした影響がはっきりとわかるようになる。大規模な耕作や放牧を行なうために、広大な森林を伐採するようになると、湖底堆積物の花粉記録にも変化が表れ始める。すなわち、穀物や農地の雑草、遷移初期の樹木の花粉の量が増えてくるのだ。中緯度地方では、農業から直接的・間接的影響を受けていない落葉樹林はほとんどないだろう。影響が出始めたのは、北米東部では一五〇〇年前、日本ではおよそ二五〇〇年前だったが、ヨーロッパでは七五〇〇年前、中国では八〇〇〇年前だった。[*25] 耕作や放牧、木材の伐採は森林の生き残る場所だけでなく、生き残った森林の構造や構成も左右するようになった。農業文明が森林に及ぼした影響を抜きにして、現在の森林生態系を理解することはできない。

農業は紀元前七〇〇〇年以前に中東で始まり、紀元前六〇〇〇年までにはトルコやギリシャに伝播し、紀元前五五〇〇年までにはヨーロッパの中西部に伝わった。[*26] オオムギやコムギの栽培や畜産のために、フランスからウクライナにかけて落葉樹林が大規模に伐採された。当時の人たちは村落に木造の共同住宅を建てて、数百年も使い続けていたことが考古学的研究で明らかになっているが、このことから、安定した持続可能な農業が営まれていたこともわかる。[*27] 当時の人々は恒久的ではないにしても、長期にわたって使用する開拓地を維持していたので、森林に与えた影響は現在の熱帯地方で一般的に行なわれている焼き畑農法のものとは異なっていた。当時の集落は水はけのよい肥沃な地域に集中しており、標高の高い丘陵地以上は家畜の放牧に使われていたのかもしれない。新石器時代のこうした遺跡はドイツだけでも数百か所に上る。紀元前四四〇〇年以後になると、農耕民はイギリスやヨーロッパ大陸の北部に進出し、頑丈な犂《すき》を牛に引かせて重い粘土質の土壌を耕した。[*28] この時代に使用された火打ち石の斧がヨーロッパの各地で大量にみつかっているので、森林開拓は広い地域に及んだと思われる。斧に使用された火打ち石はフランスとポーランドで産出されたものが大部分を占めているので、両地域からヨーロッパの各地へ交易によって広まったのだろう。

ヨーロッパ人が初めて新大陸に渡ったとき、北米は未開の地だったと一般に考えられているが、ヨーロッパで農耕のために森林が切り開かれたのと同じ頃に、菜園のような土地利用が始まっていた。そのことを裏付ける明白な考古学的証拠は、ミシシッピ川とその支流の流域でみつかっている。紀元前五八〇〇年までには、ヒマワリやキク科の一年草イヴァ・アンヌア、アカザ属の一種グースフットを始めとして、様々な在来の植物種が栽培されていたのだ。[*29] ちなみに、この三種の食用植物は栽培品種化することで、紀元前一〇〇〇年までには種子が大きく、種皮が薄くなり、野生種とは著しく異なる構造になっていた。[*30] ヨーロッパと異なり、農耕の規模が限られていたので、大規模な開拓は行なわれなかったが、アメリカ中部の氾濫原の密林は菜園や大きな集落によって分断化された。これまでに知られている最大の集落はルイジアナ州北東部のポバティ・ポイントにあったもので、紀元前一五〇〇年から紀元前七〇〇年まで人が住んでいた。[*31] 特に有名なのは、鳥型の土塁と、高さが二メートルで長さが一キロメートルを超える六重の半円形土塁である。似たような土塁を備えた集落はルイジアナ州、アーカンソー州、ミシシッピ州で九か所みつかっている。住居の敷地に基づいて、考古学者はポバティ・ポイントにいた住人は五〇〇〇人ほどと推定している。この集落では農耕と漁労に加え、ヒッコリー、ペカン、ドングリ、クルミなどの実を採集して暮らしを営んでいた。

東アジアの落葉樹林の開拓と農耕の起源はこれまでよくわかっていなかったが、中国の最近の考古学的研究により、農耕の起源と伝播の解明が進んだ。[*32] 長江（揚子江）の下流域で紀元前八〇〇〇年に作られた陶器から米の化石が発見されたが、それは完全に栽培品種化された米よりも四〇〇〇年古いものだった。[*33] 栽培品種化された米の種子は長くて幅も広いだけでなく、茎に付いたままなので、人の手を借りなければ、分散して繁殖することができない。[*34] 数千年の間に、茎に種子が付いたままの米の品種が次第に増えてきたが、栽培品種と野生種が頻繁に交雑をくり返していたのでは、短期間でこのような変化は起こらなかっただろう。したがって、完全に栽培品種化された米ができる以前に、農業が始まっていたと考えられる。米の栽培が改良されるにしたがって、開拓も進められたと思われる。

長江のデルタ地帯にある浙江省田螺山《でんらさん》遺跡の発掘によって、初期の農耕民の生活に関する研究が進んだ。[*35] この遺跡には紀元前五〇〇〇年から紀元前三〇〇〇年まで人が住んでいた。長江デルタの他の遺跡では紀元前四〇〇〇年までには溜池のような灌漑施設が造られるようになっていたが、田螺山遺跡にはそうした灌漑施設の跡はみられず、米は自然湿地で栽培されていた。この遺跡で稲が栽培されていたことは、二〇〇〇年の間に栽培品種化された米の割合が高まっていったことでわかる。栽培地の堆積物に含まれていた花粉の分析結果から、様々な湿性植物が生えていたことが明らかになったので、特に草取りは行なわれていなかったようだが、木炭が多くみつかることから、定期的に野焼きが行なわれていたと思われる。周辺の森や湿地では狩猟や採集を行なっており、米の収穫量は高かったとは思えないので、稲作は補助的に行なわれていたに過ぎなかったのだろう。遺跡からはドングリやヒシの実、さらに魚、シカ、絶滅した角の短いメフィストフェレススイギュウを始め、様々な狩猟動物の骨が出土しているので、米は主要な食料源ではなかったことがわかる。北米と同様に、採集狩猟文化から農耕文化への移行は徐々に進み、農業に依存する社会が形成される前段階として定住生活が営まれていた。

ヨーロッパや北米の初期の農業とは異なって、中国で稲作が及ぼした直接的な影響は、森林より湿地の方が大きかったと思われる。しかし、河川沿いやデルタ地帯に稲作農民の集落が集中したことで、森林にも影響が及んだのは間違いない。長江デルタの南にある杭州湾の堆積物から、紀元前六二五〇年～紀元前五四〇〇年の人間活動と植生の変化が極めて詳細に記録された考古学的証拠が発見されたからだ。[*36] 定住生活に入った農耕民により、原生自然の森林が切り開かれ、水田が作られたが、紀元前五四〇〇年以後は海水面の上昇により水田に海水が流入したために、稲作が衰退し、森林が回復したことがよくわかるのである。

中国ではキビの栽培の方が稲作よりも早かったかもしれない。紀元前八〇〇〇年～紀元前六〇〇〇年に遡る中国北部の遺跡では、穀物の貯蔵抗からキビが出土している。[*37] こうした貯蔵抗には数千キログラムに上るキビが入っていたので、当時はすでに主食になっていたのだろう。キビとアワは中国北部の黄河流域にあるいくつかの遺跡でも紀元前六五〇〇年～紀元前五〇〇〇年に栽培されていた。稲作が行なわれていた長江流域の遺跡とは異なり、黄河流域では、遺跡は黄河と山地の間で、堆積層が分厚く、山地から豊富に水が供給される山麓にあった。したがって、当初は、稲作よりもキビ栽培の方が大規模な森林伐採につながっていたかもしれない。

しかし、アジアでは最終的には稲作の方が、キビ栽培よりも大規模な森林伐採をもたらした。紀元前四〇〇〇年以後は、溜池や用水路などの整備が進み、灌漑機能が向上するにしたがって、稲作は長江流域から急速に広まっていった。[*38] 紀元前三〇〇〇年までには、集約的な稲作は黄河流域やおそらく朝鮮半島まで伝播していたと思われる。そして、紀元前四〇〇年頃までには日本にも到達していた。[*39] 水田は極めて生産性が高いが、手の込んだ灌漑施設は計画的に集中管理を行なう必要があるため、社会の階層化や人口の密集が起こる。[*40] 水田は河川流域を埋め尽くすと、階段状に丘陵地を登っていった。こうした水田によって支えられていた人口の密集した集落では、建築用木材、薪、肥料に利用する落ち葉や柴を必要としたので、稲作の影響はやがては遠くの森林まで及ぶようになった。稲作は極めて生産性が高く、持続可能なので、人口密度は極めて高くなり、東アジアの広い地域で森林が伐採されることになった。

チャールズ・マンはコロンブス以前のアメリカ大陸の先住民について著した著書の中で、紀元一〇〇〇年頃にタイムスリップして、飛行機から見た南米や中米のマヤ低地、北米のミシシッピ川流域で栄えていた都市や農村の様子を述べている。[*41] 私たちもそれより二〇〇〇年前の温帯地域の一部で集約農業が行なわれていた紀元前一〇〇〇年頃に遡ってみることにしよう。当時、北半球の上を人工衛星が巡っていたとしたら、広大な落葉樹林の中に、植物栽培の中心地が数か所あり、そこから大小の農耕地が急速に広がって点在している様子を写した写真を送ってくるだろう。ヨーロッパの中西部やイギリスでは、農地がすでに広い地域を占めているだろうが、こうした農地は中央ヨーロッパにみられる黄土（レス）のような水はけがよい肥沃な土地だけに限られている。ドイツやイギリスなどのヨーロッパの多くの地域では、この時期には広大な森林がほとんど分断されずにまだ残っている。北米では、東部の落葉樹林はミシシッピ川とその支流の流域に広がる農耕地で分断されているが、大部分は手が付けられていない。中国でも農耕地はたいてい河川沿いに広がっているが、森林伐採は北米中部よりもはるかに広い範囲にわたっている。日本の森林にはまだ農業の影響がほとんど及んでおらず、森林伐採はほぼ九州に限られている。ソバやオオムギの栽培はすでに行なわれていたが、稲作が伝わるのは数世紀先のことだからだ。[*42] こうした地域では、農業の影響を受けていないところでも、野焼きによって破壊された森林はかなりの面積に上るかもしれない。

落葉樹林から農地へ

紀元前一〇〇〇年以後、ヨーロッパ南部の落葉樹林はギリシャ・ローマ文明の影響を受けて、著しく改変された。J・V・サーグッドは『Man and the Mediterranean Forest（人類と地中海の森）』という著書で、森林破壊が深刻な木材不足や土壌侵食を招いたことを極めて詳細に記述している。[*43] ギリシャの都市国家、マケドニア帝国やローマ帝国は造船、暖房、調理、建築に大量の木材を必要とした。造船は商業と戦争に不可欠だったが、大きな木材を必要とした。[*44] 古代ギリシャ時代には造船用の木材が不足したため、多くの都市国家が木材の輸出を制限し、最初はマケドニアやトラキア、次いで小アジア、最後は黒海沿岸といった遠方の地から木材を運んできた。木材や農地を確保するために森林を伐採した後は、たいていヒツジやヤギを放牧したので、回復力のある落葉樹林も再生することはできなかった。サーグッドによれば、その結果、深刻な土壌侵食が起こり、ギリシャやイタリア、スペインの広い地域で土壌が壊滅的な被害を受けてしまったのだ。サーグッドは、「アッティカ（アテネ周辺の地域）には昔の面影しか残っていない。……以前は山々は深い森に覆われていたが、今では蜂の飛び交う草原と化してしまった」というプラトンの嘆きを引用している。[*45] また、シチリア島には古代ローマ時代の別荘の廃墟が残っているが、その床のモザイクには、豊かな森に覆われた周辺の丘が描かれている。[*46] しかし、現在、その廃墟が立っている丘は一本の木もない不毛の地になっている。

とはいえ、地中海地方の森林（特に高木落葉広葉樹林と針葉樹林）の伐採規模を誇張している著者はサーグッドだけではないだろう。[*47] 地中海地方は乾燥しているので、標高の高い山地や低温多湿の低地を除き、高木が密生する森林に覆われることはなかったと思われるからだ。農業が伝わる以前の時期の花粉記録から判断すると、スペイン南部やギリシャ南部、クレタ島の広い地域は、サバンナ（常緑のカシやマツが散在する草原）やマキー（硬葉樹の低木林）に覆われていたと思われるので、こうした地域に今日見られる開けた景観は必ずしも森林伐採の結果とは限らない。しかし、フランス南部やイタリア、その他の標高の高い地域には、コナラ、ブナ、ハシバミ、シナノキ、クマシデ（シデやアサダ）の仲間のような落葉広葉樹で形成された森林がみられるので、こうした落葉広葉樹林は分布域が限られていたために、伐採の影響を受けやすかった可能性は考えられる。ローマ時代のイタリアでは、辺鄙な山地を除き、広大な森林でさえすっかり伐採されてしまい、伐採後はオリーブや柑橘類の果樹園や農耕地にされたのだろう。*48

地中海地方とは異なり、北ヨーロッパは氷河が後退した後、広大な落葉樹林に覆われたが、紀元前三〇〇〇年までには、肥沃な地域はすでに開拓されていた。ローマ帝国が北西ヨーロッパへ拡大するにつれて、ローマ式の農園がイギリス、フランス、ポルトガル、ドイツの一部へ伝わった。*49 北ヨーロッパの農耕地は増えたが、それでも広大な森林が残っていた。ヨーロッパ中西部で大規模な森林伐採が行なわれるようになったのは、もっと後の中世に入ってからだ。紀元後五〇〇年から一三〇〇年の間に、ヨーロッパ中西部の森林被覆率は八〇％から四〇％に減少したと推定されている。*50 ヨーロッパ中東部では、ドイツ人によって九〇〇年から一三〇〇年の間に多くの森林が切り開かれた。*51 こうした森では重く耕作しにくい土壌が形成されていたが、車輪の付いた大型の犂とそれを馬に引かせる頑丈なハーネスが発明されたおかげで、開墾が進んだ。

一二〇〇年代までには、農耕のために森林伐採が著しく進んだので、残された森が木材の供給源として貴重視されるようになった。その結果、フランスやドイツでは森林保護法が制定された。*52 しかし、その後、ヨーロッパの森林が回復し始めたのは、木材不足が深刻化する前に森林を保護しようという努力の成果が現れたからではなく、人口が急減したためだった。一三四七年から一三五三年の間にヨーロッパでは、腺ペストの流行によって少なくとも人口の三分の一が死亡し、各地で農村や農地の放棄が相次いだだけでなく、ペストが終息した後、何十年にもわたって戦役が続いたので、地方の経済が回復せず、その結果、一三四七年以前に伐採された森の多くが再生したのである。

イギリス諸島でもヨーロッパの中西部と同じように森林が伐採されたが、イギリスの方が伐採の規模が大きく、回復が著しく遅れた。ブリテン島（特にイングランド地方）の広い地域が紀元前二〇〇〇年までには農地やヒースの原に変わり、紀元前五〇〇年までにはイングランドの半分ほどで森林が消失していた。[*53] したがって、イングランドがローマに征服されたときには、地方の大部分はすでに農耕地になっていたのだ。ローマ時代には河川流域の森林は完全に伐採されて、荘園になり、それ以外の地域はたいてい農地と森が混在していた。また、ローマの製鉄所では薪を必要としたので、数百平方キロメートルに及ぶ森林が伐採されて薪炭用の低木林に変わってしまった。ローマ帝国の滅亡後は、森林に戻った開墾地もあったかもしれないが、花粉記録をみる限り、森林の被覆率が大幅に高まったとは思えない。ウイリアム一世が一〇八六年に作らせた土地台帳には森林の広さと分布が記載されているので、大まかな森林の量を推定することができる。土地台帳の記録では、当時のイングランドの森林被覆率は一五％に過ぎなかっただけでなく、森林のほとんどが小規模なものだった。そして、一三五〇年には森林被覆率は一〇％にまで減少したが、この頃、ペストが流行したために、森林の減少に歯止めがかかった。その後は、森林が回復して、放棄された農地が森に戻ったところもあっただろう。

北米東部でも紀元前一〇〇〇年以後は森林伐採が進んだ。農耕はやがて東部の落葉樹林全体に及ぶことになるが、伐採規模がとりわけ大きかったのは塚造り文化が栄えたミシシッピ川流域とメキシコ湾岸の氾濫原だった。紀元前五〇〇年から紀元後四〇〇年にかけてオハイオ州で栄えたアデナ文化とホープウェル文化が儀礼用の塚で知られているが、[54] こうした塚造り文化が栄えた時期には、アパラチア山脈の西側や五大湖の南側に広がる落葉樹林のほぼ全域に集落ができた。[55] 集落の規模は比較的大きく、中央に動物をかたどった大きな土塁が築かれていた。食料は大部分が農耕によって賄われていた。トウモロコシは紀元前二〇〇年のホープウェル遺跡から出土しているが、主要な食料にはなっていなかった。ヒマワリやキク科のイヴァ・アンヌアのような在来の植物を栽培品種化したものが、採集や狩猟と並んで重要な食料源だった。[56]

紀元五五〇年にホープウェル文化が衰退すると、ホープウェル文化よりもはるかに進んだミシシッピ文化が花開く七〇〇年頃まで塚造りは中断する。八〇〇年から一〇〇〇年の間にメキシコから北米東部に豆類や耐寒性に優れたトウモロコシの品種がもたらされると、農業の生産性が飛躍的に向上し、ミシシッピ文化圏が拡大した。[57] 七〇〇年頃からのおよそ一〇〇〇年間は、アパラチア山脈の西側や米国南東部の大西洋岸平野にあった河川流域の森林は切り開かれ、精巧な土塁を築き、その上に木造建築を立てたミシシッピ文化が栄えた。広大なトウモロコシ畑の真ん中に大規模な村落や町が作られ、その中心に土塁が築かれていた。イリノイ州のミシシッピ川流域の広大な氾濫原に作られたカホキアの町が最大規模を誇った。この町の広さは八〇〇ヘクタールに及び、中心部には儀式用の広場と高さが三〇メートルの長方形の塚があり、最後には町の二〇％ほどの地域は見張り用の望楼を設けた丸太の矢来で囲われるようになった。[58] カホキアの北と南に広がる氾濫原には、その他にも大きな町を含め、数十に上る集落が点在していた。カホキア周辺の人口は紀元一二〇〇年までには二万五〇〇〇人から五万人に上っていた。[59] 家屋の密度から推定すると、カホキアの中心部には一万人から一万五〇〇〇人が住んでいたと考えられる。[60]

一〇五〇年以後、カホキアと周辺の集落は拡大の一途を辿ったが、一二〇〇年代には人口が減少に転じた。[61] 遺跡の発掘現場で見つかった木材の年輪から、カホキアの興隆と衰退は気候の変動と結びついていたことがわかった。年輪は樹齢の特定に利用できるだけでなく、年輪の幅から成長した時期が乾燥していたか、雨が多かったかも知ることができる。成長した時期が乾燥していると、年輪の幅が狭くなり、雨が多いと、広くなるからだ。出土した木材の年輪から、カホキアは一〇五〇年から一一五〇年の雨が極めて多かった時期に発展したが、次の一五〇年間は長引く干ばつに何度も襲われたために、高台の農地は放棄されて、人口も減少し、一三五〇年までにはミシシッピ川流域のカホキアと周辺の地域は放棄されていたことがわかった。一六七三年にかつてカホキアが栄えたミシシッピ川流域を探検したフランス人たちは、ノースカロライナ州から逃れてきたばかりのタスカローラ族の小さな集落を二つ見つけただけだった。[*62]

しかし、塚造り文化を担う大規模な集落は米国南東部では栄えていた。一五〇〇年代の初めにスペイン軍の探検隊もこうした集落に出会っている。スペインの年代記には、周囲に広大な耕作地が広がる城壁を巡らした町の記述がみられる。[*63]この地域はスペイン人に征服はされなかったが、沿岸部のヨーロッパ人の入植が内陸に至るずっと以前に、こうした町は北米で猛威を振るった疫病で壊滅してしまった。エルナンド・デ・ソトの探検隊はサウスカロライナのコフィタチェキ周辺で、その二年前に起きた疫病の後に放棄された数多くの集落を発見している。[*64]一方、ナッチェスには疫病を切り抜けた塚造り文化が最後まで残っていたが、一七三一年にフランス人に征服された。[*65]

先住民のミシシッピ文化が森林に及ぼした影響が最もよくわかっているのはテネシー州東部のリトルテネシー川流域だろう。過去一万一五〇〇年にわたる植物や花粉の遺物の研究が進んでいるからだ。[*66]この地域ではドングリ、クルミ、クリ、ブナ、ヘーゼルナッツのような木の実が重要な食べ物だった。しかし、一〇〇〇年ほど前にトウモロコシが主食になると、こうした木の実の重要性が低下した。ヒマワリ、イヴァ・アンヌアなどの作物が紀元前七〇〇年から栽培されていたが、この頃にこうした作物も減少した。トウモロコシが主食になってからは、木炭の粒子の量や土壌の侵食率が著しく上昇し、周囲の森林が切り開かれたことを物語っている。ブタクサのような農業雑草の花粉が急激に増加する一方で、氾濫原に生える樹木の花粉が減少したことも、大規模な伐採が行なわれたことを示している。開拓地は植え付けされている畑と休耕地がモザイク状に広がっていたのだろう。丘陵の上にはナッツが実る樹木が優占する林が残され、主食を補う重要な食物源となっていたかもしれない。

したがって、ミシシッピ文化が栄えた地域では、森林は著しく分断され、生態系も頻繁に乱されていたので、ヨーロッパ人が入植する以前は原生林に覆われていたという北米のイメージは空想に過ぎない。この地域はすでに人口密度が高かったのだ。しかし、この地方で行なわれていたようなトウモロコシの集約的栽培がニューイングランドやカナダ南部まで広まることはなかった。北米北東部でもトウモロコシや豆類、カボチャは栽培されていたが、高緯度なので生育期間が短く、生産性が低かったからだ。農業は周辺の森で行なわれていた伝統的な狩猟や採集を補っただけで、食料の主要源にはならなかった。そのため、北部の落葉樹林は南東部や中部の落葉樹林ほど、人為的な改変の影響が少なかったのだろう。この仮説については、カナダのオンタリオ州のクローフォード湖でみつかった保存状態の極めて良好な堆積物に基づいて、優れた検証がなされている。この湖底堆積物によって、紀元二〇〇年から一七〇〇年の間に周辺の森林に生じた変化が明らかになったのだ。[*67] この地域に一三〇〇年頃に先住民のイロコイ族が住み着いてからは、アメリカブナやサトウカエデ、シナノキの花粉が減少し、トウモロコシ、ブタクサのような農業雑草、イネ科草本の花粉が増加した。また、コナラ属やシロマツ（ストローブマツ）の花粉と木炭の量も増えた。こうした変化は時折木を伐採して、野焼きを行なう焼き畑農耕を物語っている。当時はトウモロコシを栽培している畑、イネ科草本やブタクサのような背の低い植生に覆われた放棄されたばかりの畑、コナラ類やストローブマツに覆われた放棄されて久しい畑がモザイク状に入り交じっていただろう。ヨーロッパ人がこの地域に入植したときには、イロコイ族はすでに移動してしまっていたので、入植したヨーロッパ人は、ストローブマツの高木林を「原生林」だと勘違いしたかもしれないが、イロコイ族が行なった農耕の副産物だったと思われる。[*68] この地方では、放棄された農地にストローブマツが生えてくることが多いからだ。

北米東部では、森林は河川流域では切り開かれてしまったが、高地や北方の地方ではそれほど深刻な改変は受けなかった。しかし、東アジアでは、もっと大きな変化が森林に起きていた。伐採の規模と時期を特定するのは難しいが、甚大な影響が及んだのは明らかである。中国国内に持続可能で生産性の高い農業が広まるにつれて、人口が急速に増加した。[*69] 一一〇〇年までには、当時のヨーロッパをはるかに上回る規模で都市化と産業化が進んでいた。人口が一〇〇万人を超える都市は五か所を数え、鉄の年間生産量も一二万五〇〇〇トン以上に上った。中国中部では、燃料や建築用木材を確保するために落葉樹林が大規模に伐採され、南部では、熱帯林が切り開かれて、農耕地に変えられていった。中国の環境史を記した自著で、マーク・エルヴィンは中国の古典文学に見られる森林伐採の影響を要約している。[*70] 特定の地域の森林伐採率や農耕地の増加率を定量的に示しているわけではないが、森林伐採の影響の目撃証言となるものである。木材不足や山林の乱伐がもたらした水害や土砂の堆積など、農耕地に対する深刻な被害に関する言及が数多くみられる。森林保護の試みは一時的なものや効果の薄いものがほとんどだったが、仏教寺院周辺の聖域で保護に成功した森もある。エルヴィンの著書は『The Retreat of the Elephants（ゾウの後退）』という書名に簡潔に表れているように、中国において過去七〇〇〇年にわたって起きたアジアゾウの分布域縮小の分析が秀逸である。[*71] 数千年前は北京の方まで分布していたが、紀元前一〇〇〇年までには、淮河の南まで後退し、紀元一〇〇〇年までには、中国南部の熱帯林でみられるだけになってしまっていた。現在では、ビルマ（ミャンマー）との国境付近に設けられた数か所の保護区に生息しているだけなので、元来は北方の温帯落葉樹林に生息していたと聞くと、驚く人が多い。エルヴィンが指摘するように、アジアゾウは森林に依存しているので、広大な森林が農耕地に変わると、すぐに姿を消してしまったのだ。

稲作が伝わると、日本でも中国と同じように落葉樹林の伐採が始まった。紀元前四〇〇年頃、朝鮮半島から渡来人が稲作と鉄製の道具や武器を九州にもたらし、まもなく集約農業が広まった。*[72] 紀元七〇〇年までには、関東地方に至る日本の南半分の平野部に小さな農村が点在するようになっていた。京都や大阪、神戸のある畿内地方は政治や文化の中心地になり、人口が急増した。畿内の盆地と周囲の山地は、日本で最初に大規模な森林伐採が行なわれた地域である。当時の都は周辺の農村部から食料、薪、家屋や宮殿、寺院や神社を建設する木材を調達した。例えば、大伽藍の建設にはヒノキの巨木が大量に使用された。ちなみに、奈良の東大寺には、長さが三〇メートル、直径が一メートルを超える丸太の柱が八四本も使われている。*[73] 東大寺は現在でも世界最大の木造建築だが、コンラッド・タットマンはこの寺院の建設には、九〇〇ヘクタールの原生林が必要だっただろうと推定している。*[74]

当初は、畿内でくり返し遷都が行なわれたので、そのたびに遷都先で森林が切り開かれていた。しかし、七九四年に新しく建設された平安京（現在の京都市）に帝都が移されてからは、一八六八年に東京が首都に定められるまで遷都は行なわれなかった。*[75] 古い建物を解体して、木材を再利用してはいたが、天皇が変わるたびに首都を移すという伝統が途絶えたのは、畿内の建築用木材が枯渇したからかもしれない。紀伊半島や四国、京都の東部にある山地といった遠方の地域から木材を運んでくる必要性がますます高まっていた。木材は手に入りにくくなった上に、運搬の都合で短く切られたので、上層階級の住居や神社仏閣の建築方法も変更せざるをえなくなった。日本の伝統的な建造物にみられる瓦屋根や（檜皮《ひわだ》や藁など）樹皮で葺いた屋根、イグサの畳、唐紙の襖《ふすま》といった繊細で優雅な構造は、こうした木材不足の時代に発達したのである。

畿内に元々あった森林の優占樹種は落葉樹ではなく、常緑広葉樹や針葉樹だったが、標高の高い地域にあった落葉樹林も低地のヒノキ林や常緑のシイ林と共に伐採されて、激減した。しかし、低地や低山帯の常緑広葉樹の原生林が伐採されると、遷移初期に落葉樹林や落葉樹とアカマツの混交林に入れ替わることが多い。したがって、秋になると、京都周辺の山腹を鮮やかに染める名にし負うカエデの紅葉は、こうした森林の伐採がくり返し行なわれてきた結果なのだ。森が保護されてきた法然院のような古刹の周辺は、常緑のシイやクリ、スギやヒノキなどの高木がうっそうと茂っている。太い幹、冬でも落葉しない深緑の葉、開けた暗い下層は京都の低地本来の植生を彷彿させる。[*76]

皮肉なことに、稠密《ちゅうみつ》な人口を支えるためには、伐採されてしまった常緑の極相林よりも、それにとって代わった遷移途中の落葉樹林の方が役に立った。伐採後に農耕地にされなかった森にはクリやブナ、コナラなどが生えた。こうした樹木は薪や木炭、小さな木材の優れた供給源となった。伐採後も、こうした樹木は切株や根から再び芽を出す。一〇年から一五年ごとに幹を切り出す地域もあったが、そうした地域では低木が茂る雑木林になった。[*77] 雑木林は木材の持続可能な供給源になっただけでなく、落ち葉や下生えが「有機肥料」の供給源にもなった。[*78] 中央ヨーロッパや西ヨーロッパでは家畜が肥料の供給源の役目を果たしたが、日本にはこうした家畜がほとんどいなかったので、二〇世紀になって化学肥料が使用されるようになるまでは、森が肥料の重要な供給源だったのだ。畿内は人口密度が高かったが、それでも林は低木が生い茂る雑木林という形で存続した。これまで人の手が入ってきたこうした雑木林は第二次大戦後、木炭や肥料の需要がなくなり、人の手が入らなくなると、成熟していった。[*79] しかし、長年続けられた木材の伐採や下生えの刈り取り、山腹で時折発生する火災が重なり、急傾斜の斜面では植生を失って不毛の地と化した山もある。現在でも琵琶湖の南に連なる山地でこうした光景を見ることができる。

日本の人口は紀元一〇〇〇年から一六〇〇年の間に倍増して、およそ一三〇〇万人に達した。その結果、農耕地は平野部だけでなく、棚田を作って、丘陵や山地の斜面にまで広がった。農業の集約化が進むにつれて、肥料の需要が増える一方、人口の増加に伴い、薪や木材の需要も高まった。[*80] 一四〇〇年代から一五〇〇年代は内戦が相次ぎ、木材の需要が逼迫した。天皇は実権を失い、二五〇人に上る戦国大名が割拠して、覇を競っていた。[*81] 戦国大名たちは盛んに砦を築いたが、砦は主に木材で造られていたので、各地で森林の伐採に拍車がかかった。こうした砦は当初は木材を組んだ矢来に過ぎなかったが、一五〇〇年代までには太い木の梁を使った大規模な城が建設されるようになり、森林の乱伐は畿内だけに留まらず、東京以西のほとんどの地域に及んだ。一方、焼き畑農業や木材の伐採を禁じて、森林保護に努めた戦国大名もいた。また、領主が直轄する森林を保護するだけではなく、積極的に植林を行なうこともあった。しかしながら、全体的には森林伐採が急速に進んだ時代だった。

戦国時代は織田信長に続いた豊臣秀吉による天下統一で終焉を迎えたが、皮肉なことに、森林伐採は戦国時代よりも加速されてしまったのである。[*82] 初めて中央政権が、北海道を除く日本全国の森林を利用できるようになったからだ。[*83] 建築ブームが起こり、大規模な城や宮殿、邸宅の建設や朝鮮出兵に伴う大型船の建造などが行なわれた。徳川幕府の本拠地となった江戸（現在の東京）はくり返し大火に見舞われ、そのたびに再建されて、発展を遂げてきた。[*84] 江戸幕府は全国から木材を徴収したので、森林の乱伐はますます組織的になり、拡大した。広大な森林が広がる地域の中には、幕府の直轄地に定められたところもあるが、直轄地にしたのは木材の伐採を管理するためで、持続可能な森林経営が目的ではなかった。日本では最大の建造物も木造だったので、木材は特別に重要な資源だった。石材は基礎の土台に使用されるだけだった。日本は火山列島なので、簡単に切り

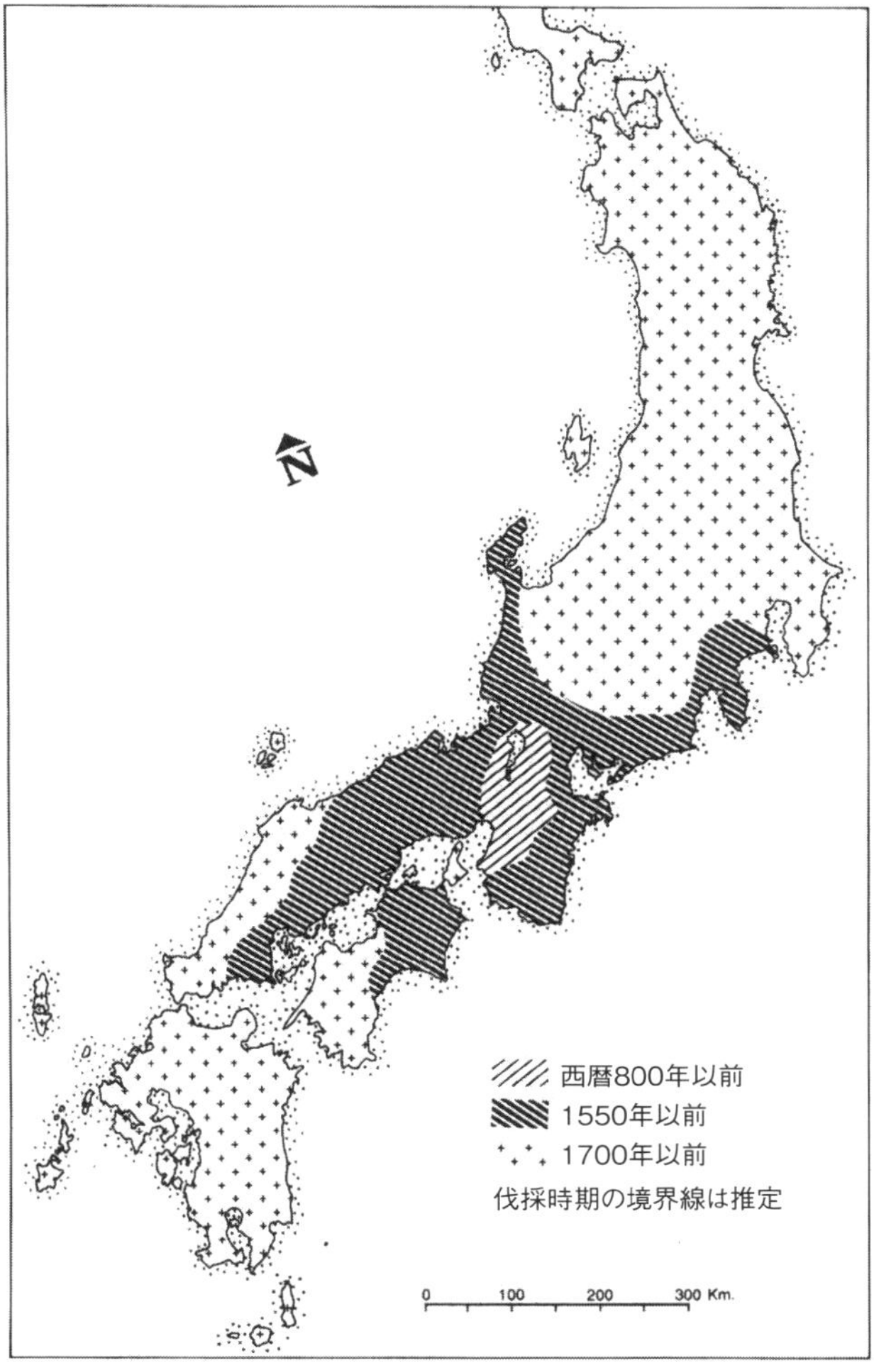

図７　1700 年以前に行なわれた日本の原生林伐採の変遷。（Totman, 1989; University of California Press Books の許可により掲載）

出して建築用ブロックやモルタルの原料として利用できる石灰岩や砂岩が手に入りにくかったからだ。[*85] 日本の広い地域で森林が自然再生を上回る速さで伐採されたことはそれまでになかった。

低い高度で地球を周回する衛星から見た紀元一六〇〇年の落葉樹林は、紀元前一〇〇〇年とはすっかり変わっているだろう。英国、地中海沿岸、ヨーロッパの中西部に広がっていた落葉樹林はほとんどが農耕地に変わってしまっている。北米では紀元前一〇〇〇年以後、特にミシシッピ川流域と南東部の海岸平野で農地開発が進んだが、一六〇〇年までには、こうした開墾地の多くは再び森に戻っている。ミシシッピ川の中流域は集約農業が行なわれていたが、おそらく長引く干ばつのために一三五〇年までには放棄され、農業が盛んだった他の地域も探検家や商人、漁師などがヨーロッパから不用意に持ち込んだ天然痘やはしかなどの疫病がくり返し流行ったために、一五〇〇年代には放棄された。一方、中国や日本の落葉樹林は人口の劇的な増加によって、減少の一途を辿っていた。これは稲作に伴う灌漑設備が普及したことが原因で起きた現象だ。比較的狭い土地であっても生産性が向上したので、人口の増加に拍車がかかり、さらに複雑な灌漑設備の管理が中央政権による土地支配を促した。人口の増加による木材の需要だけでなく、住居、寺院、砦の建設や造船による需要も考えると、一六〇〇年当時、東アジアの落葉樹林の将来は明るいものではなかった。

保全上の意義

大規模な伐採に遭ったにもかかわらず、落葉樹林は温帯の様々な地域で生き残り、農地に開拓された後に、再生した地域もある（第4章）。しかし、こうして生き残って再生した森林の生態系は重要な点が欠けている。熱帯生態学では、樹木の種子散布や植食者（草食動物）の個体数制御で重要な役割を果たす大型動物が消えてしまった熱帯雨林は「森林の空洞化」が起きていると考える。こうした大型動物は森林の生物量（生き物の重量）の一部を占めるに過ぎないが、その生態系の多様性や安定性に極めて大きな影響を及ぼすからだ。多くの温帯林も、大型の捕食者（肉食動物）や大型の草食動物、ビーバーのような「生態系エンジニア」がいない空洞化した森といえる。さらに、時折発生する火災のように、かつては生息環境の多様性を維持していた自然の営みも欠如している。こうした種や自然の営みを復活させたり、補ったりするのは並大抵なことではない。

第4章　自然林の減少と持続可能な林業の創出

森林保護の起源

一六〇〇年当時には、向こう三〇〇年にわたる落葉樹林の動向について、手つかずの森の規模と森林の減少率に基づいて、正確な予測をするのは難しかっただろう。北米東部では将来の木材不足が危惧されるようになる一方で、日本が世界有数の森林国になると、誰が予測できただろうか？　両者の明暗を分けた大きな要因は、持続的な木材の安定供給を目指した森林管理の取り組み方である。日本とヨーロッパが持続可能な森林管理の効果的な方法を独自に開発した後でも、北米と中国は将来のことを考えもせずに、辺境の森林を伐採し続けていたのだ。

ヨーロッパでも中国でも一六〇〇年代までには、農耕地を作るために大規模な森林伐採が行なわれていたが、中国の伐採規模を割り出すのは難しい。しかし、一六〇〇年代から一七〇〇年代に中国の開発が進んでいた地域に布教活動に行っていたイエズス会の宣教師が残した回顧録や報告書を読むと、この二地域の違いがよくわかる。そうした記録には西ヨーロッパと中国の農業に言及している箇所が頻繁にみられるのだ。例えば、フランスの農村地帯と中国のそれを比較して、フランスでは「森や牧草地、ブドウ畑、公園、レクリエーション施設が点在している」が、中国では、「農家の庭、村落の並木路や丘の斜面」も耕作されていた。[*1] 作物の取り入れは年に数回に上り、休耕地は見当たらなかったとも記されている。[*2] こうした集約的な土地の利用は稠密《ちゅうみつ》な人口を養うために必要になったのだと指摘している。ヨーロッパよりも集約的な農業が行なえたのは、常に維持管理を必要とする用水路や水門、貯水池、堤防からなる高度な灌漑システムが広大な地域に張り巡らされていたからである。[*3] さらに、休耕期間を設けて土地の生産力を回復させる代わりに、人や動物の糞などの下肥を頻繁に散布して、生産性を維持していた。こうした集約農業が行なわれていた地域では、山の頂上や急斜面、仏教寺院の境内を除いて、森林は切り開かれてしまったのだ。中国の南部には広大な原生林が残っている地域もあったが、おおむね熱帯や亜熱帯林であり、温帯落葉樹林ではなかった。

灌漑施設を建設して維持管理する中国の中央政権の統治能力の高さを考えると、一八〇〇年代までに持続可能な林業が推し進められていなかったのは意外なことだ。マーク・エルヴィンの著書によれば、水の安定供給にとって水源林の保護が重要であることは官吏や注釈者に理解されていたことや、土壌の侵食防止にとって、森林の保護や植林が欠かせないことも一般に認識されていたことを裏付ける証拠が豊富に挙げられている。[*4] 持続可能な林業が推進されなかったのは、中国の周辺域から常に木材が供給されていたからだろう。いずれにしても、エルヴィンは、持続可能な林業の重要性は認識されていたが、実際の森林管理には反映されていなかったと指摘して終えている。[*5] 森林の保護や再生は一部の地域で、あるいは一時的に行なわれたに過ぎなかった。長期にわたって森林の変化をもたらしていたのは、稠密な人口を養う食料の必要性や「権力と利権」だった。[*6]

後の一九五〇年代には、地方に小さな溶鉱炉を数多く設けて鉄鋼の生産量を増大させようという稚拙な大躍進政策で、中国に残っていた森林の一割もが破壊された。[*7] こうした「地方の高炉」に燃料を供給するために、樹木が伐採されたが、これは自然と闘わなければ経済発展は成し遂げられないという毛沢東思想に基づく長期にわたる環境破壊の一部だった。[*8] 一九九八年に長江（揚子江）流域で起きた大水害は森林伐採が原因だとされてからは、森林伐採を奨励する政策は一八〇度転換された。[*9] 中国政府は森林再生計画に着手し、二〇一一年までには四万平方キロメートル以上の植林が行なわれた。しかしながら、植えられた木は自然樹種ではなく、ユーカリやゴム、果樹がほとんどを占めた。多くの森林で私有化が認められた結果、自然林は外来種の人工林に変えられ、森林の複雑さや生物の多様性が失われることになった。

ヨーロッパの各地でも、一六〇〇年以後は大規模な森林破壊が起こった。一五〇〇年代に入り、西ヨーロッパの沿岸地域の国々がアフリカやアジアと交易を始めたり、新大陸に植民地を築き始めたりすると、ヨーロッパの経済が回復し始め、人口が増加した。一六〇〇年代までにはヨーロッパで大規模な森林伐採が再び始まり、やがて木材不足が訪れる。[*10] フランスやドイツ、イギリスには森林保護区が珍しくなかったが、基本的には王侯貴族の狩場だった。木材生産のために森林保護区を制定した最初の国はベネチアで、経済を海外貿易に依存していたので、それに不可欠な造船用の木材を確保するのが目的だった。また、フランスも木材の伐採を規制しようとした。一六〇〇年代後半までには、ヨーロッパの各地で木材不足に対応するために、あるいは木材不足を見越して、森林の保護や育成を始めた。[*11] イギリスでは製鉄産業の燃料用木材を確保するために、二〇〇〇平方キロメートルに上る森林を定期的に伐採して萌芽林として管理していた。萌芽更新は伐採された木の根や株から新たに発芽して樹木を再生させることである。イングランドでは、ジョン・イヴリンにより、森林の保護や植林に関する名著が著され、フランスでは国有林の伐採や家畜の放牧を規制する法案が可決された。イヴリンの著書もフランスの森林法も、貿易と国防にとって不可欠な造船用の木材不足に対処したものだった。

ヨーロッパの持続可能な森林管理

ドイツでは一七〇〇年代に植林が本格的に始まり、大学の林学の教科書や林業の手引書が数多く出版された。森林管理の目的はそれまでの狩場の保護から持続可能な森林の生産性を高めることへ変わっていった。[*12] そのためには、成長の早い単一樹種からなる同齢林を育てる必要があった。こうした科学技術的な森林管理の手法はヨーロッパの他の地域だけでなく、北米へも伝わった。

マイケル・ウィリアムズはイギリスとドイツでは植林に対する理念が著しく異なっていると述べている。[*13] 一六〇〇年代の後半以後、イギリスでは地方の広大な私有地に木材生産に対する長期投資としてだけではなく、樹木や森林のある風景の美しさが評価されるようになり、それを愛でるためにも植林が行なわれるようになった。上層階級の邸宅の周囲に半自然的な森のある風景ができあがると、豊かな生活と社会的地位の新しい基準を表すものとなった。木材生産を重視するドイツと自然美（準自然美）を重視するイギリスの両者の植林理念は現代の保護運動に影響を及ぼした。いずれの取り組み方も森林の皆伐やそれに付随する木材不足、雨水の急激な表面流去、急斜面の土壌侵食の問題を防ぐことができる。しかし、高収穫を求める林業的方法だと多様性の低い針葉樹の植林が優先され、生物の多様性が高い落葉樹林はとって代わられてしまうことが多い。

日本の木材資源と水源の保護

日本も一六〇〇年代に急激な経済成長と人口増加の時期を経験した。一六〇〇年から一七二〇年の間に農耕地の面積は一万五〇〇〇平方キロメートルから三万平方キロメートルへ倍増した。[*14] 農地開発により森林が減少した上に、木材に対する高い需要が続き、深刻な木材不足に見舞われた。日本の中心地である江戸は幕府が直轄していたが、本州以南の各地はおよそ二〇〇名の大名がそれぞれの領地を支配していた。[*15] 大名の領地である藩は江戸幕府の支配下にあったが、半ば自治権が認められていた。森林の保護や再生は藩と幕府の両方の規制を受けた。

一六〇〇年代の初めには、森林規則は主に幕府が使用する特定の巨木や森林を確保するためのものだった。[*16] 例この規則には、身分ごとに建てられる家屋の大きさや使用できる建築資材の種類も詳細に定められていた。例えば、百姓の住居にはスギやヒノキという貴重な二大木材の使用は許されていなかった。一七世紀になると、丘陵地の森林伐採がもたらす水害や農耕地への土砂流入を防ぐために、森林の保護が拡大された。幕府は河川流域や氾濫原の植生の伐採を禁止すると共に、焼き畑農耕を特定の山岳地域に限定したのだ。

日本でもドイツと同様の持続可能な林業が独自に生まれた。[*17] 一六五〇年代には、土地所有者に植林や木材の輪作を促す林業手引書が出されていた。一七世紀と一八世紀には、苗木や挿し穂の植え方や、まっすぐな高木の生育を早めるために、補植や草取りや間伐によって植林地を維持管理する方法を詳しく解説している手引書が数多く出された。

一七〇〇年代には大阪地方が植林用にスギの苗木を育てる苗畑の中心地になった。月に三〇万本に上るスギ

図８　京都にある針葉樹の植林。スギの純林になっている。

の苗木が日本の各地へ配送された。[18]一八〇〇年代になると、大阪の苗木は価格が高かったので、植林地で伐採した後に植える苗木の需要を満たすために、各地に苗畑が誕生した。私有地や共有地の植林や森林の保護を奨励し、落ち葉のような有機肥料を始めとする森林の産物の採集を控えさせるために、様々な報奨措置が取られた。[19]村人が私有地で造林を認めれば材木商から報酬が支払われ、さらに村人が地元の藩の領地や共有地に植林して維持管理すれば、藩はそこから上がった木材収益の大部分を村人と折半していた。植林地を増やすために、山奉行は苗木や貸付、森林管理の助言を頻繁に与えていた。日本では一八〇〇年代までには、集水域を保護し、私有地や共有地、幕府の直轄地で持続可能な木材生産を行なう高度な制度ができあがっていた。

日本の植林地も、ドイツと同様に単一栽培で、樹種はスギやヒノキ、カラマツなどの針葉樹が多かった。このことは、日本の多くの地域で、多様性が極めて高い落葉広葉樹林や針葉樹と広葉樹の混交樹林が、生物の多様性が低い単調な植林地に変わってしまったことを意味する。とはいえ、植林地は集水域や河川、低地の水田を守る上で極めて重要な役割を果たした。さらに、植林のおかげで優れた建材が手軽に入手できただけでなく、残っている落葉樹林の多くが伐採を免れたのである。また、落葉樹林は回復力が強いので、植林を行なわなくても生き残ることができた。ヨーロッパと同様に、落葉樹林は切株を残した萌芽更新や枝を収穫する強剪定を行なうことで、持続可能な森林管理がなされていた。いずれの方法でも、新しい枝が芽生えてきて速やかに成長するので、数年すれば、再び木材を収穫することができる。日本では、コナラやブナはたいてい萌芽更新によって管理されていた。自然再生中の森林を保護するために、伐採して日の浅い植林地の立ち入りを制限したり、間伐や草刈りによって特定の樹種をかばったりすることが多かった。[20]また、再生中の森林を択伐によって管理することもあった。

落葉樹林で落ち葉や下層、ササが絶えず収穫されていたので、林床の土壌が痩せて、痩せた乾燥土壌に育つ

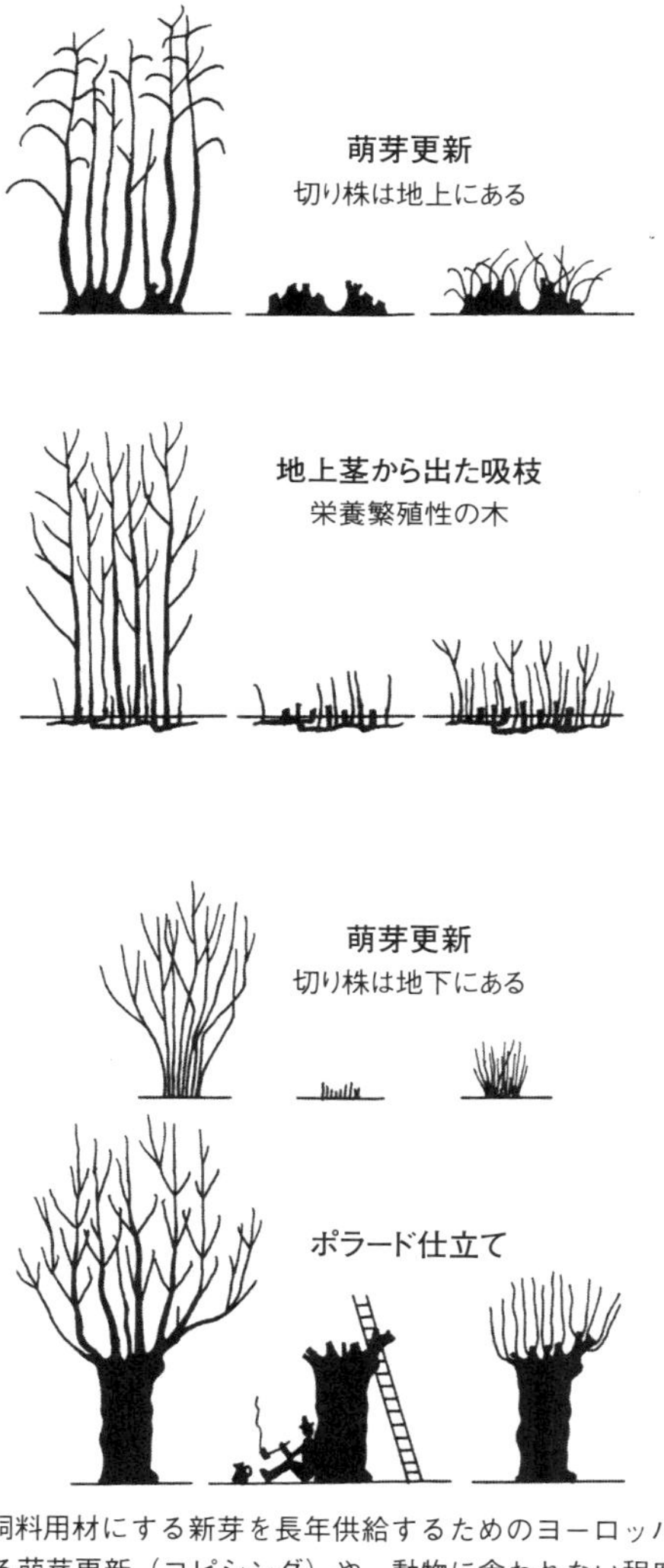

図９　薪、工芸や飼料用材にする新芽を長年供給するためのヨーロッパの伝統的な剪定法。地面近くで伐る萌芽更新（コピシング）や、動物に食われない程度の高さで強剪定する方法（ポラード仕立て）などがある。日本の伝統的な林業でもよく似た方法が使われた。（Rackham, 2006; Harper Collins Publishers Ltd. の許可により掲載，©2006 Oliver Rackham.）

アカマツが落葉樹林の主要な樹種になってしまったが、落葉樹林は針葉樹の植林と共に生き残り、日本の生物多様性の保全を担っている。

日本の森林は第二次世界大戦中に乱伐されて深刻な被害を受けた。一九四一年から一九四五年の間に森林の一五％が伐採されただけでなく、化学肥料が手に入らないので、その代わりに落ち葉や下層植生が利用されたため、残った森林の質も著しく低下した。[*21] 一九五〇年代に日本政府は大規模な森林再生計画を策定して、戦中や終戦直後に乱伐された森林の回復に取り組んだ。[*22] しかし、その結果、自然林は針葉樹の人工林にとって代わられてしまった。一方、ちょうどこの頃、日本では化石燃料や化学肥料が使われ始め、燃料や肥料の供給源として森林に過度に依存する時代が終わりを告げた。一九七〇年代までには北米や東南アジアから安価な木材が輸入されるようになり、植林林業が著しく衰退した。都市や道路網の拡大に伴い、残っている落葉樹林の多くが分断されたり、破壊されたりしたが、その一方で、残っている森林は集約的な利用から解放されて回復し始め、雑木の低木林も成熟林になった。

こうした回復途中にある森を間近にみるには、比叡山の頂上にケーブルカーで上り、京都市の東側に接する尾根筋に沿って南へ延びている林道を歩くとよい。山頂の植林地は昼なお暗い針葉樹の高木林になっているが、そこを通り抜けると、落葉樹の二次林にさしかかる。このあたりの森は一二〇〇年にわたり集約的に利用されてきたので、落葉樹の低木林やアカマツの木立が目につくが、特に谷筋には広葉樹の高木が育っている。夏になると、ツツドリやキビタキといった森林性の鳥がさえずり、冬にはアオバトがモチノキのような高木落葉樹の梢で実をついばんでいる。山麓にある高木の洞ではムササビが塒《ねぐら》をとり、日本固有種のニホンザルの群れやイノシシ、時にはツキノワグマまで都会に隣接するこの深い森で見ることができる。

北米の落葉樹林の衰退と回復

日本人が人里離れた奥地でも森林の再生に取り組んでいた時代に、北米のヨーロッパ移民は将来の木材不足に備えて植林を行なおうともせずに、恐るべき勢いで落葉樹林の伐採を続けていた。英国からきた最初の移民たちは開けた場所に住み着いたが、元はと言えばそこは、先住民が開拓した土地であり、旧世界から持ち込まれた疫病で、その集落が壊滅して放棄されたばかりの土地だった。例えば、マサチューセッツ州のプリマスに入植した英国人たちは、かつてアメリカインディアンが開拓して農耕地として使っていた土地に住み着いたのだ。[*23]移民たちは、疫病で先住民の人口が激減したので、こうした土地を手に入れることができるとわかっていただけでなく、神の計らいと考えてもいたのである。英国の入植者たちはマサチューセッツ州の沿岸地域で天然痘の恐ろしさを目の当たりにしている。[*24]天然痘で住民の九五%が命を落としたインディアンの部落もあったのだ。新大陸の先住民にとって、天然痘ほど恐ろしい疫病はなかったが、その他にも、水疱瘡《みずぼうそう》、耳下腺炎、百日咳、はしか、発疹チフス、赤痢、コレラ、マラリア、結核などの旧世界の伝染病も大きな脅威だった。北米の人口は七四%も減少した結果、かつて開拓された土地のほとんどが放棄されて、空き地になっていた。[*25]

一六〇〇年代の初めから一七五〇年の間は、ヨーロッパ人の入植地はアパラチア山脈の東側に集中していた。ヨーロッパの入植者がさらに西へ移動して、ミシシッピ川流域に達した頃には、ミシシッピ文化が栄えた地域にも森林がすっかり回復していたので、入植者たちには先住民がほとんどいない未開の地のように思えただろう。そこで巨大な土塁跡に出会ったときには、大規模な建造物を造ることなく、小さな村落に暮らしている当時の先住民と結びつけることができずに面食らった。その結果、こうした土塁はもっと古い時代に旧世界からやってきた入植者が造ったものだと考えられ、バイキングや古代イスラエル人説、あるいはインドの移民説まで現れた。[*26] その後、発掘調査が進むと、陶器、銅製の装飾品や石器などの人工遺物は旧世界のものではなく、高度な土着文化のものだということが明らかになった。[*27]

農民の一家が自給自足の農業を小規模に営んでいた一六〇〇年代や一七〇〇年代の北米北東部では、森林伐採の進み方は緩やかだった。ヨーロッパで数千年にわたって発展してきた持続可能で調和のとれた農業経営が、新大陸にもうまく定着した。森林を切り開いて開拓された豊饒な農耕地は、何世代にもわたって人々の暮らしを支えていた。新たに森林伐採の必要性が生じたのは、人口の増加やヨーロッパから絶え間なく移民が到着したからに過ぎない。

一八〇〇年代になると、道路や水路網が改善され、鉄道網も急速に拡大したので、農家は市場向けの作物を生産するようになり、農耕地が増加し、森林の伐採率も高まった。オハイオ州やミシガン州、ウィスコンシン州南部の落葉樹林は数十年で農地に変えられてしまった。一九世紀の後半には、鉄道の発達と移動可能な製材のこぎりの登場が相まって、五大湖諸州、次いで南東部諸州に残っていた森林が急速に伐採されていった。このときの伐採は、北部ではストローブマツの古木や南部ではダイオウマツの高木のような針葉樹が中心だったが、成熟した落葉樹林も伐採された。例えば、南東部の氾濫原にあった広葉樹の原生林が伐採されたのはほとんどこの時期だった。二〇世紀の初めには、北米東部では人の手の入っていない「原始林」は所々にわずかに残っているだけになってしまった。木材会社は伐採対象を太平洋岸やロッキー山脈の森林へ移し始めていた。

こうした森林伐採の話はよく知られているが、劇的な森林再生の話は顧みられなかったり、正当に評価されなかったりすることが多い。森林伐採の波が中西部を襲っていた頃、東部ではすでに森林が再生し始めていたのだ。オハイオ、インディアナ、イリノイの各州で、岩石の少ない肥沃な農地が手に入るようになると、ニューイングランドやアパラチア山脈の生産性に劣る農地が放棄された。一八二〇年代までには、ニューイングランドの河川流域に水力発電による工場ができると、常に農作業に追われていた自給自足農家の若者が惹きつけられて農業を離れていった。この地方では牛乳や野菜のような生鮮食品の生産が続けられていたが、やがて、鉄道に冷蔵車両が登場したことで、こうした生鮮食品の長距離輸送ができるようになり、農業の衰退に拍車がかかった。

特に、ニューイングランド地方にはこうした変化を裏付ける明確な証拠が残っている。一九世紀に農家がトウモロコシ畑、果樹園、牧草地、放牧地の境界を石垣で仕切っていたからだ。特に固い土壌や岩棚の上に築かれた石垣は数世紀にわたって崩れずに残る。例えば、自宅の書斎の窓から、一八〇〇年代の初めに築かれた高さが一メートルを超える石垣がきれいに残っているのがみえる。この石垣は大きな石で築かれているので、そこが放牧地だったことがわかる。丘の上の方には大小の石が交ざった石垣がみえるが、このような石垣は犂《すき》で耕す必要がある畑だったことを示している。犂で耕すときに、小石が邪魔になるので、取り除けて石垣に使われていたのだ。[*28] 自宅の裏側にある森の奥には農家の廃墟が残っていて、根菜用の石造りの地下室、大きな納屋と母屋の土台、家畜の囲い用に築いた石垣などの間を歩き回ることもできる。母屋の土台の前には、植栽と思われるが、大きなクルミの木とヨーロッパから持ち込まれたヒメツルニチニチソウが生えている。周囲にはブラックオーク、ペカン、アメリカトネリコ、サトウカエデ、アメリカミズメなどの高木が茂り、アメリカフクロウ、カタアカノスリ、エボシクマゲラ、アメリカモモンガ、フィッシャー〔訳注：北米産のテン〕などの森林性動物の生息地になっている。

このような森林回復の事例は特に珍しいことではない。一八〇〇年代の中頃はニューイングランド南部の五〇％が牧草地や放牧地、農耕地だったが、二〇〇〇年までには七％まで減少した。[*29] しかし、こうした変化は二ニューイングランドの他の地域の方がはるかに劇的なのだ。マサチューセッツ州ピーターシャムの土地利用の変化を綿密に分析したデービッド・フォスターの研究で、この町の森林は一八五〇年までに八五％が伐採されてしまい、残っていた森林は急斜面や湿地、狭い渓谷に限られていたが、一八五〇年代以後、農地が放棄されて、一九六〇年代までには、町の九〇％以上を覆うまでに森林が回復したことが明らかにされている。[*30]

北米北東部の農地が放棄されたのは、管理が悪かったからでも、土壌を疲弊させてしまったからでもない。マサチューセッツ州コンコードの環境史を著したブライアン・ドナヒューは、一六〇〇年代や一七〇〇年代に北米に入植した英国の移民は持続可能な土地利用を行なっていたと、説得力のある議論を展開している。[*31] 英国で数世紀にわたって発展してきた混合農法を用いていたのだ。作物を収穫した後に家畜を放したり、家畜小屋から下肥を運んできたりして、農地に施肥を行ない、土壌の産出力を維持していた。また、肥料の分量を増やすために、下肥に有機栽培の生ごみを加えていた。下肥の栄養分の大部分は煎じ詰めれば氾濫原の草地に由来する。草地で刈り取った干し草を冬季の飼料にしていたからだ。こうした草地に含まれる栄養分の度合いは季節的に起こる河川の氾濫でもたらされる堆積物によって維持されていた。また、こうした氾濫はたいてい運河を利用して制御されていた。林地はこの安定した仕組みの最終構成要素だった。樹木は建材として、下層植生は家畜の餌として利用された。

ドナヒューが力説するように、この仕組みは生産性の最大化は図れなかったが、その代わりに「多様化による安定」は確保できていた。[*32] 各農家は様々な作物や家畜を栽培・飼育していたので、一つの作物が不作になっても、農家や農村が深刻な影響を受けることは避けられたのだ。農家や農村がおおむね自給自足の農業を営んでいたときには安定確保が重要だったが、一八〇〇年代に農業経営が次第に市場経済の一部になってくると、その重要性が薄れていった。ニューイングランドやアパラチア山脈の農地は、付加価値の高い作物を生産でき

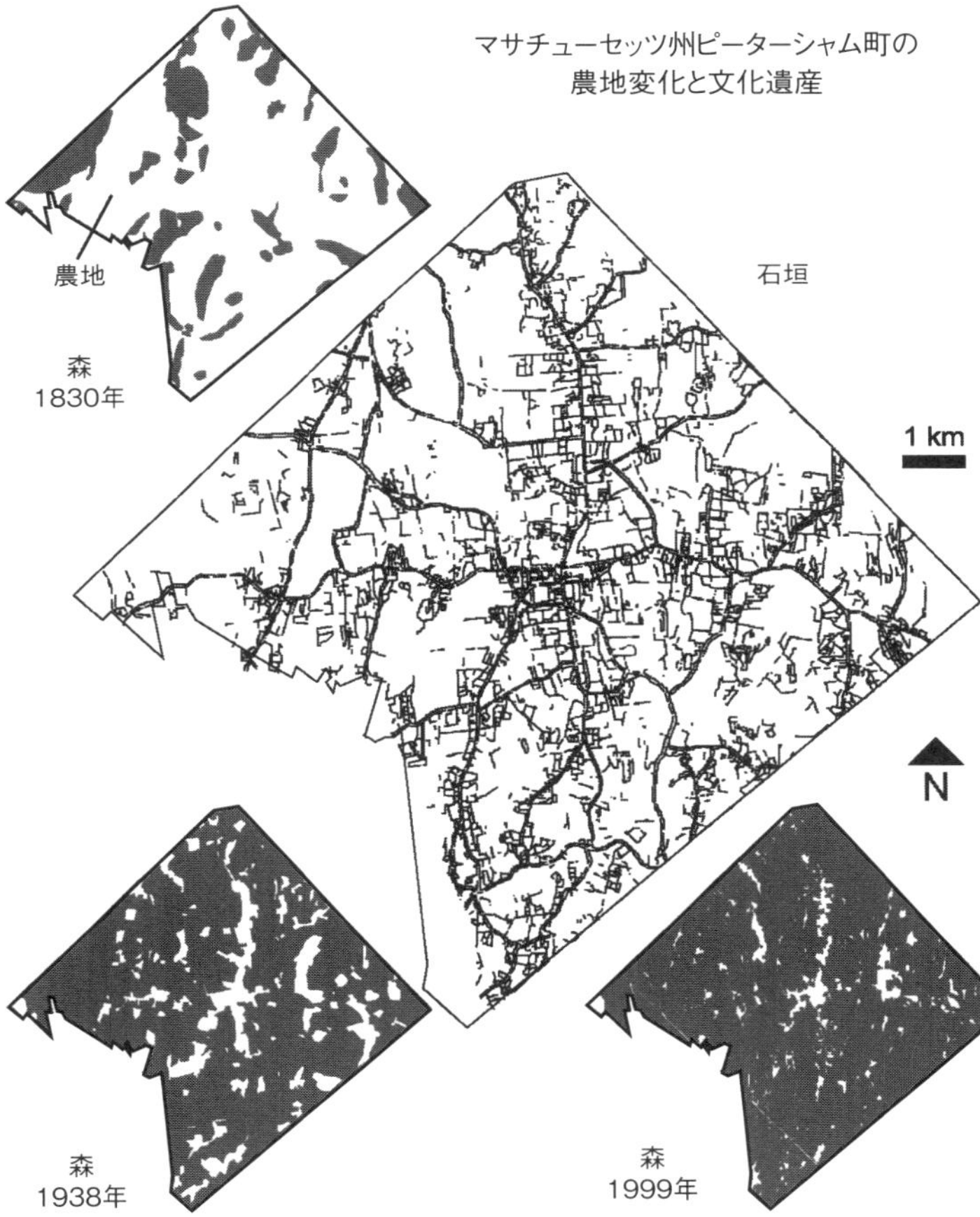

図 10　マサチューセッツ州ピーターシャム町で 1833〜1999 年に見られた古い石垣の位置と森の変化を示す地図。石垣は 1800 年代の畑と牧草地の境界を示す。ニューイングランド地方の中南部の大部分で開けた農地が成熟林に変わっていった様子がわかる。(Foster and Aber, 2004)

る、平坦で岩石が少ない肥沃な農地との競争に太刀打ちできなくなったために、土壌の疲弊とは関係なく放棄されたのだ。一方、南東部の落葉樹林地帯にあった農地は多くが土壌の生産性が低下したために放棄された。この傾向は大規模なタバコ農園に特に当てはまる。タバコの生産を三年間行なうと、その後二〇年間休ませても、生産性が回復しないのだ。[*33] タバコや綿花などの換金作物を栽培する大規模農園は、伝統的な混合農業では持続可能な経営ができなかったのである。

ニューイングランドの岩石地やメリーランド州の疲弊したタバコ農園だけでなく、東部の落葉樹林地帯でも、放棄された農地は森に還っていった。[*34] 森林再生として組織的な取り組みが図られたわけではなかったが、北米東部の森林は回復した。農地は放牧に利用した後に放棄されていった場合が多かった。このように、オハイオ州で森林の半分が伐採されていた頃、ニューイングランドの森林はすでに再生し始めていた。ミネソタ州の南部とウィスコンシン州で広葉樹林が伐採されていた一九世紀の終わりには、オハイオ州東部の森林は回復し始めていた。同様に、南部の放棄されたタバコ農園や綿花農園の場合は、落葉樹林にはならなかったが、マツ林になったものが多かった。北米東部では一八七二年頃までは森林の伐採率が再生率を上回っていたが、その後は、森林の総量は右肩上がりに増加した。[*35] 一八七〇年代に農地の開発や木材の伐採のために、森林伐採が頂点に達したときでも、北米東部の五〇%前後は森林に覆われていた。そのほとんどが若い二次林ではあったが、こうした若い森林は落葉樹林生態系の生物多様性を維持するのに一役買ったのだ。

北米では、一八〇〇年代の中頃までは、農地開発の際に伐採された木材でほとんどの需要が賄われていたが、農地開発が草原地帯まで進んでしまうと、木材会社が建築や燃料用の木材を供給し始めた。一八六〇年代以後は、木材の主要な供給源は北東部の諸州から五大湖地方へ移り、一八九〇年代には南部の氾濫原の森林や太平洋岸北西部の針葉樹林へ移った。[*36] 鉄道の支線で森から木材を運び出し、蒸気の動力を利用した製材所へ輸送できるようになると、森林伐採の効率が向上した。森林はことごとく伐採され、後には見捨てられた線路と製材所だけの哀れな荒涼とした風景が残った。

北米中で急速に森林伐採が進んだことで、自然資源の枯渇や差し迫った「木材不足」に対する不安が高まった。「原始林（伐採されたことのない森）」の面積が縮小していることを示す地図が作られ、残された最後の森林資源に手を付けているので、木材の新しい供給源が枯渇するのも時間の問題だという危惧を裏付けていた。しかし、こうした分析には、拡大している二次林の面積や国全体の森林生産力（木材の年間生産量）などは考慮されていなかった。一八九〇年代に木材供給の将来に対する危惧や集水域の保護の必要から、森林保護区が設立されるようになった。ちなみに、こうした保護区は後に国有林になる。当時の保護区は人手の入っていない「原始林」を対象にしていたので、初期の国有林は米国の西半分に集中していた。[*37] 一九三〇年代になってようやく、国有林に大規模な落葉樹林も取り込まれるようになった。[*38] こうした落葉樹林は伐採されたばかりの地域にあったが、放棄されて久しい農地には二次林が再生して成熟していた場合も多かった。

国有林を管理していたのは農務省林野部だが、ドイツの林業と同じ森林管理方式と目標を取り入れていた。主な目標は、木材を伐採した後に植林か自然再生によって持続可能な木材生産を維持することだが、集水域の保護という副次的な目標も兼ねていた。また、民間の木材会社も持続可能な森林管理を行なうようになった。[*39] さらに、伐採されていない森林が枯渇する一方で、税法の改正により、「木材用立木」の所有者の税負担が軽減されたことで、「木材用樹木の育成」事業が経済的に成り立つようになった。そして、科学技術の進歩により、建材や燃料用の木材の需要が減少し、木材不足の回避に一役買った。

国有林は木材の安定供給を図る目的で設定されたが、他の森林は主に美的価値やレクリエーションのために保護された。例えば、ヨセミテ渓谷は一八六四年、イエローストーンが一八七二年に国立公園として設立されたが[*40]、それは類を見ない雄大な自然景観を残すのが目的だった。両者の事例は自然の美しさや静謐さを維持するために土地を確保する取り組みの先駆けとなった。また、一八八五年にニューヨーク州の北部に設立されたアディロンダック森林保護区は、人手の入らない原生林を残すために保護された米国で最初の落葉樹林である。その後、この保護区は当初の二八九〇平方キロメートルから一万二一〇〇平方キロメートルに拡張されて、一八九二年にアディロンダック州立公園として生まれ変わった。アディロンダックの森林公園化を推進した人たちはニューヨーク市とニューヨーク州の航行可能な水路へ水を供給する水源としての重要性を強調してはいたが、本当の目的は、屋外レクリエーションのために美しい自然に恵まれた地域を確保することだった[*41]。さらに、一八九四年にはニューヨーク州の新しい州法に、アディロンダック州立公園は「常に自然のままに」保っておかなければならないと明記され、保護区内での木材の商業伐採は禁止された。後には、二〇〇〇平方キロメートルを超える規模のグレートスモーキーマウンテン国立公園を含め、落葉樹林の保護を目的とした国立公園や自然保護区が数多く設立された。

世界中で落葉樹林は、二〇世紀末までにほとんどが農地や都市にとって代わられてしまった。ヨーロッパや北米東部、東アジアの広大な落葉樹林が広がっていた地域は、集約農業の中心地や密集した工場地帯になった。世界有数の大都市圏が形成されているのもこうした地域だ。それにもかかわらず、落葉樹林生態系は生き延びているだけでなく、北米東部や日本のように、復活や拡大をしている地域もある。ドイツの大学で開発された森林管理や米国の国立公園で始められた自然地域保全の手法を取り入れて、森林の保護や再生に取り組んでいる国が増えている。伝統的には、両者の手法は目標がまったく異なるので、相容れない関係にある。例えば、一九六〇年代という最近にも、イギリスの古い落葉樹林のいくつかが、多様性豊かな生態系の貴重な宝庫として保全されるのではなく、針葉樹の植林に変えられてしまった[*42]。単一樹種ないし二樹種の人工林では、持続可

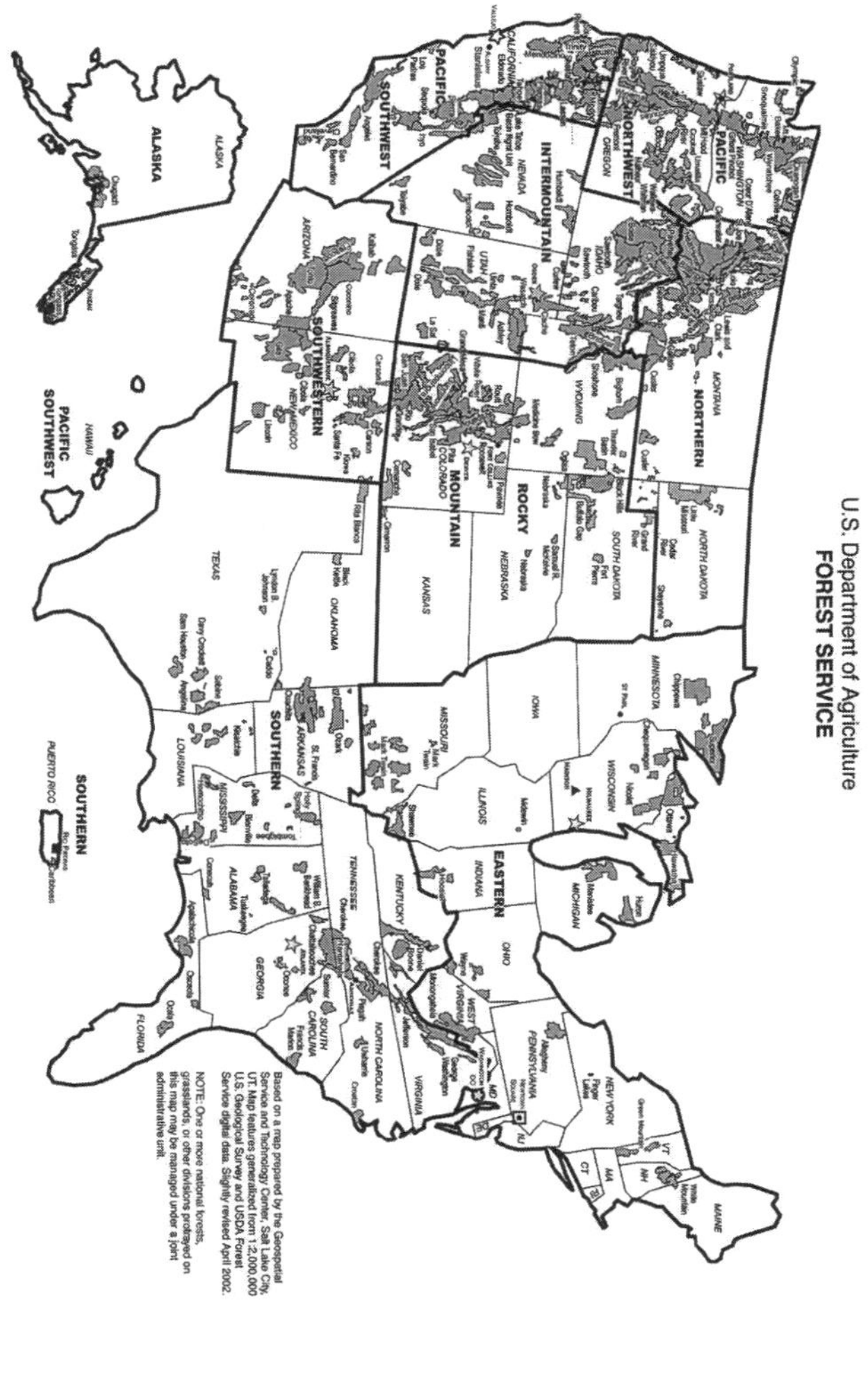

◎国立事務所　▒国有林・国有草原　――地方業界　■国際熱帯森林研究所

☆地方事務所　・研究施設事務所　▲林業産物実験所　□州・民間森林事務所（他地域では、こうした活動は地方事務所が監督する）

図11　米国森林局による国有林と国有草原の位置。（U.S. Department of Agriculture, Forest Service の許可により掲載）

能な木材の生産や集水域の保護はできたとしても、生物多様性の維持にはほとんど役に立たない。しかし、多様性豊かな自然林で利用できる持続可能な木材の伐採方法が開発されているので、国立公園や自然保護区以外で木材生産のために管理されている土地にも落葉樹林を再生する道は開けている。

保全上の意義

中緯度地方に分布する落葉樹林の樹木や他の植物は極めて回復力が強い。更新世の気候の大変動や人類が引き起こした環境の大変化をも生き抜いてきたのだ。氷河が融けた後の裸地に森林が復活したように、耕作や伐採、炭焼きなどの集約的利用が終わった後で、放棄された土地にも森は戻ってきた。再編された森林の樹種は伐採される以前とは決して同じではないが、こうした樹種の入れ替わりは今に始まったことではない。更新世には間氷期が一九回前後あったが、間氷期に再生した森林はその都度、構成樹種が異なっていただろう。温帯の植物が回復力に優れていることを考えると、注意深く見守る必要はあるが、悲観するには及ばないだろう。温帯人間の活動によって急激な環境変化が起きているとはいえ、適切な管理を行なえば、温帯落葉樹林を再生させて維持していくことは可能だと思われる。

第5章　巨木と林内の空き地

湿潤な温帯域では農地が放棄されると、やがて森林が戻ってくる。土壌が露天掘りで剝ぎ取られたり、舗装されたり、化学薬品で汚染されたりしなければ、森林の回復は驚くほど速く、数百年どころか、数十年で再生する。その結果、現在、日本の内陸部や米国北東部の広い地域が二次林で覆われているし、ヨーロッパでも放棄された農地に森林が再生し始めている。こうした現象は、温帯落葉樹林の不死鳥のような復活を象徴するといえるのだろうか？　一方、農地開発によって失われてしまった複雑で多様性豊かな原生林が再生したのではなく、質の低下した単純な森林に置き換わっただけだという悲観的な見方もある。このような新しい森林は元の森林とどこが異なるのだろうか？

こうした問いに答えるためには、温帯地域に農業が広まる以前の森林の特徴を知る必要がある。これまで述べてきたように、史料や湖沼に保存されていた花粉記録から元の森林の姿を不完全ながらも推測することができる。また、伐採を受けたことのない古い森も重要な手掛かりになる。温帯地方に残っている「原始の森」は規模の小さい孤立林がほとんどだが、広大な範囲に原生林がみられる地域もある。こうした森林も伐採こそ免れてはきたが、人間活動の影響をまったく受けていないわけではない。狩猟は行なわれてきたので、こうした森林でも大型哺乳類は姿を消してしまい、森林生態系に大きな変化が生じたと思われる。また、残っている原生林でも家畜の放牧や択伐が行なわれた時期もあった。さらに、外来の昆虫や病原体のために、特定の樹種が減少したり消滅した原生林もある。こうした原生林はまったく人手が入っていないとはいえないものの、農業や木材の皆伐が広まる前の森林生態系の機能を知る手掛かりとしては、これに勝るものはないのだ。

ポーランドに残る壮大な原生林

ポーランドのビャウォヴィエジャ森林特別保護区に通じる道は日当たりのよい広大な草地を横切っているが、その小道を歩いていくと、途中でマミジロノビタキやヨーロッパウズラのような草原の鳥をたくさん見ることができる。保護区の入口には大きな木戸があり、そこを抜けると、コナラやシナノキなどの巨木が茂る木陰に入る。ここはポーランドからベラルーシにかけて広がるヨーロッパ有数の森林の中心部だ。農地開発が一度も行なわれたことがなく、数千年にわたり森林が生い茂っている地域の一部である。

ヨーロッパには、人の手によって剪定や間伐、林床の清掃が行なわれている若い森林が多いが、ビャウォヴィエジャの森はそうした管理の行き届いた若い森とは異なり、倒木や枯死木、様々な大きさの生木が入り交じるコナラ−シナノキ−ハシバミの原生林である。ビャウォヴィエジャ森林保護区の案内書や見学ツアーはヨーロッパの訪問者を対象としているので、立ち枯れした樹木から崩れかけている丸太や有機土塁と化した丸太まで、様々な分解段階にある枯死木の生態学的重要性に重点が置かれている。米国やカナダの森林地帯からの訪問者にとっては、立ち枯れ木や朽木の生態的価値を謳った看板は地元の自然遊歩道で必ず目にするお馴染みのものなので、別段目新しいものではない。しかし、ビャウォヴィエジャの森では枯死木の役割は誰の目にも明らかだ。林床の一二～一五％が倒木や落枝で覆われているからだ。[*1] キツツキの仲間は個体数だけでなく種数も多く、この森で定常的に営巣しているキツツキは七種に上る。[*2] 枯れ木は餌場になるし、立ち枯れした樹木の洞は営巣場所を提供してくれる。また、様々なキノコが生えていることからもわかるように、多種多様な菌類が立木や倒木を利用している。枯れ木は分解されることによって、草本や樹木の種子が発芽しやすくなるように、種子に肥沃で安全な場所を提供している。[*3]

巨大なセコイアが整然と立ち並ぶカリフォルニア州のミューアウッズのような景観を期待してきた訪問者には、ビャウォヴィエジャの原生林は驚くほど複雑で雑然としているように思えるかもしれない。様々な大きさの若い木の中に、樹齢三〇〇～四〇〇年の大きなコナラ類の木が散在し、巨大なヨーロッパトウヒが時折、広葉樹の樹冠のはるか上にそびえている。下層は灌木や幼樹が所々にみられる程度で開けており、林床は多種多様な草本やシダ類に覆われている。しかし、このように若木と古木が交ざっている状態が古い落葉樹林の典型的な姿なのだ。トウヒやコナラの古木が倒れると、樹冠にギャップと呼ばれる大きな隙間が生まれ、林床まで日が差し込むようになる。すると、そうした陽だまりに若木や草本がびっしりと生えてくるのだ。比較的に安定した森林では、古木が数百年の一生を終えて倒れると、樹冠が開けて若木が成長できる隙間ができるが、この過程の歴史が垣間見える。理屈の上では、こうした森は、日の差さない林床に適応した一握りの樹種が、樹冠に隙間ができたときに一気に成長して優占樹種になり、ほとんど変化をみせない森になるはずである。しかしながら、ほとんどの落葉樹林は人間の破壊から回復している途中にあるので、各優占種が種ごとに決まった割合で常に世代交代をくり返すような動的平衡状態に至っているとは限らない。こうした平衡状態に至るにはあと何百年もかかるかもしれない。森林に定常状態がある証拠を見たければ、ビャウォヴィエジャの森のような原生林を訪れることをお勧めする。

何世紀にもわたって帝国同士が衝突をくり返してきた中央ヨーロッパに一度も伐採されたことのない大森林が残っているのはにわかには信じ難いことだが、ビャウォヴィエジャ国立公園の南東部にある二か所の泥炭地に残っていた花粉記録から、国立公園の一部はこの数千年間、常に森林に覆われていたらしいことが明らかになっている。*4 最終氷期の末期には、この地域はマツが点在する草原だった。ヤンガードリアスの寒冷期にはツンドラのようになったが、その後は常時、森林に覆われていた。泥炭地の堆積物からは、頻繁に火災が発生したとか、農地の開発が行なわれたという証拠はみつかっていない。泥炭地は元は湖だったが、数千年にわたり堆積物で湖が埋まるにつれて、周囲の森林の構成も徐々に変化した。最初はカバノキが点在するマツ林だったが、やがて、マツが減少して、カバノキが優勢になり、最後は落葉樹の混交林になった。しかし、樹種の構成は新しい樹種が広がるたびに変化した。例えば、コナラの仲間は後の方で登場したが、トネリコ類はさらに後だった。また、ヨーロッパブナは花粉記録に残っていないので、ビャウォヴィエジャに到達しなかったと思われるが、現在もみられない。ビャウォヴィエジャの落葉樹林は、構成樹種は常に入れ替わっていたが、多様性は失わずに、この五〇〇〇年から八〇〇〇年の間、この地を覆っていたのである。

ビャウォヴィエジャ国立公園には落葉樹林ではなくて、ヨーロッパトウヒとヨーロッパアカマツの混交針葉樹林に覆われている場所もある。こうした地域は一六〇〇年代や一七〇〇年代はマツの疎林だった。*5 生木や枯死木の年輪の分析から、当時は六年ごとくらいに火災が発生していたことがわかった。ちなみに、火災の痕跡は年輪に残っている。火の勢いが弱ければ、樹皮は焦げるが、枯死には至らない。樹洞に作られたハチの巣から蜜を集めるときにハチから身を守るために火や煙を利用するし、炭焼き作業中などに不用意に火災が起きてしまった可能性もある。一七八一年以後は火災の頻度は激減し、それまでのマツに代わって、火には弱いが木陰でも生育できるトウヒが徐々に台頭していった。マツの疎林を維持していたのは人為的な火入れか、自然発生した火災かは特定されていない。

一方、落葉樹林は頻繁に火災に見舞われることはなかったようだ。それにもかかわらず、落葉樹林の植生もやはり変化している。これはこの二〇〇年ないし三〇〇年にわたる管理方法の変化を反映しているのかもしれない。[*6] 一四〇〇年代の初めから一七九八年まで、ビャウォヴィエジャの森林はポーランド王室の狩猟場として保護されていた。この時期には、限定的ではあったが木材の伐採やその他の森林産物の利用がなされており、ポーランドが分割されて、この森がロシア帝国の一部となった一七九八年の後も続いた。この森は一八八八年から一九一四年まで、今度はロシア皇帝の狩猟場として再び管理された。この時期に行なわれた狩猟動物の集約的な管理によって、森に後々まで残る影響が及んだ。アカシカやヨーロッパバイソンを保護するために、捕食者が根絶やしにされ、冬季の死亡率を下げるために干し草の餌があてがわれたのでこうした草食動物の個体数が増加したのだ。しかし、第一次世界大戦中に兵士や地元住民が食料としてこうした大型の草食動物を乱獲してしまった。また、大規模な木材の伐採が行なわれた地域もあった。

第一次世界大戦後は、残っていた一番良い原生林地区が国立公園として保護された。一九二一年には、公園の面積は四七平方キロメートルだったが、後に一〇五平方キロメートルに拡大された。[*7] 国立公園内の特別保護区は人為的な撹乱が及ばないように、細心の注意を払って保護されているが、一九二〇年代からは植生や大型哺乳類の個体数のモニタリングも行なわれている。他の多くの原生林と異なり、特別保護区の森林は、ほぼ切れ目なく続く自然林保護区網の中に組み込まれて管理されている。面積は一二五〇平方キロメートルに及び、その半分以上はベラルーシ領にあるが、そちらにも原生林を保護する大きな国立公園がある。この保護区網には、アカシカ、ノロジカ、ヨーロッパバイソン、ヘラジカなどの大型哺乳類やこうした草食動物を捕食するオオカミとヤマネコのような肉食動物、さらに、ダムを造るヨーロッパビーバーなど、現存するヨーロッパの大型哺乳類がほぼすべて生息している。したがって、ビャウォヴィエジャの森林は人間の管理が強まる前のヨーロッパの森林生態系を知るのに最適なのだ。

特別保護区が守られたのは、木材の伐採や他の直接的な森林破壊がほとんど行なわれなかった森の奥にあったからである。原生林の健全な状態は、最高寿命に近づきつつある古木と下層や林内のギャップで元気よく成長している実生や若木の混在が特徴だが、この森はこうした特徴をすべて備えている。しかし、これは本当に各樹種がうまく次世代を生み出している定常状態といえるのだろうか?

一九三六年にビャウォヴィエジャ国立公園の原生林の中に植生調査用のトランセクトが五か所設置され[*8]、各トランセクトで樹種の特定と幹の直径の測定が行なわれた。この植生調査は一九三六年から一九九二年までおよそ一〇年ごとに実施されて、その結果、全体的な森林構造は変わっていないことがわかった。つまり、小さな幼樹から直径が一メートル以上の古木まで、樹木を直径に基づいて大きさの階級に分けて、階級ごとにヘクタールあたりの本数を算出したところ、一九三六年と一九九二年の値に変わりはなかったのだ。しかし、樹種の組成は大きく変化していた。例えば、ヨーロッパトウヒ、ヨーロッパナラ、ヨーロッパカエデ（ノルウェーカエデとも）、カバノキ類、ハコヤナギ類、ヤナギ類が大幅に衰退していたのだ。とはいえ、カバノキやハコヤナギ、ヤナギの仲間のような比較的開けた陽の当たる環境に適した遷移初期の樹種が衰退したのは驚くべきことではない。嵐のような大きな自然攪乱は国立公園内の別の場所では起きたことはあるが、調査地ではこうした自然攪乱によって樹冠が開け、遷移初期の樹種に適した環境が出現することはなかったからだ。一方、トウヒ類やコナラ類、カエデ類は成熟した森林を代表する樹種なので、こうした樹種が減った理由はそれほど単純ではないが、特にヨーロッパトウヒが減少した理由は見当がつかない。ヨーロッパトウヒは日陰に強い樹種なので、暗い林内でも生育できるはずなのに、減少が最も著しかった。その結果、ヨーロッパトウヒに代わって、セイヨウシデ、フユボダイジュ、セイヨウトネリコの三種の落葉樹が優占樹種になった。

様々な樹種の実生や若木の生存率を調べると、こうした変化がよくわかる。ビャウォヴィエジャ国立公園の植生調査地から得られた新しい樹木の増加率を分析した結果、一九一六年から一九三六年にかけて、トウヒ、コナラ、カエデの仲間の実生の生存率が高かったことが明らかになった。ちなみに、この期間は第一次世界大戦中に行なわれた乱獲の影響で、シカなどの大型有蹄類の密度が極めて低かった。[*9] 一方、一九三六年以降、有蹄類の密度が高まると、セイヨウシデの増加率が最も高くなった。

皮肉なことに、セイヨウシデはシカの好む樹種なのだが、有蹄類の密度が高かったこの時期に数が増えたのだ。セイヨウシデの若木は頂芽を食われても、側枝をすばやく伸ばすので、草食動物の食害に強いのである。光と栄養を巡ってセイヨウシデと競合する他の樹種がシカの食害で衰退したことで、セイヨウシデの生存率が高まったのだと思われる。シカやヨーロッパバイソンの食害を防ぐために囲いを設けた区画では、カエデ、ニレ、カバノキ、トウヒの仲間を始め、様々な幼樹が育っていた。[*10] 一方、囲いを設けなかった近くの区画では、セイヨウシデが優占していた。この実験結果は、シカの食害でセイヨウシデ以外の樹種の若木が取り除かれてしまうと、樹木の多様性が減ることを示唆している。

さらに、有蹄類を実験的に排除してみると、食害以外にも、様々な樹齢の若木に影響を及ぼしてその再生を左右している要因があることも明らかになった。樹木の実生の運命を決めるのは、主に林床の草本やシダ類の密度である。[*11] 実生の数が一番多かったのは草本の被覆率が中くらいの場所だった。一方、実生より大きいが五〇センチメートルに満たない若木では、最も密度が高かったのは土壌の肥沃度が高い場所だった。また、草食哺乳類に大きな影響を受けたのは五〇センチメートル以上の若木だけだった。したがって、樹木の実生は種によって厳しさが異なるような環境の試練を次から次へと乗り越えなくてはならないのである。樹冠に到達できる樹種を最終的に決めるのは、環境要因の組み合わせなのだろう。*12 例えば、森の中の数ではセイヨウシデやセイヨウシナノキの実生がはるかに多いが、セイヨウイラクサが密生した林内の明るい空き地で育つことができるのは、唯一セイヨウハルニレの実生だけである。一方、イノシシが食べ物を探して林床を掘り返し、林床の地面が剝き出しになった場所ではセイヨウシデやセイヨウシナノキの実生が特に多くみられる。ヨーロッパトウヒやセイヨウナナカマドなどは朽木の上で特によく育つ。*13

セイヨウシデは樹冠でよくみられるようになってきたが、セイヨウシナノキの方がより背が高くなり、寿命も長いので、いずれはとって代わられるかもしれない。*14 セイヨウシナノキの若木は今はまだ下層にあるが、いずれは、樹冠に達しているセイヨウシデよりも背が高くなり、セイヨウシデは日陰に入ってしまうかもしれないからだ。一九二〇年代はシカとバイソンの深刻な食害があった直後だったので、セイヨウシナノキの若木はほとんどみられなかった。しかし、二〇世紀中頃はシカとバイソンの数が減っていて多くの実生が生き延びたので、現在は中位の大きさまで成長したセイヨウシナノキが樹冠の大部分を占めるようになった。ヨーロッパトウヒが現在は大きく成長しているが、その多くが芽生えたのはちょうどこの頃である。ロシア皇帝が狩猟を楽しむために、シカとバイソンの個体数を増やしていた数十年間の影響がこの森林の組成に今でも影を落としているのかもしれない。

ヨーロッパナラの巨木はビャウォヴィエジャの原生林の目を引く構成樹種だが、その若木は日陰では育たないので、下層にはほとんどみられない。倒木で生じた林内の小さな隙間でうまく成長する実生も中にはあるかもしれないが、直射日光が十分に当たる林間の大きな空き地の方が生育に適しているのだ。*15 原生林に隣接する

図 12　フランスのモン・ダジュール野生生物保護区のヨーロッパバイソン（写真：Valène Aure、https://en.wikipedia.org/wiki/European_bison より）

地域は放棄されて四〇年経つ農耕地だが、すでに成木と若木が混在するナラ林が復活し始めている。シカや固有種の有蹄類に食べられても、若木が数多く生き残っている。原生林の中にみられるヨーロッパナラの巨木は元は自然の攪乱か人為的攪乱によって生じた大きな空き地に生えたものかもしれない。[*16]

ビャウォヴィエジャには、農地開発が行なわれる以前からナラの優占する開けた森があったと、フランス・ヴェラは論じており、[*17]森の北部にある泥炭地と林床の窪地に保存されていた花粉記録でその主張が実証されている。[*18]コナラ類の花粉が増加したのは最近の数百年間のことだったが、過去一二〇〇年から一五〇〇年間の花粉記録にすでにみつかっているのだ。ヴェラは、英国南部のニューフォレストにみられるようなヨーロッパの伝統的な樹林放牧地に似た開けた樹林草原は、オーロックス（牛の祖先）やターパン（絶滅した野生馬）のような大型の草食動物によって維持されていたという仮説を立てた。その仮説によれば、シナノキやシデなどの方が成長が早く、日陰にも強いので、普通ならナラは太刀打ちできないのだが、草食動物の食害があったおかげで競争に勝つことができたという。どの実生も草食動物の食害により生存率が著しく低下したが、ナラ類は芽を摘み取られても、巨大な主根に蓄えた栄養を使って再生することができるので、比較的生存率が高かった可能性がある。[*19]また、草食動物に劣らず、カケスも重要な役割を果たしている。カケスには翌年の冬から初夏の間に利用する食料源として、ドングリを埋めて備蓄する習性があるが、そのおかげで、ドングリはナラの生育に適した開けた森へ効率的に運んでもらえるからだ。[*20]

オーロックスとターパンはヨーロッパのほとんどの地域で絶滅した後でも、ビャウォヴィエジャの森で生き延びていたが、一七世紀についに絶滅してしまった。[*21]狩猟場では家畜の放牧がある程度は許可されていたので、樹林放牧地の景観は大型の草食獣が姿を消してしまったあとは、特に牛や馬によって維持されていたのかもしれない。この時期にナラは再生していたが、森林規則によって、家畜の放牧が制限されるようになると、ナラは再生できなくなった。放牧が減少したことで開けた樹林放牧地が樹冠の閉じた森林に変貌し、今度はそれがナラの若木の減少につながったのだと、ヴェラは論じ、この現象はビャウォヴィエジャの森だけでなく、ヨーロッパの中西部のナラ類が優占する低地林にもおおむね当てはまるという。

ビャウォヴィエジャの森は農地開発のために皆伐されたことも、植林地にされたこともないが、その構造は人間の営みによる大きな影響を今でも受けている。今後も長期にわたり人為的撹乱から保護されれば、森林の樹種構成は昔の定常状態に戻るかもしれないし、暴風や火災などの自然撹乱や気候の変化、動物の個体数の変動によって、絶えず変化しているかもしれない。[*22] 森林に定常状態というものがあれば、樹冠を構成する特定の樹種ではなく、もっと一般的な森林の構造的特徴の形をとるのではないだろうか。定常状態の特徴とは、森の中に実生から巨大な古木まで様々な大きさの樹木がみられることや、林床は朽木や根上がりした巨大な倒木が散在し、倒木によって出現した空き地には日が差し込むといった複雑な状態になっていることだといえるかもしれない。高木が樹冠の上に頭を出し、樹冠の下には数層の植生がみられる。森林の各層を構成する樹種は年月と共に入れ替わるかもしれないが、全体の構造はほとんど変わらず、地衣類、コケ、昆虫、鳥類など、森林に生息する多種多様な生物が必要とするマイクロハビタット（微小生息環境）を常に提供している。おそらく、広大な森林の中には、マツの点在する草原やナラの疎林がみられる場所もあるだろう。原生林の定常状態の特徴を端的に示しているのは、特定の時期に優占する樹種ではなくて、森林の全体的な構造ではないか。

この仮説を裏付ける研究が、大規模な人為的撹乱に晒されなかった北米東部の原生林で行なわれている。例えば、一九七六年から一九九一年の間に、全体の構造に大きな変化が認められた原生林は少数に過ぎなかった。[*23] 樹木の直径の総計や密度にほとんど変化はみられなかった。大木の方が小さな木よりも枯死率は高かったが、大木の枯死は小さな樹木の成長で補われていた。年間の平均枯死率は一％あったので、枯死木を必要とする動物が不自由することはなかった。森林の基本構造はあまり変化していなかったが、樹冠を構成する樹種には大きな変化がみられたところが多かった。ほとんどの森でアメリカブナの割合が増減するという両方向への変化が認められた。アメリカブナがサトウカエデにとって代わられた森林もあった。こうした変化は、ブナを枯死させる病原体などの明白な原因がなく起きていたので、気候の変化のような基本的な環境変化が樹種によって異なる影響を与えたせいかもしれない。こうした捉えどころのない変化が起きている間接的な原因は人間活動にあるのかもしれないが、農業や工業汚染が現れるはるか以前に起きていたような自然の変化にも起因しているかもしれないのだ。

古い森にみられる若木

原生林の特徴は、巨木や大量の朽木だけではなく、若木や遷移初期の樹種の生育に適した樹冠のギャップもあることだ。原生林は古木の数が多いので、若い森よりも樹冠にギャップが生じる頻度が高い。年老いて弱った巨木が嵐で倒れることもよくある。また、樹齢が三〇〇年から四〇〇年のナラなどが枯死して、特に、倒れる際に付近の木を道づれにすると、樹冠に大きなギャップが生じる。五大湖地方にみられる老齢のツガと広葉樹の混交林では、林齢が増すと枯死する木も大きくなるので、樹冠に生じるギャップの大きさや樹冠に占めるその割合も増加する。[*24]

ビャウォヴィエジャ国立公園の原生林では、年に一〇〇ヘクタール当たり二〇〇本から四五〇本の割合で倒木が起きている。[*25] その結果、周期的に林内に空き地が生じて、樹木再生のサイクルがまわる。[*26] 最初の六〇年ほどの間は、林内の空き地は成育の早い樹種の幼樹が優占して、地上三五メートルの樹冠の空間を求めて競い合う。その後の若い木がゆっくり成長している二〇〇年ほどの間は、樹冠は閉じた状態が続くが、二〇〇年経つと、新しいギャップが生じ始めて樹冠の密度が低下してくる。そして、開けた林床で、再び新しい実生が育つ。こうして樹木の世代交代がくり返されるのだ。

アンドレイ・ボビエッツらは樹木の世代交代をこのように三段階に分けると、ビャウォヴィエジャ国立公園の原生林でその分布地図を作成した。[*27] 原生林のうち四〇%から四八%は、樹冠にギャップができていたり、樹齢が六〇年以下の若い木立で占められていた。三二%から四〇%は樹冠の閉じた成熟林だった。そして、二〇%は樹木が枯死しかけて、樹冠に隙間ができ始めていた。このように樹齢層の異なる木立がモザイク状に分布しているのが原生林の主な特徴である。したがって、原生林の生物多様性を支えるのは、幾重にも重なる植生の層や落ち葉や枯れ木などの死んだ有機物が生み出す垂直方向の複雑さだけでなく、樹冠にギャップが生じた古い森から若い成熟林へと移り変わる水平方向の複雑さもあるのだ。例えば、ビャウォヴィエジャの森に営巣している鳥類の多様性は並外れて高いが、それは多様な環境がモザイク状に分布しているからでもある。[*28]

自然の攪乱によって様々な大きさの樹冠ギャップができるが、その結果、大小様々な大きさの丈の低い植生のパッチが出現する。ノースカロライナ、テネシー、オハイオ、ペンシルベニア、ニューヨークの各州の一四か所の原生林では、樹冠ギャップの直下の面積は各原生林の三%から二四%を占めていた。[*29] 樹冠にギャップができてからの年数に基づいて、ギャップの形成率を推定することができる。一年に〇・五%から二%の割合で樹冠のギャップが生じるので、森林内のどの地点でも五〇年から二〇〇年のうちには樹冠ギャップが生じておかしくないだろう。この年数はこうした森の樹木の最大樹齢よりもおおむね短いが、例えば、攪乱を受けることがまれな場所では、樹冠にギャップが生じる頻度が著しく低くなるので、そうした場所では数百年に達する寿命を全うできる樹木も出てくるのだ。ここで見えてくるのは、いつまでも変わることがない古い森の姿ではなく、若い木立と古い木立が常に入れ替わっている森の姿である。

　放棄された農耕地に再生している森は樹齢がほぼ同一の樹木からなる「同齢林」だが、こうした森は成熟しても、原生林より均一性が高い。樹高がほとんど同じであり、枯死木も少なく、植生の層もわずかに過ぎない。樹木が若くて育ち盛りなので、樹冠のギャップはまれで、あったとしても規模が小さい。一本の樹木が枯死しても、周囲の樹木が横枝を伸ばしてくるので、樹冠の隙間はたいてい埋まってしまう。こうした森には大きな立ち枯れ木を必要とする種は生息できないのはよく知られている。さらに、倒木によって林内にできる空き地に依存する種も生息できないだろう。

樹冠のギャップに特殊化した鳥類種

　北米の落葉樹林では、下層植生の中をクロズキンアメリカムシクイのオスがヒラヒラと飛び回る姿を見かけることがあるが、これほど優美な光景はなかなかないだろう。尾を開いては真っ白い斑紋を閃《ひらめ》かしながら、枝から枝へ優美に移っていく。昆虫がこうしたすばやい動きに驚いて飛び立つと、そのあとを追いかけ、嘴《くちばし》でパチンと大きな音を立てて、巧みに捕らえる。陽の当たる場所に出てくると、黒いビロードのような頭と喉に黄色い体と顔が映えて美しい。

　クロズキンアメリカムシクイは営巣も採食も森林の下層で行なうので、下層に灌木や小さな木が生い茂った森に最も多い。樹冠がまだ開いていて、下層の低木まで直接日が届くような再生途中の若い森には多いが[*30]、樹冠が閉じ始めると、姿を消してしまう。樹冠が閉じると、低木や若木は日陰になってしまい、多くが枯死するからだ。しかし、一五〇年から二〇〇年ほど経つと、樹冠に大きなギャップが生じて、再び低木や若木が密生できるようになり、クロズキンアメリカムシクイに適した生息環境が生まれる。[*31] ヨーロッパにも似たような生態の鳥がいるかもしれない。ロバート・フラーは、ビャウォヴィエジャ国立公園の森で、樹冠が閉じた地点と樹冠ギャップがある地点をそれぞれ五〇か所調べて比較したところ、ヨーロッパカヤクグリやズグロムシクイ、チフチャフなど数種の森林性鳥類は樹冠ギャップの地点に集中していることがわかった。[*32]

現在の北米東部は樹冠の閉じた若い森におおむね覆われているので、クロズキンアメリカムシクイのような種の生息に適した環境は見当たらない。こうした若い森も年月が経てば、樹冠にギャップが増えて、この種が住めるようになるだろう。しかし、そうなるまでには、数百年とはいわないまでも、数十年はかかるだろう。それまでの間は、高木の択伐を行ない、クロズキンアメリカムシクイの生息に適した低木や若木が生育できる開けた空間を作り出してやれば、繁殖個体数を増やすことができる。[*33] 若い森が優占する地域では、樹冠に十分な数のギャップが生じる樹齢に達するまでの間は、樹冠ギャップに特殊化した種の生息環境を維持するのに択伐が妥当な方法だと思われる。

したがって、古い森が失われると、大木や複雑な多層植生を備えた森林を必要とする種だけではなく、林内の開けた空間に適応した種も脅かされることになるのだ。一八〇〇年代後半から一九〇〇年代初めに米国南東部の低地広葉樹林がほとんど伐採されたとき、こうした種が大きな影響を受けた。ハシジロキツツキは採食や営巣に大きな枯死木を必要としていたので、そうした大木がある広大な原生林が伐採されると、姿を消してしまった。一方、ムナグロアメリカムシクイは倒木によってできる林内の開けた空間で営巣していたために、絶滅したのだと思われる。[*34] 高価な木材を選んで伐採が行なわれていた頃は、択伐によって林内の空き地が数多く生まれたので、ムナグロアメリカムシクイの個体数は一時的に増加したかもしれないが、やがて森林の皆伐が進むと、ハシジロキツツキと共に数を減らしていった。

樹冠のギャップはコウモリの採食場所としても重要である。コウモリの群れは林内の空き地の縁で飛び交いながら採食することが多いのだ。[*35] サウスカロライナ州で行なわれた調査では、樹冠の閉じた森林の内部よりも林内の開けた空間の方がコウモリの活動が活発だった。[*36] 樹冠ギャップは昆虫の密度が高いからとも考えられるし、障害物が少ないので飛びながら昆虫を捕食しやすいだけとも考えられる。北海道大学苫小牧研究林の落葉樹林において、自然にできた林内の空き地にコウモリの超音波音声を感知する自動記録装置を設置し、利用頻度を分析したところ、丸く短い翼のコウモリ類は、広い空間よりも狭い空間の方に多く確認された。[*37] 一方、長くとがった翼のコウモリ類はさほど機敏に飛び回ることができないので、林内の広い空間の中心部や樹冠の上で採食していた。

樹冠ギャップの重要性は熱帯の原生林で広く認められている。[*38] 温帯の落葉樹林でも重要ではあるが、その生態的役割はさほど広くは認められていない。温帯で森林生態系の研究が行われているのは、原生林ではなく、管理の行き届いた森や若い二次林がほとんどなので、樹冠ギャップが果たす主な役割が見過ごされがちなのは無理もない。[*39] 樹冠のギャップが森林の再生や生物の多様性を高めるのに中心的な役割を果たすのは、森林が数百年の樹齢に達してからなのだ。

森林の壊滅的被害と新しい森の成長

コネチカット州にある「カテドラルパインズ保護区」は五〇メートルを超える樹齢三〇〇年以上のストローブマツやカナダツガの老齢林を保護するために設立された自然保護区で、ザ・ネイチャー・コンサーバンシーが管理していた。[*40] しかし、この古木の森は面積がわずか一七ヘクタールに過ぎなかったので、本質的に損傷や破壊に弱かった。一九八九年にニューイングランドには珍しい竜巻が襲ったとき、保護区の古木はほとんどが吹き倒され、この原生林は数分で折れた枝と根上がりした樹木の山と化してしまった。竜巻の後、森林は再生し始めたが、竜巻がもたらした被害は林内に小さなギャップが生じたといった生易しいものではなかった。一度の大災害で保護区の森林の構造と樹種構成が一変してしまったのだ。

このカテドラルパインズ保護区の事例は、原生林の保護にあたっては広大な面積が重要とされる理由を浮き彫りにしている。小さな孤立した古木の森だと、一度の嵐や火災で消滅してしまう可能性があるからだ。一方、ペンシルベニア州にあるアレゲニー国有林のティオネスタ自然地区では一九八五年に一連の巨大竜巻に襲われたとき、原生林のうち約一三平方キロメートルがなぎ倒されたが、その二倍以上の面積は被害を免れた。[*41] その結果、若い森と老齢林が複雑に組み合わさって、多様性豊かな動植物相を育んでいる。竜巻によって林内に生じた大きな空間は、樹冠ギャップで起きる森林再生とは異なる森林再生をもたらす。嵐や火災、木材伐採で林内に生じた大きな空間には、樹冠ギャップにはみられないような動植物がじきに進出してくるからだ。

風倒で樹冠に被害を受けた森林が再生するには、基本的に二通りの過程がある。風倒被害に遭う以前に林床にすでに実生や若木が生えていた場合は、それらがすばやく育ち、新たに樹冠を形成する。[*42] したがって、その原生林に元から生えていた日陰に強い陰樹が新しい樹冠を形成することになる。風害で折れた木の幹から新芽が出て若木が育つ場合と同じだ。一方、風倒被害に遭う以前に林床に実生がほとんど生えていなかったり、生えていても、風倒被害に遭った倒木に火災が発生して実生が消失してしまったりした場合は、日当たりのよい場所に適応したハコヤナギやサクラのような成長の早い陽樹が入り込んでくるかもしれない。こうした遷移初期の樹種は陰樹よりも成長が早いので、元は樹冠が閉じた森林だったところでも優占樹種になることができる。しかし、寿命が短いので、大規模な攪乱が再び起きないと、遷移初期の樹種はその陰で育つことができる寿命の長い陰樹にやがてとって代わられる。

ティオネスタ自然地区では、竜巻によってなぎ倒された四〇〇ヘクタール（幅九〇〇メートル、長さ約四・五キロメートルにわたる帯状）の植生が回復する過程が研究されている。[*43] 六年間の研究期間中に、密生するダンドボロギクとキイチゴ類の中に交ざって、樹木の実生がたくさん生えてきた。やがて繁茂した草本や低木を凌ぐ高さまで高木の実生が育つと、こうした草本や低木は減り始めた。竜巻に見舞われる前に林床にたくさん生えていたのはアメリカブナの実生だけだったので、竜巻で林内に生じた大きなギャップにこのブナがたくさん生えていたのはうなずけるが、実生の大半は開けた場所を好むキハダカンバだった。キハダカンバの種子は成熟林の土壌に多いので、こうしたキハダカンバの実生はおそらく「埋土種子集団」が芽生えたものだろう。新しい樹冠では、キハダカンバとアメリカブナが優占種になりつつあった。また、竜巻に見舞われたときは、カナダツガの実生はほとんどみられなかったが、実生がたくさん種子から育っていた。こうした実生は後に、干ばつとシカの食害でほとんどが失われてしまったが、倒木が折り重なって、シカが近づけなかった場所では、シカの食害を免れた若木がすくすくと成長していた。シカが届かない高さまで成長すれば、カナダツガは新しい樹冠の一部になるかもしれない。

竜巻の被害に遭ったティオネスタ自然地区で森林の再生過程を詳しく調べた研究で、大規模な攪乱の後で起こる森林の遷移を予測できるような単純なモデルはないことがわかった。再生した森林の樹種組成は、林床にすでに育っていた実生と若木の樹種、被害木から芽生えた若木の数、付近の木や土壌から供給される種子の種類、実生や若木の生存率によって変わってくる。[*44] 若木の生存率は、日光や栄養を巡る他の植物との競争だけではなく、干ばつのような気象現象や草食動物による食害にも影響を受ける。しかし、森林の遷移に及ぼす攪乱の影響をざっくりと捉えると、大規模な攪乱は、成熟林の樹冠の一部になるような樹種も含めて、小規模な樹冠ギャップでは生き残りにくい植物種に有利になることもある。したがって、風倒や火災のような自然攪乱は森林の全体的な多様性を豊かにする場合もあるのだ。

もちろん、火災や害虫の大発生、暴風などの大規模な攪乱があまり頻繁に起こると、森林は巨木や大きな朽木のような典型的な老齢の原生林の特徴を備えられるまで生き延びることができない。そこで、森の中に攪乱から回復途中の様々な段階にある植生のパッチがモザイク状に分布する形になるだろう。*[45] それぞれのパッチには、一番新しい攪乱の後に一斉に育ち始めた同齢の樹木が生えている。こうした原生林は、大規模な森林火災に頻繁に見舞われてきた歴史をもつカナダや北ヨーロッパ、シベリアの寒帯林帯でよくみられる。*[46] 多様な樹齢の木が生えている古い森が維持されているのは、長年にわたり大規模な攪乱を免れている森林地帯のごく一部に過ぎない。一方、落葉樹林帯は、森林火災が発生しやすい寒帯林帯の南に位置しているので、火災のような自然攪乱に頻繁に見舞われることは少ない。*[47] 落葉樹林は比較的湿潤な環境に生育するので、森林火災の頻度は低く、規模も小さいからだ。落葉樹林が見舞われる自然攪乱は大木が一本倒れたり、小さな木立が枯死したりする程度のことが多いので、樹冠ギャップに樹木が育つことで、森林はたいてい再生する。その結果、ティオネスタ自然地区でみられるような広大な原生林になるのだ。

農地開発や木材の伐採が行なわれる前は、北米東部のように、特に、雨量が多くてあまり火災が発生しない地域や、樹冠を破壊するほど激しい暴風の発生が少ない地域にはこうした原生林が広く分布していたに違いない。例えば、オハイオ川流域やグレートスモーキー山脈の渓谷は地形的に大規模な攪乱が起きにくい場所にあるので、広葉樹の大木を擁する原生林に覆われていた。ジェームズ・ランクルはアパラチア山脈南部から五大湖南部やミシシッピ川流域という北米東部で、様々な落葉樹の原生林を研究した結果、攪乱が少なく、極めて多様性の高いことは、「中部の中生（適潤）林」の特徴だと述べた。*[48] この地域は内陸なので、巨大ハリケーンの被害を受けることもないし、南西部のように竜巻やダウンバースト（下降噴流）に見舞われることもない上に、湿潤なので、火災の発生も少ないのである。

しかし、北米には落葉樹林が大規模な攪乱に見舞われやすい地域もある。北部の針葉樹林や西部の高茎草原、南東部のダイオウマツの疎林のように火災の発生しやすい生態系と、東部の落葉樹林が接している地域だ。一方、東部の内陸部は火災の発生が極めて少ないので、落葉樹林は「アスベストの森」と呼ばれているほどだが、[*49]沿岸部の落葉樹林は大型ハリケーンに吹き倒されることがある。人の一生の間に大型ハリケーンが発生する頻度は極めて低いので、大規模な風倒被害を実際に目にすることなく研究生活を終える生態学者もいるかもしれないが、ナラやカエデの長い一生の間には、ほぼ確実に発生するので、大西洋岸はいうまでもなく、内陸部でも山地や深い渓谷で守られていなければ、風倒被害を受ける可能性が高いのだ。[*50]

一九三八年にニューイングランドを襲った大型ハリケーンは、ロングアイランド海峡から内陸のバーモント州やニューハンプシャー州の山地まで、幅一五〇キロメートルにわたり森林に甚大な被害を与えた。[*51]時速二〇〇キロメートル（秒速五六メートル）を超える風が吹いたのだ。現在、ニューイングランドに見られる同齢林の多くはこのときに風倒被害に遭い、その後、まもなく再生したものだ。ニューハンプシャー州のハーバード・フォレストでは、このときの風倒被害で、樹冠に大小様々なギャップができた。数本の木が倒れたり枝折れしたところや、小さなギャップが開いたところから、ほとんどの木が吹き倒されてしまった広い場所もあった。その結果、現在はタイプの異なる木立がモザイク状に複雑に組み合わさった森林景観をみせている。同齢の小さな木立やこのときのハリケーンを生き延びた古木を含め、様々な樹齢の木で構成された木立に、さらに同齢樹と樹齢の異なる木が混在している木立がみられる。

一九三八年のハリケーンはまれな出来事ではあったが、ニューイングランドの森林は一六三五年、一七八八年、一八〇四年、一八一五年、一八二一年、さらに一八六九年には二回、大型ハリケーンの被害に遭っているので、樹齢三〇〇年のナラの木は大型ハリケーンを何度も生き抜いてきたことになる。[*52] こうしたハリケーンはすべてF3〔訳注：藤田スケールによる等級〕に分類されている。ちなみに、F3のハリケーンは樹木や家屋に甚大な被害をもたらす風を伴う強度である。さらにニューイングランドは、一六二〇年から一九九七年の間にこれほど大型のものではないが、ハリケーンには四八回も見舞われ、樹木や家屋に多少の被害が出ている。このように、ニューイングランドのほとんどの森は、ハリケーンがある程度の頻度で訪れるので、相当な攪乱が突発的に生じて、絶え間なく変化している状態にあるのだ。

森林の生木と林床の枯死木の層を分析すれば、森が受けた攪乱の影響がわかる。考古学の発掘によく似た方法を用いて、森林の歴史をひも解くことができるのだ。立木も倒木も年輪で樹齢を特定できるだけでなく、暴風で倒れた樹木はおおむね同じ方向を向いているし、暴風が発生した順序に重なっているので、その発生順序も特定できる。非常に興味深い研究がニューハンプシャー州のアシュエロットに近いピスガー・フォレストで行なわれている。[*53] この森林では今までに伐採や農地開発が行なわれたことがなかったので、枯死木に四〇〇年近い歴史の記録が残っているのだ。調査地に生えていた樹木はほとんどが大規模な火災や暴風の後に、一斉に生え始めたものだったので、新しい樹冠形成の主因になったのは、小規模な樹冠ギャップを生むような小さな攪乱ではなくて、比較的大きな攪乱である。したがって、ニューイングランドの森では、若い植生が優占する比較的大きなギャップが定期的に生じていたと思われる。

日本列島も太平洋域で台風と呼ぶ暴風に見舞われるので、森林の再生過程は北米の東海岸と似ているかもしれない。北海道北東部の知床国立公園にはトドマツとイタヤカエデ、ホオノキ、ミズナラ、ハリギリなどの広葉樹との混交林が見られるが、その森林の木の年輪を分析した結果、一八九〇年から二〇〇〇年の間に樹冠に生じたギャップの形成過程が明らかになった。[*54] 実生や若木の急激な成長は、樹冠にギャップが生まれ、若木が樹冠に向かって急速に成長した時期を示しているのだ。この一一〇年間に生じた年間のギャップ数に大きな変動はみられなかったが、一九七九年と一九八〇年だけはギャップの数が急増している。いずれの年も知床半島を台風が通過したのだ。また、この時期に隣接する樹木が数本枯死してもっと大きなギャップが生じたが、一九三八年にニューイングランドを襲ったハリケーンのような大きな風倒被害が生じた証拠はみつかっていない。

日本のもっと南の地域では、山地の中腹にみられる落葉樹林はブナが優占している。日本列島は中規模の台風がたびたび通過するので、樹冠に小さなギャップが生じることが多いが、樹木の再生はたいていそうした小さなギャップで始まる。[*55] しかし、時には大型の台風が大きな風倒被害をもたらすこともある。例えば、一九九一年に鳥取県の大山森林生態系保護地域で樹齢二五〇年以上のブナを誇る原生林が甚大な風倒被害を被った。その余波で生じた小さな樹冠ギャップに生えた若木はほとんどがブナだったが、一・七ヘクタールに及ぶ大きなギャップでは、オオカメノキと四種のカエデが優占していた。また、根上がりした木で剥き出しになった土壌にはミズメの実生が生えた。こうした大きなギャップが生じることはまれではあるが、樹冠の樹木の多様性を維持するのに重要な役割を果たしているようである。

火災とナラの木

ヨーロッパ人が入植する以前は、北米北東部の低地林では火災も主要な攪乱要因となっていたかもしれない。乾燥した砂地には、リギダマツやマツとナラの混生する「マツの疎林」が生えていたが、少なくともこうした地域ではこのことが当てはまった。[*56] 落葉樹林はもっと質の良い土壌に生育するが、湖底堆積物にナラの花粉が多いことで、その組成にも火災が大きな影響を及ぼしていたことがわかる。ポーランドの原生林と同様に、ニューイングランドでもナラ類は樹冠ギャップでは思うように生育できない。しかし、火災によって、樹冠だけでなく火に弱い競争相手の実生も取り除かれると生育できるのだ。[*57] ナラ類はこの一〇〇〇年の間、ニューイングランド南部の低地や沿岸地域の森で優占していたが、ナラが樹冠の優占種になれたということは、火災が頻繁に発生していたことを示している。[*58] また、米国に入植したヨーロッパの移民は北東部の海岸沿いにみられるナラ林について、下層には低木や若木ではなく、イネ科の草本が生え、開けた疎林のようにみえると記しているが、この記述も火災がたびたび発生したことを裏付けている。さらに、メリーランド州とカナダのオンタリオ州の古木に残っている焼けた跡から、ナラ林では六年から二〇年に一度、火災が発生していたと考えられる。驚いたことに、この発生率はヨーロッパの移民が入植した後も変わっていないのだ。マサチューセッツ州の沿岸部に分布するナラ―マツ混交林地域で、湖底堆積物を調べると、木炭含有量に大きな変化はみられなかった。木炭粒子が大量に検出されたことで、ヨーロッパの移民が入植する前も、入植した後も、火災が頻繁に発生していたことが明らかになった。ヨーロッパ人が入植する以前に発生していた火災は先住民のインディアンの焼き畑や野焼きの可能性はあるが、立証するのは容易ではない。

ニューイングランド北部の本来の山地林はニューイングランド南部のナラ―クリ混交林とはまったく異なるものだった。[*59] 北部の山地はアメリカブナ、サトウカエデ、キハダカンバ、カナダツガなどが優占する森林に覆われていたが、こうした樹種はいずれも火に弱く、火災が頻発する地域には生育できないので、ニューイングランド南部ではほとんどみられなかったのだ。しかし、最近は火災の発生が抑えられているために、南部でも目にすることができるようになった。一方、最近になって、ニューイングランド北部の山林はこうした樹種が減少しており、沿岸地域にみられるナラ類が優占する森林に似てきたことが花粉記録から判明した。[*60] こうした変化が生じたのは、おおむねヨーロッパ移民の入植後で、森林伐採が行なわれていた時期に頻発した火災が原因ではないかと思われる。ビャウォヴィエジャの森と同じような状況だったのかもしれない。というのは、ビャウォヴィエジャの森でも、時折火災が起きて、寿命の長いナラ類に有利に働き、樹冠の特徴を数百年にわたって変化させていたかもしれないからだ。しかし、火災の発生が抑えられたので、北米東部の他の地域と同様に、ニューイングランドでもナラはカエデやブナなどの陰樹にとって代わられつつある。

ニューイングランドとは異なり、ヨーロッパの多くの地域では火災の発生はまれだったが、ナラは落葉樹林の重要な構成樹種だった。ナラが落葉樹林の優占種になったのは、火災が頻繁に発生したからではなく、オーロックスやターパン、ヨーロッパバイソンのような大型の草食動物や後にそうした草食動物にとって代わった家畜の喫食によると、フランス・ヴェラは考えている。ヴェラは、こうした草食動物によって維持されていた開けた疎林がヨーロッパ中西部の低地林の大部分を占めていたという仮説を提唱した。先史時代のヨーロッパの森林に関するヴェラの斬新な仮説は、ヨーロッパの田園地帯で繁栄しているカラスの仲間（ハシボソガラス、ズキンガラス、コクマルガラス、ミヤマガラス）のように、農地などの人為的に作り出された開けた環境に依存している種が数多くいる理由を説明できるだろうが、樹冠の閉じた原生林に依存する種が多い理由は説明できないだろう。

イエンス＝クリスチャン・スヴェニングは、疎林が広く分布していたのかどうかを特定するために、ヨーロッパ北西部の各地で、湖底や泥炭地の堆積物に保存されている植物の葉や昆虫、陸生貝類の化石や花粉記録の分析を行なった。その解析には、現在の間氷期だけでなく、人類の活動が森林生態系にまだ大きな影響を及ぼしてはいなかったと思われる過去の間氷期をも含めた。そして、スヴェニングは分析の結果から、過去の間氷期と現在の間氷期の農業が広まる以前には、高地は樹冠のおおむね閉じた森林に覆われていただろうと推定している。土壌が比較的肥沃で、河川が氾濫した証拠がみつからなかった高地では、開けた場所が広がっていたことを示すイネ科の草本や広葉草本の花粉記録はまれだったが、氾濫原ではこうした草本類の花粉記録が大量にみつかっているからだ。また、氾濫原から出土した甲虫の化石はほとんどが動物の糞を餌にしていたコガネムシや草原に生息する甲虫のものだった。こうした甲虫の存在は大型哺乳類の生息密度が高い比較的開けた環境を示している。河川が定期的に氾濫すると、樹木が倒されて林内に空き地ができ、そうした空き地は今度は過去の間氷期に生息していたカバやムルスイギュウを含め、ウマやオーロックスのような大型の草食動物によって維持されただろう。花粉記録や大型化石の分析で、乾燥した砂地や石灰質土壌の地域にはナラの疎林や開けた草原がみられたことや、最終氷期以降はイギリスの石灰岩地帯には草原が広がっていたことがわかった。先史時代のニューイングランドと同様に太古のヨーロッパも、陰樹が優占する樹冠の閉じた森と日当たりがよい開けた場所に生える背の低い草本や木本が混在していたのかもしれない。*61

原生林の生態的重要性

落葉樹林は大きな撹乱に晒されることが多く、樹冠にギャップが生じて若い森が再生することがよく起こるので、生物多様性を保全するのに原生林は重要ではないと考えられがちだが、そんなことはない。動植物の種数は、農地開発や木材用に皆伐されてから回復しつつある二次林よりも、原生林の方で生息数がはるかに多い。このことは、移動性があまり高くなく、二次林ができてもすぐには入り込むことができない生物種にとりわけ当てはまる。英名では春の妖精と呼ばれ、春先に林床に咲く野草の春植物を含めて、森林性の広葉草本は二次林と比べて、多様性も個体数も原生林の方がはるかに勝っている。こうした野草は木材の皆伐が行なわれると、多様性が著しく減少し、森林が再生して数十年経っても回復しないのだ。[62] また、マサチューセッツ州では、放棄された農地に再生した森よりも、一度も伐採されたことのない森林の方が森林性草本の個体数がずっと多かった。[63] 風や脊椎動物によって種子が散布される野草種は放棄農地に再生した森にもみられるが、野草のうちでも、種子を散布するのに、ポトリと下に落ちるように重力を利用するものやアリに依存している種は、こうした二次林にはたいていみられなかった。おそらく、アリや重力に頼る種子散布は効率が悪いので、孤立した新しい森まで長距離を移動することができないからだと思われる。

イギリスのリンカンシャー州で原生林と比較的若い森の厳密な比較研究が行なわれた。[64] 歴史的記録から、その地域の原生林は少なくとも一六〇〇年以降、ずっと樹木に覆われていたことがわかったが、おそらくその多くは数千年来、樹木に覆われていたと思われる。もっとも、中には管理の行き届いた雑木林も含まれていた。一方、若い森は一八世紀から一九世紀に放棄農地に植林されたものがほとんどだった。原生林の方が森林性草本の多様性が高いだけでなく、原生林にしかみられない草本の種も多かった。「若い森」の中には数百年経っているものがあるにもかかわらず、こうした種はほとんど入り込んでいなかった。同じ若い森でも原生林に隣接している方が孤立している場合よりも、こうした草本の多様性が高かったが、原生林にはかなわなかった。人が管理している植林の環境がこうした草本に適していないか、こうした小さな草本の多くが新しい森に分布を広げるのに適していないか、あるいはその両方が原因と考えられる。

地衣類は、原生林の指標として野草よりもはるかに優れている。地衣類の多くは生息環境の要件が種ごとに決まっているので、何百年も経つ原生林だけにしかみられない種も多く、さらに、同じ原生林でも、広葉樹林と針葉樹林ではみられる種が異なる。[65] フランシス・ローズはイギリスで開けた古い疎林の指標として地衣類をうまく利用している。[66] 分断されたことのない非常に古い森には三〇種の地衣類が生息している。スティーブン・セルヴァも地衣類を指標にした類似の方法を用いて、北米北東部の古い森林で地衣類の分布を分析し、比較的攪乱を受けていない原生林とさほど古くない森林を見分けている。[*67] 長い年月が経つと森林内に日が当たらなくなって湿潤な環境になり、古木の樹皮が酸性を帯びるようになってくる。地衣類の中には、このような状態になるまで現れないものがあるが、それには数世紀もかかるかもしれない。

サンショウウオも、森林が伐採されてしまうと回復するのに時間がかかる生物の仲間だ。ノースカロライナ州のピスガー国有林で成熟林が皆伐された結果、サンショウウオは個体数が八〇％も減少しただけでなく、種数も激減した。[*68] 成熟林では一二種のサンショウウオが記録されたが、皆伐地ではアメリカサンショウウオ科の数種がほとんど姿を消してしまった。調査時よりも一九年から一二〇年以前の様々な時期に伐採された森林を比較した結果、サンショウウオの個体数と種数が完全に回復するまでに七〇年ほどかかることがわかった。ミズーリ州のオザーク山地では、原生林のアメリカサンショウウオ科の個体数は七〇年前に伐採された二次林に比べて五倍、五年前に皆伐されて再生途中にある二次林より二〇倍も多かった。[*69] アメリカサンショウウオ科は呼吸のほとんどを湿った体表で行なっているので、湿潤な環境が必要なのだ。したがって、林床に朽ちた大木や枯れ枝が散在する原生林の方が、皆伐されて日の浅い森林や若い二次林よりも生息にずっと適しているのだ。

森林性の野草やサンショウウオよりも移動性に優れた生物でも、二次林よりは原生林の方が個体数が多いかもしれない。そうした種は新しい森林に比較的短期間で分布を広げることができるかもしれないが、原生林の方が生息に適しているので、個体数が多い傾向がある。北米北東部には原生林にしか生息しない鳥類種はいないが、原生林と二次林ではみられる鳥の顔ぶれが驚くほど異なっている。[*70] 鳥類の密度は原生林の方が高いが、おそらく植生の層が多い分、森林の構造が複雑だからだろう。若い森よりも原生林の方が個体数がはるかに多い鳥類種がたくさんいる。例えば、アメリカキバシリは二倍、シロオビアメリカムシクイは四〇倍も多い。キマユアメリカムシクイやオリーブチャツグミのように針葉樹を好む種は、若い針葉樹林にもみられるが、原生林の方がはるかに個体数が多い。それは、二次林はたいてい落葉広葉樹に優占されてしまうが、原生林では樹冠にツガが多いからだ。また、二次林には普通みられない原生林の構造的特徴に依存する種もいる。例えば、アメリカフクロウやアメリカキバシリは大きな枯死木に営巣する。クロズキンアメリカムシクイやハゴロモムシクイは大きな樹冠ギャップに密生した灌木を利用する。ミソサザイは大きな倒木の枝や根の間で採食や営巣を行なう。また、ツガ類やストローブマツは年を経ると、実の数が増えるので、イスカのような種子食の種が原生林に集まる。

こうした研究から、原生林が二次林にほとんどみられない脆弱な種の供給源になっていることがわかる。このような種は森林に大規模な撹乱が起きると、姿を消してしまうかもしれないが、撹乱を免れた古い森の一部で個体群が生き延びれば、やがては個体数を回復できるだろう。農業や林業で森林が開発される以前は、こうした種は嵐や火災のような撹乱に甚大な被害を被っただろうが、被害を受けなかった隣接する森林や孤立林からいずれは種子や若い個体が分散してくるだろう。しかし、原生林と再生中の森のつながりは途切れてしまっている地域が非常に多い。新しい二次林はたいてい放棄農地に再生しているので、原生林から遠く離れているのだ。また、多くの森林は木材生産を最大にするために、比較的短いローテーションで管理されている。しかし、森林が全部このように管理されたら、遷移後期の森林に適応した種の避難所がなくなってしまうだろう。そうなると、特に野草やサンショウウオのように環境の変化に弱い生物の多様性が尻すぼみに低下していくことになる。古い森林の一部を遷移後期の種の供給源として保全すれば、複雑な森林生態系と生物多様性を維持することができるだろう。遷移後期の種が失われると、森林の安定性と持続可能性に思いがけない影響が出る恐れがあるので、原生林の一部でも保全することは重要なのである。例えば、落葉樹林の林床で昆虫やクモを

図13　北米のサンショウウオの一種、ヌメサンショウウオ。（写真：Patrick Coin、https://en.wikipedia.org/wiki/Northern_slimy_salamander より）

主に捕食する陸生のサンショウウオがいなくなると、枯葉のような枯死した植物体の分解率から植物の成長率に至るまで様々なことに影響が及ぶ可能性があるからだ。

森林の多様性を維持するためには、残っている原生林だけでなく、いずれは老齢に達する可能性がある成熟林の部分も保護するべきである。しかし、原生林とやがては原生林の状態に近づく森林をどのように識別すればよいだろうか？　問題は「原生林」の定義は研究者の数だけあることだ。[*71] 例えば、攪乱を受けたことのない森林、あるいは、少なくとも皆伐されたことがない森林という定義もある。この基準に従えば、グアテマラのティカル国立公園の原生林はマヤ族の古代都市跡なので、原生林とはいえなくなってしまう。しかし、この都市が放棄されたのは一〇〇〇年以上前のことで、その後に森林が復活して今日に至っているので、この森には古木や幾重にも重なった植生の層がみられる。また、大規模な攪乱に見舞われてからの時間を基準にしている定義もある。落葉樹林では最低の期間として二五〇年から三〇〇年とされることが多い。しかし、時間だけを基準にすると、断崖の岩棚や痩せた土壌にまばらに生えている盆栽のような矮小な樹木も古いので、原生林といえることになる。古い森林を識別することは、植物学者が気候変動を研究したり、他の出来事の年代を特定するために年輪の分析を行なうのには役に立つかもしれないが、こうした矮小な森林は、湿った肥沃な土壌に育つ古い森との間に生態学的な共通点はほとんどないのだ。こうした森林は「原生林」ではなく、「古い森」と呼んでおくのがふさわしい。[*72]

本書では、重要な生態的特徴を共有する森林を表す用語として、「原生林」を使うことにする。こうした森林は自然か人為的かを問わず、大きな攪乱を受けずに、恵まれた環境で長い年月にわたり生育してきたので、若い世代が樹冠ギャップで育っている。そこでは、大きな古木、大きな朽ちた倒木、倒木の根で盛り上がった土塊、大きな樹冠ギャップ、開けた樹冠、幾層にも重なる植生、均等に混在した様々な樹高、直径、樹齢の樹木といったはっきりした特徴がみられる。ウィスコンシン州の北部とミネソタ州にある一七七年から三七四年生のツガ―広葉樹の混交林を比較した結果、大規模な火災や風倒の被害に遭ってから二七五年から三〇〇年経つと、こうした特徴が揃うことがわかった[*73]。この年数を超えると、直径が七〇センチメートル以上の樹木や大きな朽木が増えてくる。樹冠ギャップは森林面積の一〇%を占め、二〇〇平方メートルを超える樹冠ギャップも出現する。二七五年に達する前でも、古い森林には樹冠ギャップや枯死した立木、倒木、落枝がみられる。朽木や枯死木の数や樹冠ギャップの大きさは、森林の年数と共に徐々に増大していく。森が成熟するにつれてこうした特徴が年数と共に増えていくが、こうした構造上の特徴がすべて揃わないと、原生林とみなすことはできない。こうした特徴を基準にすれば、ティカルの湿潤な熱帯林は人口稠密《ちゅうみつ》な古代都市の跡に再生した森林ではあるが、原生林とみなすことができる。

若い森の種と、林内の大きな空き地を必要とする種

落葉樹林の歴史的変遷が詳しく研究されている地域は数か所に過ぎないが、いずれの研究結果からも、絶えず複雑に変化して完全には予測できない森林の姿が浮かび上がってくる。森林は樹木が一本ずつとか、小さな木立ごとに枯死して、他の木に置き換えられながら徐々に変化していくのが普通だ。しかし時には、大規模な撹乱が起きて、樹種がすっかり変わってしまい、森林が新しい方向に向かって変化し始め、数世紀先までその構成に影響が残るようなこともある。また、長期にわたるものとは異なるが、大規模な撹乱は広範囲にわたって低木が密生した藪のような環境を生み出すという役割を果たすこともある。こうした低木環境はやがては若い森になるが、その間に成熟林の内部には生息できない様々な種に生息場所を提供できるので、この役割も大

事である。こうした「遷移初期の種」は遷移初期の特定の段階に特殊化したものが多く、成熟林や原生林の日の当たらない林床や樹冠ギャップには生息できない。林内に大きな空き地が出現するのはまれだし、一時的に過ぎないが、その地域の森林全体の中では一定の頻度で出現すると思われるので、遷移初期の種に生息場所を確実に供給できるだろう。年月を経て空き地の木立が成熟してくる一方で、火災や洪水、暴風などの自然攪乱によって、林内に新しいギャップが生まれる。火災の抑制やダムの建設などによって、人為的に自然攪乱を減らすと、遷移初期の種は姿を消し始める。その結果、保護の行き届いた自然林でも、林内に空き地を作り出してやらないと、生物の多様性が著しく失われてしまうことになりかねない。したがって、原生林だけではなく、再生途中の森林の極初期段階が失われることでも、森林の多様性は損なわれる恐れがあるのだ。

アパラチアフタオウサギはニューイングランドと隣接するニューヨーク州の州境の狭い地域だけに狭い分布をする種で、一九六〇年代以来八〇％の減少率を示しているので、国が指定する絶滅危惧種の候補に挙がっている。[74] このウサギはバーモント州全域やニューハンプシャー州のほとんどの地域を含め、以前生息していた地域の広い範囲から姿を消してしまった。[75] アパラチアワタオウサギが激減したのは、このウサギが好む低木植生が減少したからである。放棄農地に繁茂している藪に特によくみられたが、隠れ場所を提供してくれる低木植生があれば、送電線沿いや皆伐地、低木の茂る湿地といった環境にもよくみられた。[76] ウサギが利用していた放棄農地や藪は宅地になったところもあるが、生息環境が失われた一番大きな原因は森林の遷移である。若木が高木に成長した結果、下層の低木植生に日が届かなくなり、かつて低木の茂っていた環境はウサギの生息に適さない若い森になってしまったのだ。

丈の低い低木植生は、株立ちの灌木だけでなく、高木の実生や若木が優占している場合でも「藪」とか「低木林」と呼ばれることが多い。こうした低木植生は総量が減っただけでなく、残っている生息地もたいてい小さなパッチに分断されてしまった。アパラチアワタオウサギに発信機を組み込んだ首輪を装着して、行動を詳しく調べたモニタリングによれば、小さく分断された低木林に生息する個体は生存率が低いことがわかった。二・五ヘクタール以下の小さな低木林に生息するウサギの平均死亡率は分断されていない大きな低木林の二倍に上った。小さな低木林では、様々な環境を利用できるコヨーテやアカギツネのような捕食者が入り込む冬期に捕食圧が高まるのだ。*77 こうした捕食者は開発の手が多少入った田舎の生息地に個体数が多いので、島のように孤立した低木林に生息しているウサギを捕りつくしてしまうのかもしれない。したがって、アパラチアワタオウサギの将来は大きな低木林にかかっている。大きな低木林があれば、ウサギが小さな低木林に再び分布を広げるための個体の供給源の役割を果たす可能性があるからだ。現在、ニューイングランドではアパラチアワタオウサギの個体群は分断されており、個体群間の平均距離は北部と南部でそれぞれ一七キロメートルと五〇キロメートルあった。この種は身を隠せる植生のあるところから離れたがらないので、長距離を移動することはおそらく無理だろう。*78 アパラチアワタオウサギの残された個体群同士を結ぶ回廊として、例えば、丈の低い植生が維持されている送電線や鉄道の線路沿いを利用すれば、この地域の個体群を保全する一助になるだろう。または、望ましい環境が残っている孤立した生息地に新しい個体群を確立するために、ウサギを捕獲して移すことも考えられる。

ヨーロッパ人が入植する以前のニューイングランドがすっかり森林に覆われていたとしたら、アパラチアワタオウサギの生息に適した低木植生が十分にあったことは考えにくい。樹冠のギャップが閉じ始めると、新しいギャップを求めて風倒地から風倒地へ移動していたはずだ。しかし、林内に大規模なギャップを作り出すほど大きなハリケーンやダウンバースト（下降噴流）、竜巻は発生する頻度が極めて低く、あてにできないので、そうした個体群の生息も難しかったのではないか。一方、ジョン・リトヴァイティスが指摘したように、ヨーロッパ人が入植する以前には、低木とナラからなる疎林や、干上がるとハンノキの藪に覆われて「ビーバー草原」になるビーバーの放棄池といった低木環境の供給源があったことも確かだ。[*79] アパラチアワタオウサギは、ビーバー草原や氾濫原の低木湿地を飛び石として利用しながら、新たに出現した風倒地へ分散していたと思われるが、低木とナラの疎林はその重要な供給源だったかもしれない。こうした低木の木立はいずれも小さかったので、現代の森林では、ウサギの好ましい生息地にはならないだろう。しかし、農業が始まる以前には、低木の木立は中型の捕食者がうようよいる農地や住宅地、道路とは違って、そうした捕食者の個体数や種類が今とは著しく異なる成熟林に囲まれていた。当時はオオカミやピューマのような大型の捕食者がいて、ウサギを捕食する可能性が高い中型の捕食者の密度を抑えていたと思えるからだ。ウサギの天敵はボブキャットだったと思えるが、一九六〇年代以後はウサギと共に減少してしまった。[*80]

アパラチアワタオウサギに見た目はそっくりだが、環境に対してより適応力のあるワタオウサギは、ニューイングランドに移入されると、人家の庭や農地などの開けた場所に分布を広げた。両種を確実に識別するには頭骨を調べるか、ミトコンドリアDNAを分析するしかない。[*81] しかし、瓜二つの両種ではあるが、ワタオウサギは開けたイネ科草原を好むので、アパラチアワタオウサギのように低木の藪という生息環境に対するこだわりが強い種の生態的代替にはならないようだ。捕獲されたときの反応が両種の行動の違いを如実に表している。アパラチアワタオウサギは甲高い声で鳴いて逃げようともがくが、ワタオウサギは大人しくしている。[*82] アパラチアワタオウサギは藪から離れることはまずないので、捕食者に出会うと、近くの藪に飛び込み、茂みの中を身をかわしながら逃げていく。一方、近くに身を隠す茂みのない開けた場所で採食することが多いワタオウサギは動きを止めて、隠蔽色で捕食者の目を欺こうとする。このように、両種は生息環境が著しく異なるので、ワタオウサギは移入後に分布域を拡大したが、遷移初期の森林から姿を消してしまったアパラチアワタオウサギの代わりにはならないと思われる。
農業が始まる以前でも、大規模な火災や大型ハリケーンの被害から森林がまだ回復していない地域を除き、アパラチアワタオウサギの個体数は比較的少なく、生息地も分散していたと思われる。ニューイングランドに生息する他の哺乳類で、遷移初期の森林だけに依存している種が少ないのは驚くことではない。たいていの種は生息環境の選択幅がもっと広いからだ。[*83] 一方、飛翔能力に優れている鳥類にとっては、望ましい生息環境が離れ離れに点在することが障害になる可能性ははるかに低い。北米には低木や若木が優占する丈の低い植生に特殊化した鳥類種の数が多いが、そうした鳥類は自然や人為的攪乱で生じた望ましい生息地をいち早く利用する。例えば、ニューヨーク州のアレゲニー州立公園では竜巻に見舞われて大きな風倒被害が出たが、その六年後には、風倒地に生えてきた藪にワキチャアメリカムシクイなどの低木環境に特化した種が高密度で生息していた。[*84] また、アーカンソー州のオザーク国有林が竜巻に見舞われたときも、大きな被害が出た落葉樹林にチャスジアメリカムシクイ、アオバネアメリカムシクイ、オオアメリカムシクイといった低木の鳥類種がいち早くやってきた。[*85]
低木植生を利用する鳥類種の方が、アパラチアワタオウサギよりも生息環境の選択幅がさらに狭い。ツタや低木が密生する丈の低い藪だけにみられる種もいるし、若い木が密生する場所を特に好む種もいる。植生の丈が高くなると、個体数が減る種もいれば、増える種もいる。その結果、北米東部の遷移初期の森林では、樹冠の閉じた森や樹冠のギャップが小さい森にはいない種が優占する独特な鳥類相がみられる。
コネチカット州東部では、「低木林の鳥類」の代表的な生息地は、皆伐後の日の浅い林地と送電線沿いである。送電線沿いは、木の枝が送電線に触れるといけないので、その予防として高木が伐採され、丈の低い植生が優占する帯になっている。私は学生と共にこうした鳥類の研究を行なったことがあるが、こうした生息環境は人為的に作り出されたものとはいえ、低木林の鳥類はいずれの場所でも多様性も個体数密度も高く、その中にはこの数十年の間に激減した種も多く含まれている。

私たちは朝早く州有林に入ると、モリツグミやアカメモズモドキ、フタスジアメリカムシクイを始めとする森林性鳥類のさえずりを聞きながら、皆伐地まで森の小道を数キロメートル歩いた。皆伐地はたいてい突然目の前に現れた。暗い森から明るい開けた場所へ足を踏み出すと、切り株から芽を出した若木が一面に生えていた。皆伐地はたいていカエデやナラ、ブナ、アメリカミズメといった樹冠を形成する樹木の実生や若木が優占し、ガマズミの一種やブルーベリーなどの低木はわずかしかなかった。皆伐地に近づくにつれて、鳥のさえずりも変化した。皆伐地に一番多かったのは、低木林を好むネコマネドリやカオグロアメリカムシクイ、アオバネアメリカムシクイ、ワキチャアメリカムシクイ、トウヒチョウだった。[86] これらは成熟林にはほとんどいない鳥である。皆伐地で繁栄しているようにみえるので、木材伐採の恩恵に浴しているようだ。こうした鳥類は皆伐地では生息密度だけでなく、繁殖成功率もよいという研究結果もいくつも出ている。[87]

皆伐から択伐へ切り替えることで、森林の生物多様性を高める努力が北米の各地で払われているが、皮肉なことに、こうした努力は低木林の鳥類に適した生息環境を生み出すことにはならないので、かえって生物多様性が失われる恐れもある。例えば、ニューハンプシャー州北部の広葉樹林では、皆伐地（八ヘクタールから一二ヘクタール）の方が「樹群択伐」された伐採地（伐採された木立が〇・六五ヘクタール以下）よりも、ワキチャアメリカムシクイとカオグロアメリカムシクイの個体数がはるかに多かった。[88] また、ミズーリ州のナラ林でも、アオバネアメリカムシクイやトウヒチョウのような低木林の鳥類は、樹群か単木かを問わず択伐地よりも、皆伐地の方がずっと数が多かったのだ。[89]

コネチカット州の森林では、木材の皆伐が行なわれてから一〇年か一一年経つと、樹冠の閉じた森林を代表

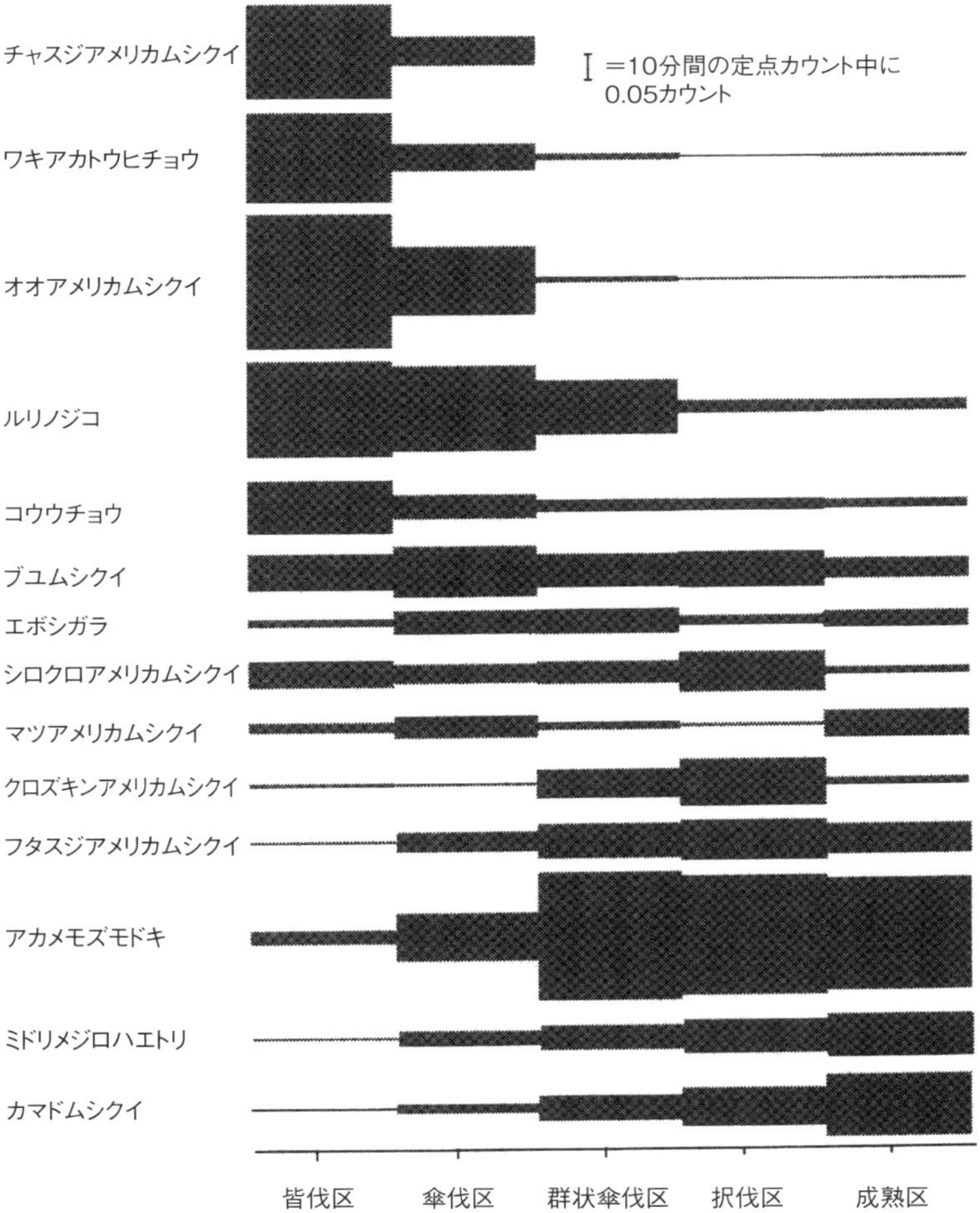

図 14　林業管理の異なる林分に見られる一般的な鳥類種の相対数。成熟木を広範囲で伐採する皆伐区、成熟林のほとんどが収穫された後でかなりの大木が残される傘伐区、4ヘクタール以下の小さな空き地を作る程度に樹木をまとめて伐採する群状傘伐区、成熟林から個別の樹木を選んで収穫する択伐区、さらに過去50年間収穫されていない成熟区。一番新しく木材を収穫したのは6年以内である。(Annand and Thompson, 1997; John Wiley and Sons. Inc. の許可により複写)

する鳥類が何種か姿をみせるまでに樹木が成長し、低木林の鳥は減少していた。したがって、皆伐地は低木林の鳥類に適した生息環境の供給源にはなるが、そうした環境は一時的なもので、送電線沿いにみられる低木環境の方が安定しているのだ。コネチカット州では、一九五〇年代までは送電線沿いの植生を除草剤を用いて無差別に除去していたが、それ以後は慣習が改められ、高木を択伐することで植生管理が行なわれている。今日では米国北東部のほとんどの地域でこの択伐による植生の管理が行なわれている。送電線沿いの低木環境に一番多い鳥類種はネコマネドリ、チャスジアメリカムシクイ、アオバネアメリカムシクイ、トウヒチョウ、ヒメドリだが、メジロモズモドキやオオアメリカムシクイ、チャイロツグミモドキのような密生した藪に特化した種も少ないながらみられる。コネチカット州で数多くの皆伐地を調査したが、メジロモズモドキ、オオアメリカムシクイ、チャイロツグミモドキ、ヒメドリは他のどこでも記録されなかった。皆伐地と送電線沿いの低木林でみられる鳥類種が異なるのは、両者の植生構造が基本的に異なっているからだ。皆伐地の若い森は実生や若木が優占しているが、送電線沿いの遷移初期の環境は低木、蔓植物、若木、草本が複雑に絡み合っている。「若い森」は樹冠を形成する樹木が暴風や火災、伐採などで取り除かれた後に再生する木立で、若い実生やひこばえがすぐに成長し始める。一方、ここで取り上げている「遷移初期の環境」には、新しい森の再生を担う実生やひこばえが存在しないので、遠く離れた地点まで分散できる種子を備えた先駆植物が植生の回復を担っている。こうした遷移初期の環境は、放棄農地やビーバー草原、実生や根、種子が焼死してしまうような激しい火災に見舞われた森林の焼け跡でみられる。送電線沿いは高木になる樹種が選択的に取り除かれるので、遷移初期の環境と似たような植生になるのだ。

本来は大規模な風倒地や、樹冠を形成する樹木が焼失して日の浅い森林火災の跡地などのように自然度の高い生息環境で、低木林の鳥類を研究したかったのだが、送電線沿いや皆伐地と統計的に有効な比較が行なえる数の自然な生息環境をみつけることができなかった。今でも自然攪乱によって、低木林の鳥類が利用できる新しい生息環境が生み出されてはいるが、こうした攪乱は人為的に頻度も規模も抑えられている。野火や森林火災は消し止められ、河川の氾濫はダムによって防止され、ビーバーは駆除されてしまっている。嵐による風倒は今でも起こるが、森林の大部分は古木がほとんどない比較的若い森に占められているので、古い森に比べると、林内にギャップが生じる頻度が低いだけではなく、規模も小さい。こうした現状では、放棄農地や皆伐地、送電線沿いといった人為的な環境がなければ、低木林の鳥類は繁殖地に不自由することになるだろう。

北米東部では、耕作に適さない農地が徐々に放棄されていった一八五〇年から一九六〇年にかけて低木林の鳥類の個体数がかつてないほど増加した。[*90] この時期は、低木やツタ、草本、若木が生い茂る「放棄農地」が常に供給されていたが、こうした農耕跡地はやがて森に還っていったので、新たに放棄される農地が減り始めると、低木林の鳥類もほとんどの種が減少の一途を辿った。しかし、低木林の鳥類がこのように減少し始めても、当初は気に留める保護関係者はほとんどいなかった。人工的な生息環境が豊富に出現したことで、こうした鳥類の個体数が膨れ上がったのは間違いなかったからだ。しかし、減少が急激な上に止まる様子がみられないので、低木林の鳥類の将来に懸念が出ている。

低木林の鳥類は、森林の鳥類相の多様性を高める上で大きな役割を果たしている。[*91] 北米東部に生息している低木林の鳥類は一六種を数える。[*92] ちなみに、低木林以外の環境でもよくみられるネコマネドリ、カオグロアメリカムシクイ、トウヒチョウはこの一六種には入れていない。この一六種のうち一〇種は、ニューイングランドの南部に生息している。しかし、その中の二種（オオアメリカムシクイとキンバネアメリカムシクイ）はかつては普通に繁殖していたが、現在では絶滅に瀕している。こうした低木林の鳥が北米東部で減少したのは一九六六年になってからだが、減少率が年に二%を超える種もいる。[*93] 低木林の鳥類全体が生息地の減少に脅かされているが、生息地の低木林が減少の一途を辿っているのは、新たに放棄される農地だけでなく、自然攪乱によって生み出される低木林自体も少なくなってしまったからだ。

低木林の鳥はヨーロッパや東アジアの遷移初期の森林にもみられる。例えば、遷移初期の低木林段階にみられるビャウォヴィエジャの鳥類リストには、低木が優占する開けた環境に生息地がおおむね限定されているセアカモズ、キアオジ、ニワムシクイなどが挙げられている。[*94] 数千年にわたって集約農業が行なわれてきたイギリスなどの国では、森林が自然の遷移過程を経ることがほとんどないので、落葉樹林の遷移段階ごとに鳥類種を分類することは難しい。木材の伐採とその後の植林がくり返される森や、頻繁に幹を伐採することで、丈の低い雑木林として維持管理されている森が多いからだ。このように管理が行き届いている森では、遷移初期の鳥類は種ごとに、若い針葉樹の植林、雑木林、生垣、ヒースの荒野、林縁など様々な環境に適応している。しかし、イギリスの南部地域では、ヒツジの放牧が減ったために、低木林が草原にとって代わり、植生の遷移が鳥類種に反映されている。灌木が入り込んで、丈の低い開けた藪を形成すると、ノドジロムシクイやムネアカヒワ、キアオジが開けた草原にみられるヒバリやマキバタヒバリにとって代わった。[*95] そして、藪の丈が伸びて生い茂ると、今度はヨーロッパカヤクグリ、ニワムシクイ、コノドジロムシクイにとって代わられた。フランスでも、落葉広葉樹林で木材が伐採された後に生じた森林の遷移過程で同じような現象がみられている。[*96] また、ベルギーのアルデンヌ地方でも、ヨーロッパトウヒの植林の皆伐地では、農地や広葉樹の成熟林、針葉樹の植林とは異なる鳥類相がみられた。[*97] アルデンヌ地方では、ヒースの荒野や湿原、雑木林がほとんど失われてしまったので、以前はこうした環境にみられた鳥類は今では、皆伐地のような人の手による空き地を主な避難所としているのだ。針葉樹の植林の皆伐地に再生した低木林に主に依存している鳥類には、オオモズ、ウタイムシクイ、ニシノビタキなどがいる。

イギリスの森林では、三種の低木林の鳥類（ノドジロムシクイ、コノドジロムシクイ、キアオジ）が一九六七年から一九九九年の間に著しく減少した。[*98] 農業形態や（ノドジロムシクイとコノドジロムシクイに関しては）アフリカの越冬地の変化も一因になっている可能性はあるが、植林の成熟や雑木林の放棄が減少の原因のように思われる。[*99] イギリスの自然保護区では、低木林の鳥類が利用する密生した低木植生を維持するために、伝統的な定期伐採を再び行なっていたにもかかわらず、この三種の鳥類が減少したのだ。

日本に生息している低木林の鳥類は種の多様性があまり高くないようである。黒沢令子は北海道南部の五〇か所で、農地、牧草地、海岸の砂丘草原、火山荒原、カバノキやヤナギの低木林といった高木のない開けた環境にみられる鳥類相の研究を行なったが、その結果によると、低木林に特化した鳥類はホオジロだけだった。[*100] しかし、ウグイス、モズ、アカモズ、チゴモズ、エゾセンニュウも低木林に特化している可能性がある種として挙げられている。[*101] この中で、アカモズとチゴモズはここ数十年で個体数が激減しただけでなく、分布域も著しく縮小してしまったので、標準化された調査によって、統計的に有効な環境利用の分析を行なえるだけの個体数を記録することが難しい状況である。[*102] 一九七〇年代以降、日本では雑木林の定期伐採や、植林地や二次林のローテーション伐採が行なわれなくなったことで、成熟林が増えて、低木林が減ったために、遷移初期の森林に生息する鳥類の分布域が狭められてしまったのだ。[*103] 個体数の減少は渡り鳥と留鳥を問わずみられているが、熱帯で越冬する夏鳥でより顕著に現れている。このことは北の繁殖地でも熱帯の越冬地でも、生息環境の変化が遷移初期の種に悪影響を及ぼしていることを示している。

落葉樹の原生林は残っている数があまりにも少ないので、優先的に保全すべきである。若齢林やほかの環境にはみられない種が生息しているだけでなく、農業開発が及ぶ前の落葉樹林の機能を知る上でも最も役に立つからだ。人間の影響が及んでいない原始林はほとんどないので、原生林といえども、本来の姿が完全に維持されているわけではない。それでも若い二次林では失われてしまったり、弱められてしまったりした樹冠ギャップの形成や巨大な枯死木の分解のような主要な生態学的過程が、今でも続いている。このような過程は、特定の微生物種や動植物種の適応を理解するカギになることが多いので、こうした生物の祖先が生息していた環境がわからないと、解明するのが難しい問題を洞察することができるようになるだろう。

保全上の意義

原生林は周囲を開拓されて、小さな孤立林として残っているものが多いが、そのような残存林は周囲の開けた環境から侵入してくる捕食者や外来植物などの影響を被りやすい。こうした動植物が入り込むと、森林の構造や生態系の機能に変化が生じることがよくあるのだ。また、周囲が開拓されて孤立していても、若い二次林に囲まれていても、規模の小さい原生林は突然見舞われる大災害にも弱い。したがって、最も貴重な原生林は森林地帯に残っている広大な老齢の森林である。このような掛け替えのない落葉樹林が残っているところは、ポーランドとベラルーシにまたがるビャウォヴィエジャの森、米国のアディロンダック公園、ティオネスタ自然地区、グレートスモーキーマウンテン国立公園、日本の知床国立公園など、数か所に過ぎない。こうした国立公園や森林保護区は規模が大きいので、ティオネスタ自然地区をくり返し襲った竜巻のような大規模な自然災害に見舞われても、原生林が壊滅的な被害を被ることがない。むしろ、攪乱によって林内に若い木立と古い木立がモザイク状に形成されるので、環境要件の異なる様々な種が生息できるようになり、生物の多様性が高まる。

農業が始まる以前は、原生林の重要性は地域によって異なっていた。火災や大型のハリケーンや台風に頻繁に見舞われる地域では、原生林は湿地によって火災から守られている高地や風陰になる深い渓谷のような安全な場所に限られていたかもしれない。さらに、攪乱によって林内にできた空き地は大型の草食動物の喫食によって、長期にわたり維持されていたかもしれない。当時の森林は、林内に広い低木の藪や若い木立がみられ、樹冠下の日陰では育たない樹種が優占する疎林がある場合もあったので、現在の二次林よりも開放的だったかもしれない。このような状況下で、樹冠の閉じた森を維持するためだけに自然保護区の管理を行なったら、生物の多様性は著しく低下してしまうだろう。そのために、人間によって大きな改変が加えられなかった森林で、攪乱が果たしていた役割を理解する努力がますますなされているのだ。攪乱の機能の理解が深まれば、生物の多様性を維持するために、こうした攪乱を自然保護区へ再導入したり、真似たりすることができるかもしれない。それに際しては、北米とヨーロッパ、および東アジアという三大陸の落葉樹林で激減してしまった遷移初期種の個体数を回復させることを主要な目標にすべきである。

原生林がその特有の特徴を備えるようになるまでには、何百年もかかるので、原生林を再生させるよりも、遷移初期の森林や開けた疎林を復活させる方がたやすい。しかし、原生林の特徴の中には、人が積極的に管理することによって成熟した二次林で作り出せるものもある。例えば、択伐によって残った樹木の成長を速めたり、枯死木や落枝を供給したりできる。この択伐は原生林に隣接している二次林にとりわけ向いた管理方法だろう。原生林の林分が風で吹き倒された場合に、その樹種の個体数を増やしてくれたり、避難所を提供してくれたりするかもしれないからだ。しかし、最善の長期的な保全策は、将来の原生林にするべく二次林を一部残しておくことだ。この目標を達成するためには、数十年、いや数百年かかるだろうが、こうした二次林は成熟するにしたがって、原生林に特有な種や生態学的過程を維持するための価値が徐々に高まっていくだろう。大森林を管理するのに、伐採を行なわない中心域とローテーションで木材の伐採を行なう周辺部に分けるというラリー・ハリスが提唱している手法が優れた管理モデルになる。*104 この方法を使えば、低木林から原生林に至るまでの遷移の各段階が森林の中に常に確保できるからだ。中心部の原生林は周辺部の森に種子を提供する生物多様性の保存庫の役目を果たし、周辺に広がる施業林は中心部の原生林を保護するバッファーゾーン（緩衝地帯）の役割を果たすだろう。

第6章　孤立林と森林性鳥類の減少

早朝の低く差す陽光の中で足を止めて耳を澄ますと、黒々としたナラやユリノキの高木の合間にフルートの音色に似たモリツグミのさえずる声が響きわたった。しかし、こうしたさえずる声の位置を突き止めて、コネチカット・カレッジ植物園の地図の上に記していくのはたやすいことではなかった。今度は、「チュイ、チーリオ、チーヨリ、チュリヨ」とさえずるアカメモズモドキの単調な声が別々の方向から聞こえてきた。しばらく耳を澄ましていると、さえずっているオスは三羽いることがわかった。さらに、二羽のカマドムシクイがなわばりを守るために、甲高いよく通る声で互いに鳴き交わしていた。その一方で、遠くからセジロコゲラのタラララと木を叩く音が聞こえてきた。こうした複雑なサウンドスケープ（音風景）は、私が一九八二年からモニタリング調査を続けている森林性鳥類の多様性を反映している。この調査は一九五三年に始まり、それを私が引き継いだものだ[*1]。この調査地では、森林植生とそれに依存する鳥類の変化を同時に追うために、鳥類の調査と合わせて植生の調査も行なわれている。

調査地の中心には花崗岩の谷にまたがる古い森がある。[*2] この森は一九三八年に大型のハリケーンがコネチカット州を通過した際に、大きな被害を被った。樹齢三〇〇年のカナダツガはほとんどが吹き倒されたり、幹が折れたりしたが、ナラの木の多くは生き残った。一九五三年には、このハリケーンで生まれた樹冠のギャップへ向かって新しい樹木が伸びている最中で、樹冠はまだ閉じていなかった。森林がこうした状況にあった一九五三年に森林の回復過程を数十年にわたり追跡する計画が立てられた。そこで、植生調査と並行して鳥類の調査を行なえば、植生の変化に対する森林の鳥類の反応がわかるだろうと考えられた。理論上は、樹木が育ち、樹冠のギャップが塞がれるにしたがって、成熟林の鳥類は個体数と多様性が増すだろうと、調査当初には予測されていた。

それからの二〇年は、森林の植生は予測通りに変化していった。[*3] 樹木の平均直径は増大し、樹冠が閉じて、林床が日陰になるにつれて、低木層は薄くなった。しかし、樹木の成長に応じて、増えると予測されていた森林性鳥類の個体数は多くの種で急激に減少し、それまでは普通にみられていた種の中には姿を消してしまったものもいた。[*4] クロズキンアメリカムシクイは林内のギャップに密生する低木層を好むので、個体数が減少しても無理はないと思われた。樹冠が閉じるにしたがって、こうした林内の環境も縮小するからだ。しかし、クロズキンアメリカムシクイと同様に減少した他の鳥は大多数が樹冠の閉じた森林を代表する種なのだ。森林が回復するにつれて、こうした鳥類種が減少するのはどうしてだろうか?

この謎の事態がみられたのは、コネチカット沿岸部にあり、過去にハリケーンの風害を被った特定の森だったのだが、後になってこの場所だけではないことが判明した。鳥類の個体数調査は、バージニア州からウィスコンシン州まで広がる落葉樹林帯に点在する様々な森林公園や自然保護区で行なわれていたが、その結果をみると、どの調査地でも似たような傾向がみられたのだ。[*5] 調査地は異なっても、カマドムシクイ、シロクロアメリカムシクイ、アカメモズモドキ、モリツグミなどの同じ種が減少していたのだ。しかも、こうした調査地では森林性鳥類の多様性も失われていた。一九六〇年代や七〇年代には、こうした調査地が北米東部全体の森林性鳥類の長期にわたる個体数変化を最もよく示していた。鳥類種の個体数密度を確定するには、一九三〇年代の後半に全米オーデュボン協会が開発した標準化された手法で繁殖なわばりを地図上に落とす方法が使われていた。[*6] 時間はかかるが、この方法で割り出したなわばりオスの数は信頼できる。しかし、鳴禽類のメスはあまり鳴かないだけでなく、姿をみせることもまれなので、メスの個体数調査には向かない。こうした調査地はいずれも保護の行き届いた保護地区の中にあったので、個体数の減少がわかったとき、特に驚きが大きかった。減少した種の生息環境に破壊されたり、著しく改変されたりしたような跡は見当たらなかったのだ。これは憂慮すべき問題だった。北米東部の落葉樹林では、明らかな理由もないのに森林性鳥類が激減していたからだ。[*7]

北米東部の鳥類が減少した原因

首都のワシントンにある自然の森が残っている公園では、鳥類の減少が詳しく記録されていた。[*8] 一九七六年にワシントンのオーデュボンナチュラリスト協会のニュースレターに鳥類の減少を示したグラフが掲載され、その後まもなく、科学論文にも発表された。[*9] 早速、減少の原因究明が始まった。繁殖地には問題がないようだったので、非繁殖期に目が向けられた。減少している種はほとんどが温帯で繁殖して、新熱帯区に渡って越冬する夏鳥だった。こうした夏鳥は北米の繁殖地よりも熱帯で過ごす時間の方が長いのだ。メキシコ南部、中米北部、西インド諸島のような重要な越冬地で大規模な森林伐採が進んでいるので、越冬地が失われたという可能性が考えられた。つまり、ワシントンのロック・クリーク公園やコネチカット・カレッジ植物園でモリツグミが減少したのは、繁殖地の環境が変化したからではなく、メキシコのベラクルスや中米のグアテマラの熱帯林が伐採されたからではないかと予想されたのだ。

しかし、この第一印象は思い違いだった。森林性鳥類の減少がみられたのは、東部の落葉樹林の全域に及んでいたわけではなかったのだ。もし、熱帯の越冬地が失われたのが減少の原因ならば、どこの落葉樹林でも減少したはずである。オーデュボン協会が行なった調査で森林の鳴禽類が激減していることが明らかになったのだが、その調査地になった場所は、東部の落葉樹林全体を代表するものではなかった。協会の調査では、毎年、繁殖前期に八回から一〇回調査を行なうので、五月から七月の初旬まで週に一、二回現地を早朝に訪れる必要がある。ただ、調査はたいていボランティアの調査員が行なっていたので、個体数の長期的な動向がわかるような二〇年、三〇年にわたる調査が行なわれていたのは便のいい調査地に限られる傾向があった。その結果、数年以上続いた調査はほとんどが都市近郊の比較的小さい公園や森林保護区、あるいは大学の構内で行なわれていた。このような調査地の周囲には都市や近郊の景観が広がっていた。個体数の激減や個体群の絶滅が起きたのは、こうした都市近郊や農耕地に島のように取り残された森に限られていた。

都市やその周辺から遠く離れた大森林では、これに匹敵するような鳥類の激減はみられなかった。グレートスモーキーマウンテン国立公園、ホワイトマウンテン国有林、ニューヨーク州のアレゲニー州立公園やマサチューセッツ州のハイラムフォックス野生動物保護区の広大な森林では、鳴禽類の個体数調査が数十年にわたって行なわれていたが、激減もしていなければ、減少の一途を辿ってもいなかった。[*10] 大森林でみられた鳥類の個体数の変動は、森の遷移やガの幼虫の大発生後に生じる餌の減少などの局所的な環境の変化で、たいてい説明できるものだった。森林性鳥類の多くの種が歩調を合わせるように同じ時期に減少したのは、開発の進んだ地域に残された小さな森に限られていた。もし、個体数の減少が熱帯の越冬地が失われたことによるのならば、その減少はもっと広い地域に及んだはずだ。

孤立した小さな島嶼では、樹木、鳥類、トカゲ、トンボといった特定の分類群の種数が比較的に少ないということが、島嶼の動植物の多様性に関する研究で明らかにされている。さらに、こうした場所では絶滅率も高い。それは個体群が小さいので、自然の攪乱や荒天に弱いからだ。島が大陸から遠く離れている場合には、一度、種が絶滅してしまうと、その種にとって代わる新しい種が海を越えて移入してくるのは容易ではない。このように絶滅率が高く、移入率が低いことが相まって、島嶼では生物の多様性が低くなるのだ。鳥が減少した森林保護区はこうした島嶼のようになっていたのではないか。[*11] こうした保護区はいわば都市やその近郊に浮かぶ森に覆われた島のようなものなので、もともと個体数が少なく、地域絶滅しやすいのかもしれない。他の森から移入してくる率が低ければ、こうした森の島が孤立すると、徐々に種が失われていくと思われる。

島嶼生物学の知見に基づくこの仮説は特に移動能力の低い動植物に当てはまるかもしれない。都市近郊の森林保護区が島のように孤立すると、文字通りそこに取り残されてしまうからだ。例えば、スミレやエンレイソウのようにアリが種子散布をする林床の野草やサンショウウオなどの多様性を維持するためには、このような「島嶼効果」の理解が極めて重要なのではないか。森林が伐採されてしまうと、こうした分散能力が低い動植物は長距離を分散することが困難になるからだ。しかし、この仮説は鳴禽類のような移動能力が高い生き物には当てはまらないように思われる。森林を分断している開発された地域をたやすく飛び越えることができるからだ。新熱帯区の渡り鳥は越冬のために数百、いや数千キロメートルも南へ飛んでいくので、さらにその感が強い。成鳥は決まった渡り経路を通って、前年の繁殖地に戻ってくるが、その年に生まれた若鳥はあちこちに分散しながら移動していく。おそらく、若鳥は翌年春には大陸を北上しながら繁殖に適した場所を見つけ出すのだろう。したがって、こうした渡り鳥にとって、都市の中にある森が孤立しているとは言い難い。ニューヨークのセントラルパークのような都会の中にある森では、春の渡りの時期に新熱帯区の渡り鳥の個体数密度が著しく高まることが珍しくない。休息や採食をするために、渡りの途中でこうしたオアシスに立ち寄るからだ。したがって、渡り鳥たちがこうした小さな森を見つけていることは明らかである。それでは、好適なように思える都市公園などで営巣する個体が少ないのはなぜだろうか？

こうした渡り鳥が減ったもう一つの原因として可能性があるのは、越冬地の消失や森の地理的な孤立化ではなく、小規模な森林保護区の生息環境が広大な森林ほど繁殖に適していないことである。小さな森の方が内部が風や日差しに晒されるので、その分、乾燥しやすくなり、森の小鳥の夏季の主食である昆虫の生息密度が低いのかもしれない。例えば、森の奥では林床の落ち葉の中に生息する昆虫の密度は高いが、林縁の近くでは密度が低い。カマドムシクイのように林床を歩き回って昆虫を採食する種の生息密度が、林縁付近で低いことと相関関係がある。[*12]

気候や生息環境の微妙な変化に大きな影響を受ける種もいるかもしれないが、北米東部の小さな森で繁殖する鳴禽類にとって死活に関わる重大な問題は、捕食者や托卵鳥による繁殖率の低下のようである。島のような小さな森には周囲の住宅街や農地からアライグマや飼いネコ、カラスのような中型の捕食者がたくさん侵入してくるのだ。機敏な成鳥にとってはこうした捕食者も大きな脅威にはならないが、卵や巣内ビナ、巣立ちビナは簡単に捕食されてしまう。小さな森の中には、捕食圧が強くてヒナを巣立たせることができるつがいがほとんどいないところもある。[*13] 繁殖の失敗が続くと、成鳥も別の繁殖地へ移動する可能性があるので、その森では特定の種の個体数が着実に減っていく。

コウウチョウは開けた環境に特に多い鳥だが、小さな森には侵入する可能性がある。[*14] コウウチョウは一九世紀に農地開発のために森林が伐採された後で、中西部の大平原地帯から北米東部へ侵入してきた種である。今では、家畜の飼養場やトウモロコシ畑、鳥の餌台など、穀物や種子の人為的な供給源がある開けた環境なら、どこでも普通にみられるようになった。コウウチョウは自分では巣作りも子育ても行なわないで、他の小鳥の巣に卵を産み落とす「托卵鳥」である。メスは巣場所を突き止めるために、繁殖している他種の行動をじっと観察する。巣を見つけると、宿主〔訳注：托卵する相手〕が巣を空けるのを待って、宿主の卵を一つ取り除き、自分の卵を一つすばやく産み落とす。コウウチョウのヒナはたいてい宿主のヒナよりも体が大きく大食いで、気性も荒いので、食物を独り占めする。その結果、宿主のヒナは餓死してしまう。コウウチョウのヒナと一緒に自分のヒナも育て上げる宿主も中にはいるが、宿主の繁殖率はおしなべて著しく低下する。また、托卵の及ぼす影響は捕食よりも深刻である。卵やヒナが捕食された場合は、親鳥はすぐに新しい巣を作って、繁殖をやり直すが、コウウチョウに托卵された場合は、新しい巣で繁殖をやり直すことはほとんどないからだ。したがって、コウウチョウに托卵されると、その年には二度目の繁殖のチャンスはないのだ。

仮に捕食者や托卵鳥の生息密度が低く、繁殖に適した環境を備えていても、繁殖する鳥の目には小さな森だと大きな森ほど魅力的には映らないかもしれない。森の小鳥が暮らす景観の中には、食物や営巣場所だけでなく、競争相手や繁殖相手という鳥の社会もある。これは森林の鳴禽類に対する比較的新しい見方である。一方、集団繁殖地で繁殖するコロニー性の鳥が繁殖期になると、ほかの鳥の存在に惹かれることは以前から知られていた。集団繁殖は数に頼れるので、捕食者から巣を守る効果が期待できる。仲間の巣がたくさんがある場合には、一部を捕食されても、残りがあるからだ。一つがいだけでは捕食を逃れて子育てするのは難しいだろう。一九三〇年代までキョクアジサシが集団で繁殖していたメイン州沖の島にアジサシのデコイ（囮《おとり》用の模型）を置いて鳴き声を流し、集団繁殖をしているように見せかけたところ、キョクアジサシたちが戻ってきた。[*15] このアジサシにとっては、営巣に適した場所や餌になる魚の豊富さに劣らず、社会的環境も重要なのである。しかし、こうした方法は森林の鳥類には向かないように思えた。繁殖つがいごとに自給自足ができると思われる広いなわばりを構えて暮らしているからだ。本当にそうならば、特定の種が占める森の最小面積は一つがいが必要とする繁殖なわばりの大きさに規定されることになる。

鳥類のなわばりに関する知見は、特定の個体を詳細に観察して得られたものだ。観察するには、色の組み合わせで対象の個体をそれぞれ識別できるように、たいてい鮮やかな色足環を付けて行なう。個体の行動を地図の上に落とすことで、繁殖なわばりの境界や各なわばりの所有者を特定することができる。こうした緻密な観察の積み重ねで、森林の鳥類はほとんどの種が自給自足できるなわばりを占有し、一夫一妻で子育てしていることが確認された。

また、こうした観察によって、なわばり外に出かけてつがい相手以外と交配する個体がいることも明らかになった。さらに、分子遺伝学の手法が父子関係の確定に利用できるようになると、婚外関係をもつ種が以前に考えられていたよりも多いこともわかった。[*16] 鳴禽類の巣の中に、つがい相手のオスではなく、隣接するなわばりや遠方のなわばりのオスが産ませたヒナがいる場合が多いことがわかったのだ。また、科学技術が進歩したおかげで、超小型の送信機を小鳥の背中に装着して、一日の行動を追うことができるようになり、鳴禽類は頻繁になわばりの境界を超えて活動していることも明らかになった。食べ物を探しているように思えることもあったが、つがい相手以外の個体と交配していることが多かった。なわばりを離れて、つがい相手以外の個体と交配する行動はオスにもメスにもみられた。また、巣立ちビナが親のなわばりから離れて遠くまで移動することは決して珍しいことではなく、林内の空き地のような環境を休息や採食に利用することがあることもわかった。[*17] さらに、同種や異なる種の群れに入って一緒に移動することもある。こうした観察結果は、かつて考えられていたほど繁殖なわばりが閉鎖的に完結しているわけではないことを示している。鳴禽類が同種のなわばりがたくさん集まっている場所に惹きつけられる可能性があるのは次のような場合だろう。すなわち、精力的に防衛する繁殖なわばり以外にも必要な生息環境があり、つがい相手以外の個体と交配することで利益を得る可能性がある場合だ。わずかに残された小さな森では、なわばりがたくさんできる広さもないし、なわばりを遠く離れて行動できる広さもないだろう。小さな森で鳥類が減少する理由を裏付ける決定的な直接証拠は捕食やコウウチョウの托卵に関する研究から得られているが、近隣の社会環境やなわばりの外で手に入る食物や他の資源も重要な要因かもしれない。

ニューハンプシャー州のホワイトマウンテンで行なわれたノドグロルリアメリカムシクイの研究で、鳥類が繁殖地を選択するメカニズムに関して新たな洞察が得られた。[*18] 繁殖期の後半になって、無事にヒナを巣立たせたオスは繁殖しなかったオスの五倍以上の頻度でさえずった。繁殖に成功したオスは巣立ちビナにさえずり方を教えているのかもしれないし、次の繁殖期に向けて、なわばりの占有を再度宣言しているのかもしれない。また、繁殖に失敗したオスは繁殖なわばりを放棄することが知られているので、繁殖期の後半になると、こうしたなわばりは静かになる。幼鳥が親のなわばりを初めて出ていく時期になると、繁殖に成功したなわばりと失敗したなわばりのさえずり活動にはっきりした違いが現れる。幼鳥は西インド諸島や中米で最初の冬を過ごして戻ってきたときに、営巣できる場所を探索しているのかもしれない。繁殖に成功したオスはたいていさえずるので、さえずるオスの数が多い森は繁殖に適しているということになる。

若鳥がオスのさえずりを繁殖環境の質を測る目安にしているかどうかを検証するために、その年にノドグロルリアメリカムシクイが一羽も営巣しなかった場所を一八か所選び出して、四日から六日間にわたって、オスのさえずる声、さらに繁殖に成功した親鳥と巣内ビナの鳴き声やさえずりをCDプレーヤーで流し、さらに、現実味が増すように、オスのデコイも設置した。

結果は意外なほどはっきりしていた。親のなわばりを離れて数週間しか経っていない幼鳥は、さえずりや鳴き声を流さなかった対照区よりも、流した場所の方を頻繁に訪れた。この実験結果は、幼鳥はさえずりや鳴き声に惹きつけられたことを示唆している。さらに驚いたことに、その後はさえずりや鳴き声を流していなかったにもかかわらず、翌年の繁殖期には前年の夏にさえずりを流した場所に数多くの鳥が繁殖なわばりを構えたのだ。一方、さえずりを流さなかった対照区に繁殖なわばりを構えた鳥は極めて少なく、さえずりを流した実験区の四分の一に過ぎなかった。実験を行なったところはノドグロルリアメリカムシクイにとって好適な生息環境といえる場所ではなかった。ノドグロルリアメリカムシクイの繁殖なわばりは低木層がよく茂ったところにあるのが普通だが、この場所は低木層がかなりまばらだったのだ。したがって、この研究論文のタイトルを言い換えると、繁殖なわばりの選択において、社会的情報が生息環境の情報に勝ったということになるだろう。*[19]著者らが指摘しているように、これは鳥類が様々な生息環境において、繁殖の成功に影響を与えるような変化にすばやく反応できることを意味している。もし気候や昆虫の生息密度が変化して、繁殖に最適な植生タイプが変わるようなことになったとき、ノドグロルリアメリカムシクイの個体群はすばやくこの変化を追って、新しい生息環境へと移るだろう。一方、小さな森では托卵や捕食などの問題が多いために繁殖成功率が低いとすれば、営巣期が終わった後にさえずっているオスがほとんどいないので、若鳥は小さな森には惹きつけられないだろう。したがって、こうした森の個体群は減少の一途を辿り、やがては消滅してしまうだろう。

都市域で開発が進むにつれて、近郊にあるオーデュボンの小さな調査地がその影響を強く受けるようになったとき、このような現象が起きていたのかもしれない。また、繁殖に成功したオスが繁殖期後にさえずっていても、わずかに残された小さな森は個体群が小さく、鳥の絶対数が少ないので、なわばりがひしめき合う中でオスがさえずっている大きな森に比べると、貧弱に聞こえるのだろう。さらに、小さな森は孤立しているので、

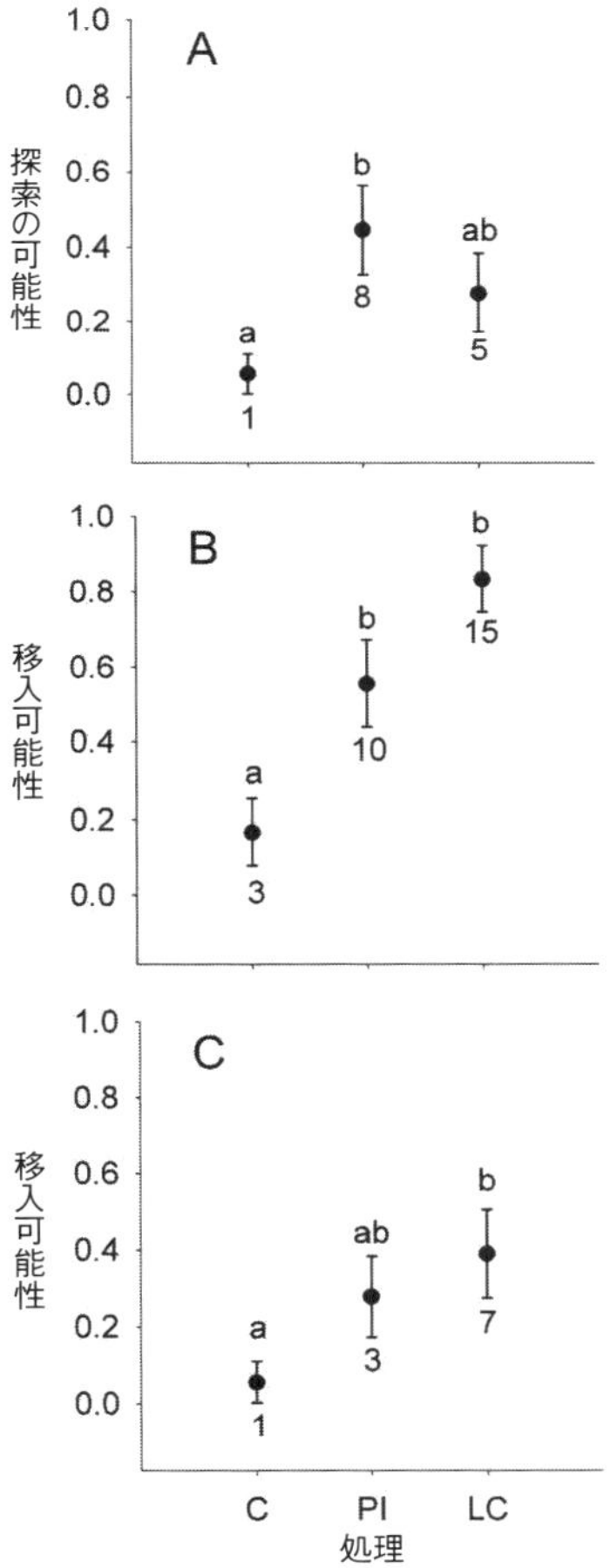

図 15　ノドグロルリアメリカムシクイの森林への反応。C：模型もプレイバック（録音の再生）もない場合、PI：社会的情報の手がかりがある場合（オスのさえずりと巣立ちビナの餌乞いコールを流し、メスと巣立ちビナの模型を置いた場合）、LC：地点の目安がある場合（オスの模型を置いてさえずりをプレイバックした）。プレイバックは繁殖後期に行なった。グラフは A）プレイバックを流したとき、夏の終わりに雌雄のいずれかが近寄ってきた場合、B）翌年春にオスが占有した場合、C）翌年春にメスが占有した場合を示す。誤差棒の下の数値は訪問したか占有した回数。誤差棒上の同じ文字同士は有意な差がなかったことを示す。（Betts et al., 2008; the Royal Society の許可により掲載）

幼鳥が親のなわばりを出て進出するときに見つけるのは容易ではないだろう。鳴禽類は長距離を移動できるにしても、幼鳥は猛禽類に狙われやすいので、開けた環境を飛びたがらないのかもしれない。幼鳥が開けた場所を避けているとすれば、農地や住宅地に囲まれた孤立林を見つけることは難しいだろう。

北米東部の鳥類にとって大森林が重要な理由

鳥類が小さな森林保護区で個体数が減少したり、そこを回避する原因が何であれ、北米東部では森林の規模によって、その鳥類相に著しく違いが生じる。広大な森林と比べると、小さな孤立林は成熟林だけにみられる鳥類種の多様性が低く、成熟林に特化した種も少ない。しかし、生息環境の幅が広く、多様な環境で見られるカラ類のような種は、緑の多い住宅地の庭を含めて小さな森でも高い密度で生息している。東部では異なる地域のいくつもの落葉樹林で行なわれた研究により、森林面積（一つながりの林地の面積）と森林に特化した鳥類の個体数や多様性の間に明らかな関係があることが示されている。大きな森の方が単位面積当たりの森林に特化した鳥の種数や特定の種の個体数が多いのだ。このパターンは、同じ程度の面積（例えば、半径一〇〇メートルの調査区画）を比較した場合でも認められる。例えば、コネチカット州南東部の四六か所の森に調査区画を設定して、学生と調査を行なったときには、一番小さな森では森林に特化した林内種の鳴き声はほとんど聞かれなかった。[*20] モリツグミ、アカメモズモドキ、カマドムシクイのような種は小さな森には皆無かそれに近かったが、大きな森には必ずいただけでなく、たいてい生息密度も高かった。中にはミズイロアメリカムシクイのように一番大きな森にしか生息していなかった種もいた。

森林性鳥類の生息密度と森林規模の相関関係は、カナダのオンタリオ州やウィスコンシン州からメリーラン

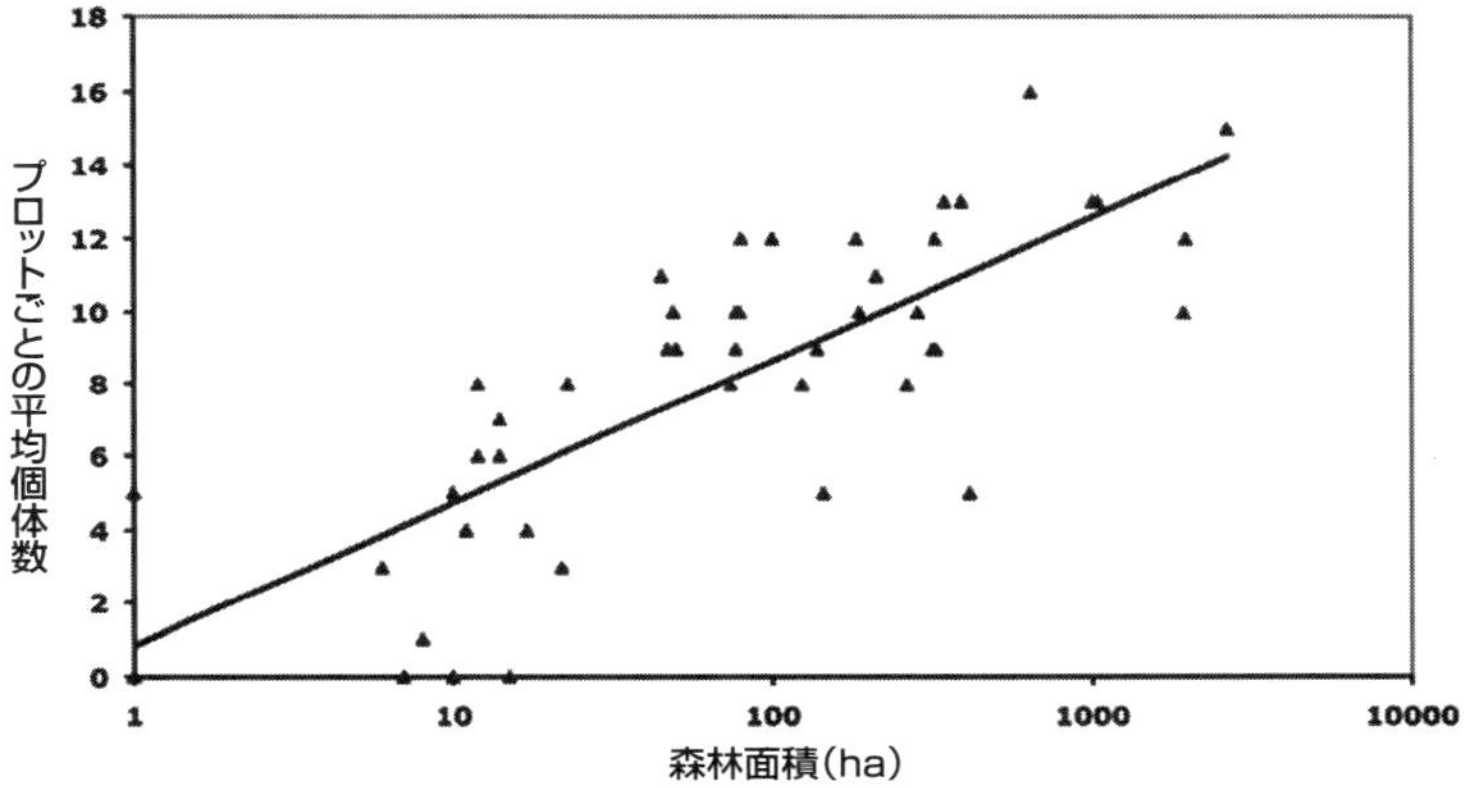

図 16　調査時間（20 分間）に見られた鳥類の平均数と鳥類調査地の周囲にある森林面積（ha）との関係。成熟林に特化した種だけを含めた。（Askins et al., 1987; Elsevier の許可により掲載）

ド州に及ぶ落葉樹林の様々な場所でも同様に確認された。[*21] チャンドラー・ロビンズらは各調査定点で二〇分間に見たり聞いたりした鳥をすべて記録する標準調査法を用いて、メリーランド州西部と隣接する州の二七一か所の森林で鳥類の種とその個体数を記録するという気の遠くなるような調査を行なっている。[*22] この徹底した調査の結果、森林に特化した種の多くは森林の面積が増加するにしたがって、生息密度（各定点の平均個体数）が高くなっていた。例えば、アカフウキンチョウの生息が確認されたのは、二ヘクタールに満たない小さな森では調査定点の一〇％に過ぎなかったが、一〇〇〇ヘクタールを超える大きな森林では、九〇％近くに上った。数多くの研究に共通しているこうした結果は、小さな森が森林性の渡り鳥の生息に適しているとは決して言えないことを示している。

大森林は、森林に特化した多種多様な林内種の群集を支えるというだけでなく、さらに小規模林の個体群も含めて、特定の種の地域個体群に若鳥を供給する役割も果たしていると思われる。小規模林の多くでは繁殖成功率が極めて低いので、こうした森では、成鳥は一生の間に個体群を維持できるだけの子孫を残せないだろう。したがって、こうした森でも個体群が維持されているのは、繁殖成功率の高い地域から個体が移入しているからだと思われる。間接的ではあるが、この移入を裏付ける有力な証拠が、アメリカ中西部の広い地域で行なわれた五組の研究チームによる共同調査から得られている。[*23] ウィスコンシン州北部とミズーリ州南部の調査地は森林の被覆率が九〇％を超える地域にあるが、他の調査地は農耕地が大部分を占める地域にある。森林被覆率が高い森林地帯では、毎年、成鳥の推定死亡率を上回る数の幼鳥が生まれていた。一方、農耕地に囲まれた森では、成鳥の死亡率を補える数の幼鳥が生まれていなかった。したがって、森林地帯は森林性鳥類の地域個体群を維持しているだけでなく、中西部の小規模林や森林保護区の個体群を維持することに一役買ってもいるようだ。アパラチア山脈やその裾野に広がる大森林は、北米東部の沿岸域で大森林が果たしているのと同じような役割を中西部において果たしているのかもしれない。したがって、途切れのない大森林は繁殖地として質の劣る森林へ若鳥を供給する基盤として「供給源（ソース）個体群」になっているのかもしれない。一方、小規模林の個体群は自力では個体群を維持できないので、移入個体に頼らざるを得ない「消耗地（シンク）個体群」なのかもしれない。もしそうならば、森林性鳥類の保全にとって、森林地帯にある大森林は極めて重要なので、住宅開発や道路、送電線などによる分断化を防ぐ必要がある。[*24]

一般的には、生態学の研究で得られた新しい知見が現場で生かされるまでに時間がかかるのは、野生動物や森林の管理関係者と研究者間の情報交換が不足しているためだと考えられがちだが、[*25] 北米で行なわれている鳴禽類の保全活動には当てはまらない。特に一九七〇年代以降、研究の成果は次々に新しい保全手法に生かされている。こうした変化はパートナーズ・イン・フライト計画に負うところが大きい。[*26] ちなみに、パートナーズ・イン・フライト計画は、南北アメリカの研究者と保全関係者が協力して、鳴禽類の北部の繁殖地、南部の越冬地、渡りの中継地の保全を目指す国際的な活動である。この保全計画に携わっているのは国や州の関係機関、ＮＰＯの保全活動組織、研究者などだが、東部の落葉樹林では、主に鳴禽類の繁殖地の保護に取り組んでいるので、中でも分断化されていない大森林の保護は第一目標に置かれている。この方針は、米国北東部に分断化されずに残っている大森林の保全を目指しているザ・ネイチャー・コンサーバンシーの「マトリクス・フォレスト（基盤森林）」計画に反映されている。[*27] 森林性鳥類の分布に関する研究結果を反映させているだけでなく、各地域でみられる生態学的機能に関する知見も考慮に入れている。小規模林だと、嵐や火災で森が消失してしまうかもしれないが、大森林ならば、生息環境の多様性を増すようなギャップが林内にできるだけかもしれないからだ。また、大森林ならば、ボブキャットやアメリカグマのような大型動物が必要とする行動圏も確保することができる。ザ・ネイチャー・コンサーバンシーのマトリクス・フォレスト計画は、分断化されていない大森林の保全を重視している点で類を見ないが、国や州の機関による保全計画の多くも、森林の商業的管理や狩猟動物の管理、絶滅危惧種の保護という伝統的な目標だけでなく、こうした景観的観点から配慮すべき生態学的な問題にも影響を受けている。

しかし、森林性の渡り鳥を保護するためには、繁殖地を保全するだけでは足りない。熱帯の越冬地で過ごす時間も長いからだ。営巣に成熟林を必要とする種の中には、越冬期には人家の庭やコーヒー農園、柑橘類の果樹園、二次林、放棄農地、放牧地も含め、多種多様な環境を利用するものがいる。[*28] またその中には、越冬期は食物を探して様々な場所や環境を日和見的に移動するものもいる。[*29] 一方、特定の自然環境を備えた越冬地を必要とする種もいるが、こうした種は熱帯の越冬地の環境が破壊されると、存続が脅かされる。例えば、モリツグミは主にメキシコ南部や中米の成熟した熱帯雨林や湿潤な森林で越冬するが、こうした地域ではこの五〇年くらいの間に大規模な森林伐採が起きている。[*30] キタミズツグミは主に西インド諸島や中南米沿岸のマングローブ林を利用しているが、エビの養殖場の開発によって、マングローブ林の大規模な伐採が進んでいる。また、ミズイロアメリカムシクイの越冬地は主にアンデス山脈北部の中腹に広がる熱帯林に限られているが、農地の開発でここの熱帯林も失われている。[*31]

モリツグミとミズイロアメリカムシクイは一九六六年から二〇〇七年の間に激減したことが、カナダと米国で実施されている繁殖鳥調査で統計的に裏付けられている。[*32] 鳥類の個体数の変動を把握するために行なわれるこの調査では、北米の温帯全域にわたり、道沿いに調査ルートが四〇〇〇か所近く設けられている。米国東部とカナダの調査ルート上では、森林性の鳥類種はおおむね減少していなかった。おそらく、多くの地域で放棄農地が森林に戻ったからだろう。[*33] したがって、越冬地の環境が比較的に特化している二種の減少が目を引くが、この二種は繁殖地でも森林の分断化の影響を受けやすいので、いくつかの要因が重なって、減少に拍車がかかったのかもしれない。

日本の森林性鳥類

私は北米東部の様々な大きさの森林に関して、鳥類群集の分析を行なったが、分析を終えたすぐ後で、京都とその周辺で森林性鳥類の研究を行なう機会に恵まれた。京都は森林性鳥類の研究を行なうにはうってつけの場所だ。古刹や神社、御所の環境を維持するために、市内や周辺の丘陵地や山地に大きな落葉樹の二次林が保全されているからだ。そのおかげで、様々な規模の孤立林で鳥の研究を行なうことができた。コネチカット州のときと同じ調査方法を用いて、京都地方の一九か所の森を比較した。[*34] 私はこの研究を樋口広芳と村井英紀という日本人研究者と協力して行なった。二人は同じ方法を用いて、東京の二三か所の森で鳥類と植生の調査を行なった。樋口は関東の一〇〇ヘクタール以下の小さな森では見られなくなった森林性鳥類が数種いるという予備研究の結果をすでに得ていたので、[*35] 私たちはこの結論を検証するために、標準化された方法を用いて、京都と東京で共同研究を行なったのだ。調査地に選んだそれぞれの森に調査定点を設けて、各定点で二〇分間の観察時間の間に見たり、聞こえたりした鳥の数を記録し、これを二回行なった。

京都で調査した森は一五から二三〇〇ヘクタールの広さだったが、コネチカット州の調査と同じような結果が得られた。[*36] 森林に特化した鳥類種は大きな森の方が小さな森よりも個体数が有意に多かった。一方、環境の選択幅が広いジェネラリストの種（開けた環境と森林環境の両方にみられる種）や林縁種（森林の内部よりも林縁の方が個体数が多い種）では、その総個体数と森林面積の間に有意な関係は認められなかった。[*37] カケスやアオゲラ、コゲラ、イカルのような種は小さな森よりも大きな森の方が個体数が多かった。さらに、オオルリとヒガラという森林に特化した二種は小さな森にはまったくみられなかった。したがって、ここでも小さな孤立林には生息していないか、いても数が少ない森林の鳥類が数種いたのだ。北米東部と同様に、このように面積の影響を受けやすく「分断化に脆弱な種」はほとんどが森林に特化した種だったが、一つだけ違いがみられた。北米東部では、面積の影響を受けやすい種はほとんどが熱帯で越冬する渡り鳥だったが、京都ではこうした種で熱帯で越冬する渡り鳥はオオルリだけだったのである。

不思議なことに、東京では、大きな森で小さな森よりも森林性鳥類の数が多いという証拠は得られなかった。京都と東京の調査結果に表れた違いは、森林の規模と孤立度が両都市では異なっていたためかもしれない。京都には大きな保護林が数多く存在するが、東京の森は比較的小さな公園に残っているものが大半を占める。また、東京の調査地は他の森から遠く離れていた。京都では調査地から二キロメートル以内の地域は平均して四七％が森に覆われていたが、東京は八％に過ぎなかった。東京の調査地では森林性鳥類の数にほとんど差がみられなかったが、ほとんどの調査地が小さくて孤立していたからかもしれない。東京の調査地は一か所を除いて、四八〇ヘクタール以下だった。京都の四八〇ヘクタール以下の小さな調査地に関して、鳥の分布を分析した結果、成熟林の鳥の個体数と森林面積の間に相関関係はみられなかった。したがって、東京の樹林公園では森林性鳥類の個体数に及ぼした森林の分断化の悪影響が浸透してしまったので、今では森林の面積による個体数の変動を見出すのが難しいのかもしれない。

日本で森林の分断化が鳥類群集に及ぼす影響を理解するためには、人口密度の高い首都圏を離れて、比較的攪乱されていない大規模な森林が残っている地域で研究を行なうことが重要である。北海道南部で行なわれた研究によって、連続した大森林を必要とする鳥類が日本にも数種いるということが明らかにされている。[*38] コネチカット・カレッジの修士課程在学中に、黒沢令子は落葉広葉樹林に設定した半径五〇メートルの調査区画で、

図 17　京都の風景。背景の比叡山は、森林性鳥類の数と森林面積の関係の調査に使われたうち最大の緑地で、中後景に見える林のある公園は最小の緑地である。(Askins et al., 2000)

標準調査方法を用いて鳥類群集の研究を行なった。調査を行なった五三か所の森林の面積は一ヘクタールから五〇四五ヘクタール（五〇・四五平方キロメートル）まで千差万別であった。各調査区画で記録された森林性鳥類の数は森林の面積が大きくなるにつれて増えた。比較的小さい森には生息していないか、いても数が少ない鳥が一一種いた。北米東部と同様に、道南でも面積の影響を受けやすい種は森林に特化した種や熱帯で越冬する渡り鳥だった。

日本でも鳥類の一部は分断されていない大森林を必要としていることを示す有力な証拠はあるが、そうした鳥が一見、好適な生息環境に見えても小さな森にはいない理由は解明されていない。北米東部と異なり、日本では托卵鳥は林縁や小さな森に限られているわけではない。北米のコウウチョウは林縁を好むが、日本でみられる四種の托卵鳥のうち三種（ツツドリ、ジュウイチ、ホトトギス）は森林性である。この三種は宿主がそれぞれ決まっていて、宿主は托卵に対する防衛行動を進化させている。例えば、本州中部では、ツツドリはセンダイムシクイ、ジュウイチはコルリやオオルリ、ホトトギスはウグイスに主に托卵する。[*39] 托卵鳥の卵は主な宿主の卵に似ている。ホトトギスはウグイス卵のようなチョコレート色の卵を、ジュウイチは主な宿主の卵に似た青い卵を産む。しかし、それにもかかわらず、たいてい宿主に気づかれてしまうので、托卵鳥の生息密度や托卵の成功率は比較的低い。また、北海道南部で一番多い托卵鳥はツツドリであるが、この托卵鳥も小さな森よりも大きな森の方が個体数密度が高い。[*40] したがって、托卵が小さな森に生息する鳥類の密度が低い原因とは考えられない。

小さな森に生息する鳥にとっては、卵やヒナを襲う捕食者の密度が高いことの方が問題になるだろう。日本ではハシブトガラスがそうした捕食者の代表だが、道南ではハシブトガラスは林内よりは林縁に、大きな森よりは小さな森に有意に多かった。[*41] したがって、ハシブトガラスによる巣の捕食が多くの鳥類種が小さな森を避ける原因になっているとも考えられる。日本では、生ごみのような人間がもたらす食物資源が利用できるために、ハシブトガラスの個体数が劇的に増えているので、森林性鳴禽類の個体群に及ぼす影響が深刻さを増しているかもしれない。[*42]

キツネやテン、タヌキ、ネズミにヘビといった他の在来の捕食者の生息密度は、大きな森よりも小さな森の方が高いかどうかはわかっていない。こうした捕食者は林内よりも林縁の方が活動性が高いのかどうか、また、小さな森の繁殖失敗率を高めているのかどうかを確かめることが重要だ。捕食者の中にはツツドリのように森林に特化して、森林性鳴禽類の個体群を危険に晒すことなく、長い間共存してきたものもいるかもしれない。捕食者が問題になりやすいのは、人間の活動が原因で個体数が増えたときである。研究者は農耕地や住宅地で繁栄している捕食者を特に注視すべきである。こうした捕食者が繁栄できるのは、生ごみや収穫後に畑に残された穀物のような人間がもたらした食物資源を利用できるから、あるいは、オオカミのような大型の捕食者が絶滅させられてしまったので、脅かされる心配がないからかもしれない。樹洞で営巣したり、上部が覆われた巣を作る鳥類種の巣は襲われにくいが、地上近くで営巣する種や上部が開いている巣を作る種では、在来の小型の捕食者でも個体数が増えると、悪影響が出る恐れがある。

日本の森林の鳴禽類にとって、外来の捕食者も恐ろしい存在である。北米では、アライグマと飼いネコが卵や幼鳥にとって最も危険な捕食者だ。特に、アライグマは分断化された森では、森林性鳥類が減少する主な原因となっていると考えられている。飼いネコと野良ネコは日本の至る所でみられ、残念なことにアライグマも日本の一部の地域に移入されてしまった。[*43] 一九六二年に愛知県の動物園から逃げ出したアライグマが野生で増えてしまったのだ。これまでに、一七県でアライグマが逃げ出したり、遺棄されたりしたことがわかっている。これは由々しき状況である。アライグマは農作物に大きな被害を与えるだけでなく、鳥類や他の在来の動物の個体群に深刻な影響を及ぼす可能性があるからだ。

捕食圧の他にも、森林性の鳥の個体群が存続するために問題となるのは、食物の量や営巣に適した場所が少ない、人為的撹乱が多い、繁殖個体群内で重要な社会的相互作用を維持できるだけの個体数がないなどの点がある。小さな森に生息している鳥にとって、こうした問題があるかどうかを確認することも重要である。森林が小さくなると、生息数が減ってしまう鳥類種がいる理由を解明すれば、森林性鳥類の生息に適した環境を維持できるような森林保護区の管理法がわかるかもしれない。

日本の森林性鳥類種の多くも、熱帯の越冬地や渡り途中で利用している中継地の環境が破壊される危険に直面していると思われる。北米や東南アジアから安い木材が輸入されるようになったために、一九七〇年代以降、日本では木材の伐採量が減少している。木材伐採が減少すると、農地の放棄や薪や建材の収穫を目的とした雑木林の伐採が減ったことと相まって、成熟林の増加に拍車をかけた。成熟林が増加すれば森林性鳥類の生息環境も増加してよいはずだが、一方、東南アジアでは日本の木材需要も手伝って、大規模な森林伐採が行なわれていた。[*44] 日本で繁殖する夏鳥（東洋区の渡り鳥）の多くは、この東南アジアで越冬しているのだ。山浦悠一らは、越冬地の熱帯林が失われているので、繁殖地の森林が回復しているにもかかわらず、日本では森林性の渡り鳥は減っているが、冬期も繁殖地に留まる留鳥や、冬期は日本の南部や標高の低い地域へ移動する漂鳥は、四季を通じて利用できる生息環境が改善されているので、増加しているだろうと予測した。[*45] そして、その予測を一九七八年と、一九九七年から二〇〇二年に行なわれた全国鳥類繁殖分布調査のデータを用いて検証した。その結果、留鳥や漂鳥の平均分布域は拡大したが、熱帯のインドマラヤ地方で越冬する渡り鳥の分布域は縮小したことが明らかになった。[*46] 日本で繁殖している鳥類の長期的な個体数変動を分析した他の結果も、熱帯で越冬する渡り鳥はこの数十年の間に減少したことを示している。[*47] こうした分析結果から、インドマラヤ地方の熱帯域で越冬する渡り鳥の減少の主因は、越冬地の環境の悪化や消失であると思われる。減少の原因をさらに詳しく調査するのが、一番有効な保全策を確実に講じるためには必要だと思われる。しかし、これ以上調査を行なわなくても、日本で道路や開発による大森林の分断化を防ぎ、日本で繁殖する渡り鳥の越冬地域に国立公園を設立したり、持続可能な林業を推進したりする手助けをすることは賢明だろう。こうした活動は鳥類の保全だけでなく、環境のためになることが多々あるだろう。

森林の分断化に対する鳥類の一般的な反応パターン

生態学も他の科学分野と同様に、様々な状況に適用できる一般原理を構築するのが目標である。ある地域でみられる個体群に変化をもたらすような生態的要因が他の地域にも当てはまるならば、生態系の理解や管理がはるかに容易になるだろう。例えば、落葉樹林の分断化が米国東部やカナダの森林性鳥類に及ぼす影響の研究結果は、東アジアやヨーロッパの落葉樹林に生息する鳥類に適用できるだろうか？　こうした地域で森林性鳥類を保護するためにも、分断されていない大森林が必要か？　捕食率や托卵率が高いという理由や同種のなわばりの密度が低い場所は敬遠されるというような根本的な理由で、小さな森林はいずれの地域でも森林に特化した種にとって、繁殖地としての価値が低いのだろうか？　こうしたパターンがいずれの地域でも変わらないとすれば、温帯落葉樹林に生息する鳥類の保護のために、どの地域でも利用できる指針を策定することができるだろう。

しかし、生態的パターンはこれほど単純で予測可能なことはめったにないし、生息地の分断化に対する鳥類の反応も地域によって異なる上に、生息環境そのものも著しく異なる。[*48] 森林性鳥類の個体数と種数は、北海道南部とメリーランド州では森林の面積が大きくなるにつれて増えたが、東京やカナダのオンタリオ州南西部ではそうではなかった。北米でも小さな森の繁殖成功率が必ずしも低いわけではない。コネチカット州西部のフタスジアメリカムシクイとオンタリオ州南西部のモリツグミのように、小さな森でも大きな森に劣らない繁殖成績を収めている鳥もいるのだ。[*49] 森林の分断化で鳥類が被る影響を北米東部のいくつもの地域についてフランク・トンプソンらが総説しているが、その主張にあるように、孤立林の特性は、その周囲の景観やさらに大きな規模を擁する種の分布状態によって決まる。[*50] 例えば、コウウチョウが採食する農耕地や牧草地がない環境では、コウウチョウによる托卵は問題とならないだろう。というのは、モリツグミというよく研究されている種についてみると、コウウチョウが托卵する率はその地域の個体数を反映しているからだ。

コウウチョウの托卵率は穀倉地帯の中西部では八〇%に上るが、東海岸の森林地帯では二〇%程度である。[*51] したがって、森林性鳥類に対する托卵の危険性は地域によって大きく異なるのだ。[*52] 森林の被覆率が九〇%を超え、開けた環境がほとんどない地域では、コウウチョウによる托卵率は森林の規模にかかわらず低いと思われる。農耕地の中に小さな樹林が点在するような場所は、森林の分断化が極端に進んでいて、緑被率にすると一五%にも満たない。こうした地域では、たとえ一番大きな森の中心部でもコウウチョウの托卵率は高いだろう。コウウチョウの托卵率と森林の規模の相関関係がはっきりとわかるのは森林の被覆率が五〇%ほどで、コウウチョウの採食地があるような地域だろう。こうした中間的な環境では、コウウチョウが好む採食地に近い林縁に営巣する種は托卵されやすい。一方、大きな森林の奥で営巣する種はコウウチョウに托卵される危険は少ない。こうした環境に生息しているコウウチョウは個体数が比較的少ないので、わざわざ採食地から遠い森の奥まで入らなくても、托卵相手を十分にみつけることができるからだ。

巣の捕食率も環境によって大きく異なるだろう。開けた環境が占める割合が増えて、森林の被覆率が下がるほど、捕食率は高くなると思われるからだ。極端に開けた景観や開発が進んだところでは、捕食者の個体数が多いので、たとえ最も大きな森でも奥まで入り込んでくるために、森の規模によって鳥類の個体数が変わることはない。捕食者の生息密度が低い地域では、小さな孤立林で繁殖する鳥類も捕食の影響をほとんど受けない。米国北東部は一八世紀から一九世紀に農地の開発が進み、比較的小さな孤立林が点在するだけになってしまったが、森林性の鳥類種がこの時期を生き延びることができたのも捕食者の数が少なかったからかもしれない。コウウチョウはまだ大平原から東部に分布を広げていなかったし、アライグマやカラスのような捕食者は、農作物や家畜を守るために農民に駆除されていたので個体数が少なかったのだ。しかし、現在はこの地域にはコウウチョウや中型の捕食者が高密度で生息している。したがって、森林の分断化が森林性鳥類に及ぼす影響は時代や地域にかかわらず同じだろうという見方は、必ずしも正しいとは限らないのだ。森林の分断化が及ぼす影響はアジアやヨーロッパと北米東部とでは、著しく異なっていると予想される。捕食者の個体数や分布はそれを左右する人間の活動に大きく依存していると思われるので、両地域の捕食者の個体数や分布は北米東部と異なっているだろうからだ。

森林の分断化とヨーロッパの森林性鳥類

森林の分断化が鳥類に及ぼす影響に関する西ヨーロッパの重要な研究は、イギリスとオランダの森林の被覆率が二%に満たない地域で行なわれている。*53 北米と日本の事例から、これほど森林の伐採が進んだ景観の中では、小さな森でも大きな森でも鳥類の生息数に大きな違いはないだろうと予測できる。さらに、この二国の調査地のうち最大の森でも、北米や日本の調査地と比べると、規模が小さい。例えば、イギリス南西部の一六〇か所の森で特定の鳥類種の生息数と森林面積の関係が研究されているが、この調査地の最小の森は〇・〇二ヘクタールで、最大でも一〇・三ヘクタールなのだ。[*54] 一方、北米や日本で調査が行なわれた最大の森は数百から数千ヘクタールに及ぶ。[*55] 生息する鳥の分布を決める生態学的過程は、一〇ヘクタール以下の小さな森と、もっと大きな森とでは異なっているのかもしれない。小さな森では狭すぎて繁殖できない鳴禽類もいるかもしれない。また、小さな森は周囲の農地や住宅地の影響が中心部まで及んでしまうかもしれないので、こうした森には林縁種しか生息できないかもしれない。〇・〇二から一〇ヘクタールの森だと、森の奥も林縁も環境に大きな差がないので、北米や日本の研究のような大きな森と小さな森の内部の比較ではなく、実質的には林縁同士の比較になってしまうだろう。したがって、ヨーコッパの研究では、森林の面積と特定の鳥類種の生息数の間に弱い相関関係しか示されていないことが多いのだ。

ヨーロッパにも、数百ヘクタールに及ぶ大きな森と小さな森を比較している研究がないわけではないが、そうした研究でも大きい森と小さい森の鳥類群集に大きな違いが示されていないのだ。したがって、ヨーロッパの鳥類種は、分断されていない広大な森林を必要としていないと思われる。ヒュー・フォードが指摘しているように、イギリスには「大森林の鳥」はいないようだ。[*56] さらに、ヨーロッパの生態学者は普通鳥類を「森林専門種」、あるいは「林内種」に分けるようなことはしないが、こうした名称に該当するような種がほとんどいないからだろう。西ヨーロッパの人里に見られる鳥のほとんどは、北米ならジェネラリスト（一般種）に分類されるだろうから、大きな森林だけに生息する種とみなされていないのは納得できる。こうした鳥は林縁や森の周辺にある人家の庭や生け垣も臨機応変に利用しているのだ。ジェネラリストにとっては、森は農地や市街地などと共に複雑なモザイクを形成する好適な生息環境の一部に過ぎない。こうしたジェネラリストの生息密度は大きな森でも小さな森でも変わらないかもしれないし、小さな森の方がかえって高いかもしれない。しかし、真の森林専門種にとって、森林保護区は生息に適さないだけでなく危険でさえある環境に囲まれたオアシスのようなものなので、森の面積が重要な要因になることがあるのだ。イギリスなどヨーロッパの北西部では、オオタカ、ヨーロッパオオライチョウ、ニシコウライウグイス、マダラヒタキのような森林に特化した専門種は個体数が激減し、分布域も狭まってしまったので、調査時に記録されることがほとんどない。そこで、森林の面積が鳥類に及ぼす影響の分析には含まれていない。[*57] おそらく、森林の分断化に脆弱な森林専門種は西ヨーロッパの広い地域からすでに姿を消してしまっているのだろう。

保全関係者にとって重要な問題は、連続した広大な自然生息環境を一か所保全するのが望ましいのか、それとも、様々な生息環境の小さな地域を組み合わせて保全する方が好ましいのかという点である。イギリスやオランダでは、大きな森林保護区を一か所作るよりも、延べ面積が同じならば、小さな森林保護区を組み合わせて作った方が保全できる鳥類の種数は多くなるかもしれない。[*58] 散在する小さな森を組み合わせた場合の方が単一の大森林よりも環境の多様性が大きくなり、林縁を好むジェネラリストが増える可能性があるからだ。ジェネラリストと森林専門種を含めて、全種を考慮する場合には、このことは北米にも当てはまる。大きな森の中心部に設けた調査区画で記録された鳥類の種数は、小さな森に設けた調査区画の種数を超えることはなかった。[*59]

しかし、このように鳥類種の総数に基づいた大まかな分析では、北米の大きな森と小さな森に見られる鳥類群集のはっきりした違いが覆い隠されてしまう。小さな森は郊外の庭にも普通にみられるジェネラリストが優占し、大きな森にしか生息していない森林専門種がいないからだ。一方、イギリスやオランダでは、森林の規模によって、生息している鳥の種類が変わることがないので、大きな森は生物多様性の維持にさほど重要な役割を果たしてはいない。

しかし、ヨーロッパにも、大きな森の方が小さな森よりも出現頻度が高い鳥類種が少数ながら存在する。例えば、ヒュー・フォードはイギリスのオックスフォード付近の二〇か所の森（〇・一四から一八ヘクタール）で鳥類の調査を行なっているが、アカゲラ、カケス、ヒガラが記録されたのは比較的大きな森だけである。[*60]興味深いことに、この三種はユーラシアから日本にまで分布し、いずれも小さな森よりも大きな森の方が出現頻度が高い。[*61]オランダで行なわれた同様の研究でも、「成熟林」の鳥の種数は小さな森よりも大きな森の方が高いことや、アカゲラ、タンシキバシリ、ゴジュウカラのような特定の種は大きな森の方が小さな森よりも出現頻度が高いことが示されている。[*62]この研究でも、最大の森は（二〇または）三九ヘクタールに過ぎず、決して大きいとはいえない。小さい森では種によっては一つがいでも繁殖するには狭すぎるかもしれない。例えば、アカゲラは一ヘクタール以下の森にはいなかったが、繁殖つがいの行動圏は四から六〇ヘクタールに及ぶので、いなくても少しも不思議ではない。[*63]スウェーデンのストックホルム付近で行なわれた研究では、繁殖なわばりの大きさに基づいて予測された面積よりも広い森でなければ、生息していない種がいるという結果が得られているが、この研究では調査地に二から七〇〇ヘクタールまで大きな幅があるので、この研究結果は信頼性が高い。[*64]コガラ、カンムリガラ、ヒガラは二五ヘクタール以上の針葉樹林だけに、ハシブトガラは一〇ヘクタール以上の落葉樹林だけにみられた。

こうした研究はいずれも森林で記録された特定の鳥類種の出現頻度を分析している。しかし、この研究の問題点は、大きさの異なる森で行なわれたデータの収集方法が標準化されていないことだ。もれなく全部の鳥を記録しようとすると、森が大きくなるほど、調査にかける時間が長くなると共に、調査範囲も広くなる。その結果、森が大きくなるほど、偶然に発見される率も高まる。[*65]例えば、希少な種では、実際には大きな森の方を好んでいるわけではなくても、大きな森でだけ発見されるということが起こるのだ。珍しい鳥に出会う確率はフィールドに出ている時間が長いほど高くなるということは、バードウォッチャーなら、誰でもよく知っている。そのために、こうした研究の結果を解釈するのは難しくなる。北米や日本の研究では、森の面積にかかわらずどの調査地でも同じタイプの調査プロット（区画）を設けて、鳥を記録し、その結果を比較することで、こうした問題を回避している。森全体ではなく、こうした標準化された調査区画で記録された鳥類種の出現率を大きさの異なる森同士で比較しているのである。特定の種の出現率が大きな森の調査地の方が高ければ、その種にとって大きな森が重要であることが裏付けられたことになる。ヨーロッパで行なわれた研究の多くは調査方法が標準化されていないので、ある特定の種が大きな森を必要としているようにみえても、確実とはいえないのだ。その種が大きな森でみつかったのは大きな森の方が調査が入念だったからだという可能性を排除することができないからだ。

大小の森で各鳥類種の生息密度を比較することでも、この問題を回避することができる。各森林に標準区画をいくつか設けて鳥類種を調査してその出現記録に基づき分布を評価するよりも、生息密度に基づく評価の方が精緻で信頼性が高い。エリク・マシセンがオランダでこの方法を用いて、ゴジュウカラの平均生息密度を算出した結果では、一〇〇ヘクタール以上の森は一ヘクタール当たり〇・三四羽だったが、一から三〇ヘクタールの分断化された森は（森の種類によって）一ヘクタール当たり〇・一三羽から〇・二七羽まで幅があった[*66]。しかし、分断林で生息密度が低いのは、生存率や繁殖率が低いせいではない。ゴジュウカラは樹洞で営巣するので、覆いのない開放性の巣を作る多くの森林性鳥類よりはるかに捕食されにくいからだ[*67]。分断林の生息密度が低いのは、分断林には若鳥がなわばりを構えないからである。小さな分断林に入ってくる若鳥が少ないのは、巣立った森から分散した後の若鳥の死亡率が高いからかもしれない。若鳥が分断林で自分のなわばりを構えられそうな場所を探すためには、周囲に広がる開けた農地や住宅地を通り抜けてこなければならない。その結果、経験の浅い若鳥の死亡率が高まるのかもしれない。色足環を用いた標識調査で、この仮説を裏付ける結果が得られている。数か所の小さな森で育てられたゴジュウカラのヒナに色の組み合わせで個体の識別ができるように、色足環を付けた。足環を付けた幼鳥は晩夏に親のなわばりから分散したが、成鳥の年間死亡率を補って、個体群を維持できるような新しい一員になった個体はその中の一部に過ぎなかった。新しく個体群の成員になった若鳥は色足環を付けていないものが多かったので、秋や冬に北部の大きな森林から分散してきた個体かもしれない。

このゴジュウカラの研究をみれば、ヨーロッパで森林性鳥類の個体群の保護に携わる人たちが、森林面積を重要な要因として念頭に置くべきだということを示しているが、森林面積の影響は北米や日本の場合ほどはっきり現れていない。特に、北米では、保全関係者や土地の管理者は、分断化されていない数百から数千ヘクタールに及ぶ広大な森林を維持することがすべての森林専門種にとって重要だという認識に基づいて活動している。しかし、西ヨーロッパの落葉樹林では事情が異なっている。なぜヨーロッパの鳥はこの点が違うのだろうか?

ヨーロッパの鳥が森林の分断化に強い理由

名残のような極めて小さい落葉樹林しかない地域でも、森林の鳥が生きていくことができるのにはいくつか理由があるが、ヨーロッパの森林の歴史をひも解くと、誰もが納得する理由がみつかる。*68 これまでみてきたように、ヨーロッパの森林は地質年代に長い間、さらに、人類が登場してからも、ずっと短い間だが、激しい破壊に晒されてきた。大陸氷河がヨーロッパの北部に南下をくり返していた時期には、落葉樹林はヨーロッパ大陸の南縁に小さな孤立林がわずかに残っていたに過ぎなかった。切れ目なく続く広大な森林に特化していた鳥類種はこの時期に絶滅の道を辿ったものがいた一方で、生息環境を一般化させる行動を進化させたものもいたのではないか。[*69] 集約農業がヨーロッパに広まるようになったここ数千年間にも、森林は再び完膚無きまでに破壊されたので、分断化を免れた大きな森はほとんど残っていない。農業の発達によって絶滅した森林の専門種がいたかどうかは定かではないが、オオアカゲラやクマゲラのような分断分布をしている種がいることは少なくとも地域絶滅が起きたことを示唆している。[*70]

イギリスの中石器時代（最終氷期が終わってから農業が始まるまでの時代）の考古学や古生物学の発掘現場で記録された鳥類は、ほとんどが今日でもイギリスの田舎で普通にみられる種である。[*71] オオアカゲラやクマゲラのような森林専門種は、森林が伐採されてしまったイギリスでは絶滅したと考えられているが、こうした種が元々イギリスに生息していたことを示す直接証拠はない。しかし、キツツキは発掘現場で頻繁にみつかる鳥というわけではないので、証拠がないからといって、生息していなかったと断定はできない。中石器時代のイギリスの森林性鳥類で、イギリスから姿を消してしまったことが知られている種はワシミミズクとヨーロッパオオライチョウだけである。ちなみに、後者は後に再移入された。

西ヨーロッパと異なり、北米と日本では大陸氷河が最大の規模に達した時期も、農地の開発で大規模な森林伐採が行なわれた以後も、比較的大きな落葉樹林が生き残った。この両地域には、森林専門種の避難所が最近まで残っていたが、舗装道路網が発達して、残っていた森林の奥深くまで容赦なく開発の手が伸びるようになると、脅威に晒されるようになった。

ヨーロッパでは森林破壊が頻繁にくり返されてきたので、森林に生息する鳥はほとんどが様々な環境を利用する、分布域の広いジェネラリストである。[*72] 一方、北米や日本には森林専門種がもっと多くみられるが、こうした森林種の多くは南方の熱帯林に生息する種に近縁であり、熱帯の種も特定の生息環境に高度に特化していることが多い。[*73]また、ヨーロッパで生き延びた種は、広大な開けた地域に孤立林が散在する環境に徐々に適応していったのかもしれない。[*74]日本では大きな森を必要とする種でも、ヨーロッパでは驚くほど小さな森にみられる。例えば、日本ではクマゲラがみられた森林の最小面積は五七九ヘクタールだったが、ポーランドではわずか一一ヘクタールに過ぎないのだ。[*75]

鳥類種の適応だけでなく、森林周辺の環境も大規模な森林を必要とするかどうかを決める要因になる。米国中西部の穀倉地帯や日本の首都圏は繁殖している鳥類にとって「好ましくない環境」といえるかもしれない。巣の捕食者が多いのに加えて、米国では托卵性のコウウチョウの生息密度も高いからだ。小さな森の繁殖成功率は極めて低いかもしれない。しかし、捕食者や托卵鳥が少ない地域ならば、小さな森でも繁殖成功率は下がらないかもしれない。ヨーロッパでは巣の捕食率は一般的に人里よりも森林の方で高いので、農村や住宅地は捕食者の供給源になっているわけではない。[*76]集約的な土地利用が長い間にわたり行なわれてきたために、捕食者の生息密度が低く抑えられていたようだ。こうした背景があって、森林性鳥類が隣接する農地や集落に適応するようになり、さらに森を出てこうした人工的な環境に入ってくる道も開いたのかもしれない。

世界のミソサザイ

京都の北にある貴船町の澄んだ沢には橋がかかり、尾根沿いに点在する神社仏閣へ至る小道が高木が茂る森の中へと続いている。ある晴れた春の朝、この橋を渡っているときに、沢の脇に生い茂る藪の中から聞き慣れたミソサザイのさえずる声が聞こえてきた。カリフォルニアの樹齢二〇〇〇年のセコイア林を流れる沢やポーランドの落葉樹の原生林、コネチカットのカナダツガが生い茂る渓谷、まったく環境の異なる英国式庭園でも、ミソサザイのさえずる声を聞いたことがある。ミソサザイは最も分布域が広い北半球の鳴禽類である。新大陸ではカナダのニューファンドランド島やアラスカ州からジョージア州まで、旧大陸ではカムチャツカやアイスランドから北アフリカまで分布している。[*77] 北米ではミソサザイを「ウィンターレン（冬のミソサザイ）」と呼ぶが、カナダの北方林から越冬のために渡ってくるニューイングランド南部からメキシコ湾岸までの地域にはこの名称はふさわしいとしても、ミソサザイが夏鳥や留鳥である地域には不適切な呼び方である。

私が本章を執筆していたときは、ミソサザイは島嶼も含め、北米やヨーロッパに亜種が認められていたが、単一の種と考えられていた。[*78] いずれの個体群も外見だけでなく、さえずり方もよく似ている。しかし、アメリカ鳥学会は二〇一〇年に、こうした個体群を北米東部のウィンターレン、北米西部（大平原以西）のパシフィックレン、およびユーラシアのユーラシアンレンの三種に分けることにしたのだ。[*79] このように分類の仕直しがなされたが、この三つの個体群は共通の祖先から別れて日の浅い近縁種であることは明らかなので、混乱を避けるために、ここではこの三種を合わせて「ミソサザイ（ウィンターレン）」と呼ぶことにする。

現在の分布から判断すると、ミソサザイはアメリカ大陸で進化したと考えられる。ミソサザイの仲間には北米の東部と西部の二種に加え、数多くの種がみられるからだ。ミソサザイは中南米の山地で多様化の頂点に達したようで、二〇種を超えるミソサザイ類がみられる地域もある。[*80] 一方、ヨーロッパとアジアには、イギリスの鳥類図鑑にただ「レン」と記されているミソサザイがただ一種生息しているだけだ。ユーラシアのミソサザイの祖先は北米、おそらくアラスカからベーリング海峡を渡ってユーラシアに入ったようだ。[*81]

現在では、ミソサザイの仲間は、一度も伐採されたことのない原生林から孤立林がわずかに残っている農耕地まで多種多様な環境に生息している。しかし、森林の分断化に対する反応が地域によって著しく異なっているので、数千年にわたり森林伐採が行なわれてきた地域では、人間の活動に適応してきたと思われる。イギリスでは、森や人里離れた海岸の崖地だけでなく、人家の庭先、特に藪の生い茂った田舎の大きな庭にもよくみられるが[*82]、沢沿いの植生が密生している湿った森が特に好まれている。しかし、ミソサザイは森林専門の鳥ではないので、イギリスの大きな森にも小さな森にも生息しているのは驚くにはあたらない[*83]。実際、イギリス南東部の数多くの森で行なわれた研究では、ミソサザイの生息密度は小さな森の方が大きな森よりも高いという結果が得られている[*84]。

ヨーロッパ大陸とイギリスに生息しているミソサザイは同一種だが、森林の規模に対して著しく異なる反応を示している。例えば、スウェーデンとイタリアでは、ミソサザイの生息密度は大きな森の方が高いのだ[*85]。スウェーデンのハコヤナギ―カバノキの混交林地域では、農地に囲まれた小さな孤立林にはまったくみられないが、分断化されていない一〇〇〇ヘクタールを超える大きな森林には生息している。イタリアのナラの木が優占する落葉樹林でも、ミソサザイの生息密度は大きな森の方が小さな森よりも有意に高い。スウェーデンと同様に、イタリアの調査地にはイギリスの調査地（〇・〇二から一〇ヘクタールの森）よりもはるかに大きい森（〇・一二から五三六ヘクタール）が含まれている。しかし、ヒュー・フォードはイギリス南部のワイタムの森（四一五ヘクタール）のような大きな森を対照区として、小さな森とミソサザイの生息密度を比較したが、違いは見出されなかった。したがって、森林の規模に対するミソサザイの反応はイギリスとヨーロッパ大陸で真に異なるようである[*86]。

ポーランドのビャウォヴィエジャの森で行なったミソサザイの研究に基づいて、トマス・ベゾロフスキは、イギリスのミソサザイは小さな孤立林しか残っていない農耕地の環境に適応したのだという仮説を提唱している[*87]。ベゾロフスキは、イギリスの庭園や森よりも本来の生息環境に近いと思われる森で、ミソサザイの研究を行なうことができた。その結果、ビャウォヴィエジャの森に生息するミソサザイは特定の成熟林、特に根上がりした倒木がたくさんあるトネリコ－ハンノキの混交林やナラ－シデの混交林を好む環境専門種であることがわかった。ビャウォヴィエジャの森では、ミソサザイの巣はたいてい根上がりした倒木の絡み合った根の中に作られていた。イギリスのミソサザイよりもなわばりがはるかに大きく、巣立たせた平均ヒナ数は少なかった。繁殖成功率が低いのは巣内ビナの捕食率が高いためである。イギリスの田舎よりも捕食者の生息密度がずっと高いのだ。ベゾロフスキは、イギリスの農村では捕食者が根絶されてしまったために、ミソサザイの営巣地の選択幅が広がり、繁殖の成功率も高まったのだという仮説を提唱している。特に古い根上がり木がたくさんある成熟林が姿を消してしまった後では、営巣地の選択に柔軟な個体ほど繁殖に成功するだろう。また、その結果、営巣地の選択に対する柔軟性が進化するだろう。おそらく、この進化は数千年前に始まり、原生林の奥の鳥を手入れの行き届いた庭園や小さな森の鳥へ徐々に変えていったのだろう。

北米のミソサザイ類は二種とも倒木がたくさんある成熟林や原生林で生息数が一番多い。したがって、北米のミソサザイ類は、イギリスのミソサザイよりもビャウォヴィエジャの森のミソサザイに似ている。[*88] 文献に載っている北米のミソサザイ類の繁殖地に関する記述は、ビャウォヴィエジャの森の繁殖環境に極めてよく一致するので、「自分の論文にそのまま使えそうだ」とベゾロフスキは述べている。[*89] したがって、北米西部のパシフィックレンは小さな森よりも大きな森を好む成熟林の専門種であると、指摘している研究が多いのもうなずける。[*90] 北米東部には、規模の異なる森林でミソサザイの分布を研究した例は数えるほどしかない。森林の分断化に関する研究のほとんどが、ミソサザイの繁殖域よりも南で行なわれているからだ。しかし、意外なことに、カナダのオンタリオ州の森林被覆率が一一から三八％に過ぎない農業地帯の落葉樹林で行なわれた大規模な研究では、森林の面積とミソサザイの生息密度の間に相関関係が認められなかった。

日本ではミソサザイは湿潤な落葉樹林にも針葉樹林にもみられる。[*91] 北海道では大きな森に限られていたが、調査が行なわれた五三か所の森で生息の確認ができたのはわずか三か所に過ぎなかったので、統計的に有意な面積との関係性はなかった。[*92] したがって、日本の北部と北米、およびポーランドのミソサザイは、イギリスのどこにでもいるミソサザイよりもずっと生息環境の専門化が進んでいる。イギリスと異なり、北米ではおおむね、大きな森の奥よりも森林の分断化が進んだ地域の方が、巣の捕食者の生息密度が高い。捕食者の密度が下がらない限り、北米のミソサザイが開けた環境に適応することは決してないだろう。その反対に、イギリスの森や狩猟動物の管理が変わって、捕食者が大幅に増えることになったら、イギリスのミソサザイは減少するかもしれない。[*93]

ヨーロッパの森林性鳥類の減少

北米の森林性鳥類と比べると、ヨーロッパの森林の鳥は生息環境の破壊や分断化に対して強いかもしれないが、この数十年の間に個体数が減少した種が多い。ヨーロッパ諸国で行なわれた大規模な鳥類調査の分析によると、一九八〇年から二〇〇三年の間に広い地域で森林種が減少したようだ。[*94] イギリスでは一九四七年以来、成熟した広葉樹林は増えているにもかかわらず、森林性鳥類の減少が特に著しいようである。[*95] いくつかの長期にわたるモニタリング（個体数調査）の結果から、イギリスでは森林で繁殖する一九種のうち一〇種が減少したことが明らかになった。[*96]

ヨーロッパの鳥類を渡りの戦略に基づいて分類し、個体数の動向を分析したところ、サハラ砂漠以南のアフリカで越冬する渡り鳥の方が、留鳥やヨーロッパ内で越冬する渡り鳥よりも減少している種の割合が高いことがわかった。[*97] 減少している渡り鳥はほとんどが森林種ではなく、開けた環境の種だったが、イギリスでは森林性の渡り鳥も激減していることを裏づける確かな証拠がある。一九六七年から一九九九年の間に、サハラ砂漠以南で越冬する一二種の森林の鳥がすべて減少し、その大半は減少が五〇％を超え、個体数が半分以下に減ってしまったのだ。[*98] この中にはサハラ砂漠の南側にあるサヘルと呼ばれる乾燥地帯で越冬する種が三種いる。この三種はサヘルで大干ばつがあった一九六七年から一九七八年の間に減少したが、そのうち二種はその後に個体数が回復した。サハラ砂漠よりもずっと南の湿潤な熱帯林や西アフリカのサバンナ地域で越冬する種の減少の仕方は、特に憂慮に堪えない。この地域で越冬する種は七種いるが、そのうち六種が長期にわたり著しい減少を示していたのだ。この七種の越冬中の環境利用に関する詳細な研究はなされていないが、休耕地や新しい伐採地、わずかに木立が残っている農地を利用している種が多いと思われる。したがって、減少の理由が雨林の伐採とは考えにくい。越冬地で農業の集約化が進み、林縁や散在する樹木、休耕地が減ったことが原因なのではないか。[*99] サハラ砂漠以南で越冬する渡り鳥の減少がアフリカの熱帯地方で起きている土地利用の変化に起因しているのかどうかを特定するために、越冬期の生態を徹底的に研究する必要があるのは明らかだ。

しかし、ヨーロッパ最大の原生林が残っているポーランドのビャウォヴィエジャ森林保護区の調査では、サハラ砂漠以南で越冬する渡り鳥も含めて、一九七五年から一九九四年の間に減少した森林性鳥類はいなかった。[*100] 最初の一〇年間はほとんどの種で個体数の変化はみられず、その後の一〇年はこれといった理由もないのに、個体数が増加した。ポーランドの調査結果をみると、森林性の渡り鳥が西ヨーロッパの攪乱の著しい森で減少した理由が、アフリカの越冬地で環境が変化したためだけではない可能性を示唆している。減少の原因が越冬地にあるのならば、ビャウォヴィエジャの森でも、同じような減少が起きているはずだからだ。

保全上の意義

森林の分断化が鳥類に及ぼす影響については、北米東部で研究が行なわれ、その結果、生物多様性を維持するためには、連続した大きな森林を保全することが重要だという知見が得られた。北米東部や日本、さらに、こうした影響の詳細な研究がなされていないと思われるその他の東アジアの国々でも落葉樹林の保全計画を策定する際には、この知見を生かすことが望ましい。ヨーロッパの森林地帯、特に東ヨーロッパでも、この知見を生かすことが重要である。大きな森林を必要とする鳥類が少なくとも数種はいると思われるからだ。一方、イギリスやオランダのように森林が伐採されて久しいヨーロッパの地域では、この知見はさほど重要ではない。そうした地域では、小さな孤立林でも我慢する種やむしろ好んでさえいる種がほとんどだからだ。

したがって、大規模な伐採の後に残った小さな落葉樹林では、森林専門種が姿を消していく傾向はあるが、どこでもそうだというわけでもない。繁殖なわばりを確保できる大きさがあれば、必ずしも小さい森が本質的に森林専門種の生息に適していないわけではない。鳥にとって孤立林の生息地としての適性は周囲の環境、とりわけ、人間による土地の利用状況とそれが巣の捕食者に及ぼす影響に左右される。人間の活動で中型の捕食者の生息数が増加しているような地域では、小さな森で繁殖すると、卵やヒナが捕食されやすいので、森林専門種の減少や消失をもたらす可能性がある。北米東部では、農村と住宅地のいずれにも捕食者や托卵性のコウウチョウの生息密度が高いので、小さな森には森林専門種はまったくか、ほとんど生息していない。一方、イギリスの地方では哺乳類の個体数管理（駆除）が行き届いているので、捕食者の生息密度は大きな森林の内部よりもおおむね低い。その結果、小さな森も森林の鳥に好まれ、大きな森よりも生息密度が高いところもある。

森林伐採の歴史も重要な要因だ。ヨーロッパには、森林がほとんど皆伐されてから数千年も経っている地域があるが、そうした地域では絶滅してしまった森林専門種もいるかもしれない。一方、ミソサザイのように、小さな孤立林が散在する開けた環境に適応した種もいるだろう。北米や東アジアの大きな森林を将来にわたり十分に長い間保全してやれば、ミソサザイのような適応を進化させる「大森林の鳥類種」も出てくるのではないか。しかし、当面はこうした森林の鳥類種が生きていくために、連続した広大な森林が不可欠である。いずれの地域でも、捕食者が森林性鳥類の繁殖成績に及ぼす影響をモニタリングして、繁殖成功率の高い生息地を保全することが重要である。また、森林性の渡り鳥の越冬地や中継地を保護することも、繁殖地の保護に劣らず重要である。森林専門種は樹木に穴を開けるキクイムシや、葉を食い荒らす葉食性昆虫のとりわけ重要な捕食者なので、こうした鳥類種の個体数や多様性が減少すると、森林生態系に大きな影響が出る可能性があるからだ。

第7章　オオカミが消えた森の衰退

宮城県沖の金華山という小島にはブナの原生林があるが、現在、林内の空き地が広がり、互いにつながりつつあるので、このまま行くとやがては消滅してしまうだろう。この原生林を窮地に陥れているのは日本のブナ林を衰退させている外来の菌類や葉食昆虫ではない。人間が気づかないほどゆっくりと進行している現象なのだ。樹冠に届くまで成長できるブナの若木がほとんどないので、古木が枯れたとき、その後を引き継ぐ次世代がいない。[*1]若木のほとんどはニホンジカに食べられてしまうのである。この島は八世紀に建立された神社の聖地なので、伝統的に動植物が保護されてきたのだが、皮肉なことに、この伝統が原生林の首を真綿で絞める結果になったのだ。島にはシカの天敵がいない上に、狩猟は禁じられているので、シカの生息密度は一平方キロメートル当たり五〇頭と異常なまでに高くなった。一九八四年の冬に豪雪に見舞われ、およそ六〇〇頭と推定されていたシカの半数が餓死したが、その後は個体数は回復している。シカは食性の幅が極めて広く、広葉樹や針葉樹の葉だけでなく、草本やササ、冬期には樹皮まで食べる。日本では、落葉樹の落ち葉が年間の食べ物の大部分を占めている地域もある。そのため、下層の食べられる植物をほとんど食い尽くした後でも、個体数が減らないのだ。[*2]また、林内に空き地ができて、草本が入り込んでくると、栄養に富んだ食物が新たに手に入るようになるので、シカの個体数を維持するのに一役買うことになる。したがって、若木や低木、草本が森林の下層から剝ぎ取られてしまった後も、シカの個体数が減るとは限らないのである。

ニホンジカの個体数が増加の一途を辿っていることで、森林生態系に確実に変化が起きている。森林の下層はハナヒリノキ〔訳注：ツツジ科の有毒低木〕などのシカが食べない植物に占められてしまったが、[*3]その結果、興味深い現象も起きている。日本の固有種のニホンザルが、メギの葉やサンショウの皮のようなシカが食べられない植物の摂取量を増やさざるを得なくなったのだ。[*4]しかし、今後懸念される深刻な事態は、林冠ギャップにキイチゴやタラノキ、ススキが入り込んでくることだ。[*5]若木の生存率が低いので、こうした林内の空き地では遷移が進まず、低木や草本が生い茂ったままになる。金華山の原生林は徐々に開けた草地になりつつあるのだ。

ニホンジカによる喫食が特に激しいと、やがてはシバ草原になってしまうかもしれない。[*6]ちなみに、シバは中程度の喫食の下で繁茂する丈の低いイネ科の草本である。シバは喫食されると、新しい葉や茎、根茎を盛んに伸ばすので、シカにとっては柔らかくて栄養価の高い若芽の発育が促されるのだ。その結果、北米のプレーリー（短茎の大草原）や東アフリカのセレンゲティ平原にみられるような「喫食による短茎草原」ができあがる。[*7]このような草原生態系では、頻繁に喫食されると、葉の部分に栄養を豊富に蓄えた丈の低い草本種が繁茂し、草食動物の採食効率が良くなる。こうした状況はプレーリードッグやバイソンの生息する北米や、ヌーなどのレイヨウ類が生息する東アフリカの大草原のような生態系では予測されるが、日本の落葉樹林では思いがけないことだ。しかし、ニホンジカとシバは相利共生の関係にある。シバはシカに食物を提供し、シカはシバにとって不都合な競争相手を喫食によって取り除くと共に、糞を通して種子の散布をしているからだ。[*8] シバの種子はシカの消化器官で消化されないだけでなく、シカの体内を通った種子の方が発芽率も高いのだ。金華山にはすでに一七ヘクタールのシバ草原が出現し、シカは一平方キロメートルあたり八一四頭という驚異的な生息密度に達している。[*9]

シバ草原をもたらしたニホンジカの役割は、シカ除けの柵（防鹿柵）を設けてシカを締め出した実験で明らかにされている。[*10] 金華山で、柵を設けてシバ草原の一部をシカの食害から「守ってやる」と、シバは数年でススキにとって代わられ、そのススキもやがては低木や若木にとって代わられたのである。一方、柵の外の対照区は丈の短いシバに覆われたままだった。

金華山は東北地方の太平洋に面した牡鹿半島汻に位置しており、その気候は冷涼湿潤なので樹冠の閉じた森林が生育するのに適しているが、この島にはニホンジカの捕食者が生息していない。捕食者がいれば、シカの個体数が増え続けることはないだろうし、捕食者にみつかりやすい生産性の高い草原で採食するよりも、森の中に隠れて過ごす時間の方が長くなるだろう。[*11] かつての日本にはオオカミが普通に生息していたが、金華山は本土から六〇〇メートル離れているので、この島には渡らなかったのかもしれない。この島で狩猟が禁止されてからは、シカの個体数は捕食者ではなく、食物量によって抑制されていた。しかし、シカは食性の幅が極めて広いので、様々な植物を食べ尽くすまでは、深刻な食物不足に陥ることがない。その結果、植生が大きく変わってしまうのである。

金華山は極端な事例かもしれない。九六〇ヘクタールという小さな島に閉じ込められているので、もっとよい採食場に移動することができないからだ。しかし、日本の他の地域の落葉樹林でもニホンジカによる似たような喫食の影響が出ているのだ。[*12] 実際、ヨーロッパや北米でも、シカ類の個体数が増加して、落葉樹林生態系

図 18　東北地方の金華山島においてシバ草原で採食するシカ。（写真：高槻成紀）

の構造や機能に影響が出ている地域がたくさんある。その結果、生物の多様性が減少してしまうだけでなく、時には、若木の枯死を招き、森林の再生が進まない恐れも出てきている。シカなどの有蹄類の喫食により、落葉樹林の多様性と再生が脅かされている地域が世界中で増えている。喫食の影響は現れるまでに時間はかかるが、憂慮すべき問題なのだ。

失われたオオカミ

シカの個体数が増加して問題になる原因は、捕食圧が低いことだ。最終氷河期の末期に大型哺乳類の多くが絶滅して以来、北半球の温帯域では、シカの主な捕食者は人類、オオカミ、ネコ科の大型肉食獣だけである。北米東部ではシカの主要な捕食者はピューマであり、ヨーロッパではヨーロッパオオヤマネコが同じ役割を果たしていた。中国では、トラは現在は南部や北部の国境地帯の森林に分布が限られているが、歴史時代には中部の落葉樹林にも生息していた。[*13] また、更新世後期までは日本にも生息していた。クマの仲間も各地の落葉樹林でシカの個体数の増加を抑えるのに一役買っていたが、シカの成獣にとってはさほど恐ろしい捕食者とはいえないだろう。オオカミは機敏な上に、連携の取れた群れで狩りをするので、シカの極めて有能な捕食者だ。しかし、ヨーロッパや中国の一部の孤立した地域、米国の五大湖地方やカナダ南東部のモミ－トウヒの混交林の周辺を除いて、オオカミは温帯の落葉樹林では根絶されてしまったので、シカを捕食する大型の肉食獣はおおむね落葉樹林から姿を消してしまった。北米東部では、オオカミもピューマも一九世紀までにほぼ根絶されたので、広く分布している大型の捕食者はアメリカクロクマだけである。

かつては、春に一斉に咲き出す森の野草や夏にさえずるツグミ類の声と並んで、夜のしじまに響きわたるオ

図19　東北地方の金華山島においてシカ柵設置後、14年経過後の景観。柵の向こう側と手前側の植生が対照的なのがわかる。（写真：高槻成紀）

オカミの遠吠えが落葉樹林の特徴だった。繁殖つがいと成長したその子供たちからなるオオカミの群れは、自分たちの広大ななわばりの境界を尿でマーキングをして防衛する。[*14]遠吠えもなわばりが占有されていることを遠くまで示す手段なのだ。群れが遠吠えを始めると、子供も一緒になって甲高い声で吼える。遠吠えが聞こえる範囲は一一キロメートルに及ぶ。遠吠えは群れの大きさや強さ、団結力を示しているのだ。なわばり制は、それぞれの群れが必要とする獲物の量を確保する一方で、捕りすぎで獲物が絶滅するのを防ぐ役割も果たしている。オオカミは常にシカの間引きを行なっていたので、おそらく、シカは現在の落葉樹林で見られるほど高い生息密度に達したことはなかっただろう。その結果、若木は喫食を免れて、樹冠のギャップを埋めるまでに成長することができ、森は再生していた。オオカミは人間やネコ科の大型肉食獣と並んで、有蹄類の個体数の増加を抑えていたので、落葉樹林生態系の極めて重要な一員だったことが一層、明らかになった。

日本のオオカミ

西暦七九四年に桓武天皇は長岡京から京都へ遷都し、京都はその後、何百年にもわたり都になった。新都は当時の中国の都市に倣って、街路が碁盤の目のように東西南北に整然と走り、周囲の険しい山地は深い森に覆われていた。京の都は洗練された文化の中心地となったが、周囲の景観は驚くほど野性味に溢れていた。ブレット・ウォーカーは日本のオオカミの歴史を記した魅力的な著書で、都に通じる道や時には都の中でもオオカミに出会ったという話を数多く紹介している。[*15]オオカミが都に入り込んだ場合は、殺されたこともあるが、めでたい兆しとして喜ばれたこともあったそうだ。また、人が襲われたという報告もある。一〇三四年にも、京都の主要な神社である上賀茂神社の境内で、オオカミがシカを襲って殺したという記録がある。この頃には、日本ではオオカミが普通にみられたようで、都のはずれにある森にも生息していたのだ。

ヨーロッパの伝統文化ではオオカミは否定的に捉えられているが、日本の伝統的な見方や描写は曖昧で複雑である。この違いはおそらく、ヨーロッパと東アジアの農民の間で家畜の重要性が異なっていたことが表れているのだろう。ヨーロッパでは家畜に強く依存する畜産と作物の混合農業が主要だった。肉や乳製品、耕作や交通の手段としてウシ、ウマ、ヒツジ、ブタ、ヤギを重要視していたのである。草地に放牧されていたウシやヒツジの大きな群れはオオカミのような大型の捕食者に襲われやすかった。日本でもウマやウシ、スイギュウは重要な家畜だったが、主に交通や耕作の手段として利用されていたので、大きな群れで飼うことはあまりなく、オオカミから守るのも楽だった。オオカミは、時にはウマやイヌを襲ったり、人に危険を感じさせたりすることもあったが、シカやイノシシ、サルから作物を守ってくれる味方とも思われていた。オオカミは、森で道に迷ったときには、森の外まで道案内してくれる（気まぐれではあったが）神として描かれていることも多かった。オオカミの「カミ」は森や川の神を指し、「オ」は尊敬の意を表す。[*16] オオカミという名前はオオカミが極めて強い神だったことを示している。さらに、狼という漢字は「良い獣」を意味する。ヨーロッパの人には、とんでもない名前を付けたと思えるかもしれないが、この命名は古代の農民がオオカミは田畑を害獣から守ってくれる味方だと考えていたことを示しているのかもしれない。また、オオカミは「オオイヌ（御犬）」や「大口の真神」とも呼ばれていた。[*17] 伝統的なオオカミの名称や、オオカミに関する民間伝承、オオカミを神の使いとして祀っている神社があることなどを考えると、日本ではオオカミは力強くて情け深い神とみられていたようだ。[*18]

一九〇五年に紀伊半島の山中にある奈良県東吉野村で筏師《いかだし》に捕られたニホンオオカミが記録に残る最後の個体である。[*19] その死体はアメリカ人の動物学者が買い取り、ロンドンの自然史博物館に所蔵されることになった。

最後のオオカミを仕留めた人物は地元の僧侶に頼んで、オオカミの供養をしてもらったが、その後、毎年この儀式を行なうことが地元の伝統となったという興味深い話がある。日本でオオカミに「良獣」や「偉大な神」という特別な地位が与えられていたことを考えると、日本全国、人里離れた山奥でも、オオカミ狩りが行なわれて、絶滅に追い込まれたことが不思議に思える。

一九世紀末から二〇世紀の初めまで日本人の入植が一部に限られていた北海道のことを考えてみるのが一番わかりやすいかもしれない。和人が入植したとき、北海道のほとんどの地域には、狩猟や漁労、粗放農業を営んでいたアイヌと呼ばれる先住民族が住んでいた。明治維新以後、明治政府は国を挙げて西洋化に取り組み、その一環として、北海道では天然資源の大規模開発や米国西部の牧場をモデルにした牧場の設立が進められた。[20]一方、野生のエゾシカも商業目的で大規模に狩猟され、缶詰施設でシカ肉、硝酸ナトリウム、皮や角の加工が行なわれたので、[21]牧場開発が進められていたのと同じ頃に、オオカミの主要な獲物であるシカが狩り尽くされてしまった。獲物を失ったオオカミが家畜を狙って牧場に惹きつけられたのは驚くに当たらない。家畜産業を育成するために、政府はエドウィン・ダンという経験豊富なアメリカ人の牧場経営者を顧問として雇っていたが、ダンは米国西部で家畜を守るために考案されたオオカミ駆除法を導入したのだ。オオカミはストリキニーネを混ぜた餌で毒殺されただけでなく、撃ち取った者や罠で捕獲した者には賞金が与えられた。[22]こうしてオオカミは二〇世紀の初頭までには、北海道から姿を消してしまったのである。

これだけの話なら、日本のオオカミの絶滅は近代化を急ぐあまり、西洋の（オオカミに対する敵意・憎悪も含めた）考え方や駆除方法を無批判に受け入れたことに責任を負わせることもできるだろう。しかし、明治維新や西洋化の波が押し寄せるずっと前から、本州や九州などでオオカミの駆除は始まっていた。一七三〇年に日本に狂犬病が持ち込まれた後、日本人のオオカミに対する態度が一変した。[23]日本の各地で、狂犬病に罹ったオオカミが森から出てきて、村人を襲うようになり、嚙み殺される者や狂犬病に感染してやがては命を落とす者が出たので、オオカミは駆除すべき危険な殺し屋とみなされるようになってしまったのである。村人は大規模なオオカミ狩りを組織し、太鼓や花火を用いてオオカミを森から追い出して殺した。[*24] 地方の藩もオオカミに賞金をかけ、猟師に罠でオオカミ猟を行なわせた。北海道で行なわれたほど組織的ではなかったが、その結果は同じだった。二〇世紀の初頭までには、本州以南に分布していた小型のニホンオオカミと北海道に生息していた大型のエゾオオカミの二亜種はいずれも絶滅させられたのだ。

北米やヨーロッパと同様に、森林生態系からオオカミを取り除いてしまった影響は、農民が精力的にシカ狩りを行なっていた間は表面化しなかった。しかし、一九五〇年代以後、日本の地方は過疎化が進むと共に、狩猟の人気も衰えた。[*25] 捕食者のオオカミが絶滅し、人間の狩猟も減ったので、ニホンジカ、ニホンカモシカ（ヤギに似た野生の有蹄類）、イノシシ、ニホンザルの個体数が増加した。また、こうした動物たちが捕食者を警戒する必要がなくなったために、森の奥から出てくるのをいとわなくなったことも重要なことだ。その結果、山間地の畑はこうした大型の哺乳類に荒らされ、作物に深刻な被害がもたらされるようになってしまったのだ。[*26] 植林地もシカやカモシカに実生を食われたり、樹皮をかじられたりして、大きな被害を被るようになった。

日本の森林生態系を再生するためにも、農作物をシカやイノシシ、サルなどから守るためにも、一般社団法人日本オオカミ協会という団体が日本にオオカミを再導入するべきだと主張している。[*27] 中国の内モンゴルに小型のハイイロオオカミが分布しているが、本州以南に生息していた在来種のニホンオオカミに一番系統が近いので、それを移入すればよいと主張しているのだ。この主張は物議を醸すものだが、支持を得ているように思われる。二〇一一年には大分県豊後大野市の市長がシカの個体数を抑制するために、市の周辺の山地にオオカミを移入する計画を承認した。[*28] 日本のような人口密度が高い先進工業国でハイイロオオカミが繁栄できるとは思えないが、日本の奥地は過疎化が進んでいるので、食物が十分にあるのは確かなようなので、オオカミが生息できる場所があるかもしれない。

大型の捕食者がいなくなったために、日本の森林で生物の多様性が失われ、植生が変化しているのは、「生態系の崩壊（メルトダウン）」と呼ばれる現象の好例だ。[*29] 例えば、ベネズエラの大きな貯水湖の中の小島は大型の捕食者が生きていくには小さすぎたので、ホエザルからハキリアリまで、多種多様な草食性の種の個体数が爆発的に増え、実生や若木の生存率が低下してしまった。こうした孤立した多様性豊かな熱帯林は大型の捕食者がいないために、「植食者に強い棘や蔓植物の集団」と化してしまうだろう。[*30]

オジロジカが変える北米の森

ウォルター・C・タッカー保護区はオハイオ州中部の都市公園の中にある自然地区である。保護区の丘の上はサトウカエデやアメリカカブナが、湿潤な低地はアメリカサイカチやアメリカニレ、数種のトネリコ類が優占する落葉樹の二次林に覆われている。樹木の実生には運命がわかるように個別に標識タグが付けてある。[*31] 樹種によっては実生まで育つ種子の数が年によって大きく異なる。大量の種子を付けた年の後にほとんど種子を付けない年が数年続くことがあるからだ。また、生息環境によって実生の定着率が異なる樹種もある。例えば、トネリコの実生は低地に多いが、サトウカエデは丘の上に多い。こうした要因はどれも将来の樹冠構成に影響を及ぼすだろうと思われていたが、実際には影響を及ぼすことがほとんどなかった。二五五三本の実生のうち、若木まで成長したのはわずか二本に過ぎなかったのだ。実生の大部分は一年目に消滅してしまい、二年目を生き延びたものはほとんどなかった。実生の生存率が極めて低い原因は、保護区に一平方キロメートル当たり六〇から七〇頭という高い密度で生息しているオジロジカの喫食である。このまま高い喫食圧が続くと、成熟木を補う若木が枯渇して、森とはまったく異なる背の低い藪にいずれ変わってしまうだろう。

タッカー保護区はシカの生息密度が特別に高い郊外の公園なので、北米東部の典型的な森とはいえない。しかし、人里離れた森林地帯でも、シカが森林の再生に大きな影響を与えているという証拠が増えている。米国農務省森林局の研究者がペンシルベニア州北西部の広大な森林で、シカが若木に及ぼす影響に関して計画的にも規模的にも画期的な研究を行なっている。[*32] 二次林の中に柵を巡らして六五ヘクタールの囲い地を四か所設け、各囲い地をさらに一三ないし二六ヘクタールの区画に柵を巡らして分割した。区画はいずれも面積の一〇％は皆伐して樹木を取り除き、六〇％は間伐して樹木を間引き、残りの三〇％は樹木の伐採は行なわないでおいた。それぞれの区画には飼育繁殖したシカが放された。シカの数は区画によって異なり、各区画のシカの密度は一平方キロメートル当たりに換算すると、四から二五頭になる。シカには移動を追うことができるように、発信機が装着されていた。森林局はこの実験を四か所の調査地で一〇年にわたり行なったのである。

実験の目標は、樹冠による日陰率やシカの生息密度が樹木の実生や他の植物に及ぼす影響を特定することだった。区画に放されたシカの密度が不自然に高ければ、野生状態の結果を反映しているとは限らないだろう。しかし、区画の最高密度はその周辺の森で記録された最高密度と大差がなく、オハイオ州のタッカー保護区や北米東部の多くの地域の密度よりもはるかに低かった。[*33]

一〇年経つと、シカの生息密度が高い区画の植生は密度の低い区画とは著しく異なっていた。[*34] 実生の高さは、シカの密度が高くなるにつれて、低くなった。また、実生の多様性もシカの密度が高くなるにつれて、減少した。シカの密度が高い区画ではブラックチェリーの実生だけが優占し、若木まで成長したのはこの種だけだった。一方、シカの密度が低い区画では、カバノキ類やカエデ類、ピンチェリーの実生がたくさんみられた。シカの密度が高い区画では、特に皆伐された場所の地被植物にも影響が出ていた。シカの個体数が多い区画では、シダが樹木の実生に覆いかぶさって日陰を作ってしまうのでキイチゴもシダの茂みにとって代わられていた。さらに、イネ科やスゲ属の草本も増えていた。シカの密度が高い区画では、シカにも悪影響が表れていた。シカの密度の高い区画の方が密度の低い区画よりも、冬期の死亡率がずっと高かったのだ。

この研究で示唆されることは、シカの生息密度が高いと、多様性豊かな落葉樹林はやがてはブラックチェリーのほぼ純林になってしまい、全体の生物多様性が失われて、ブラックチェリーによくつくヒュドリア・プルニヴォラタなどのシャクガ類の大発生が起きたら、森全体が崩壊する危険があるということだ。[*35] こうした結果は各要因が適切に管理され、長期にわたり行なわれた実験で得られたものなので、信頼できる。この実験に一つだけ問題点があるとすれば、冬期にシカがもっと条件のよい採食地や避難所を求めて移動することができなかったことだろう。金華山の場合と同様に、この実験でもシカは変化する状況に応じて、長距離を移動することができなかったのだ。しかし、それにもかかわらず、この実験地や金華山でみられた植生の変化は自由に移動できるシカの生息密度が高い地域の変化と一致しているのである。

森林植生に及ぼすオジロジカの影響は、シカを囲い地に閉じ込めた研究ではなく、柵を設けてシカを排除した研究で一層明らかになった。柵を巡らした囲いの中にシカを放した実験が行なわれたのと同じペンシルベニア州のアレゲニー国有林の皆伐地に、一九五〇年代から一九六〇年代にかけて、柵を巡らしてシカが侵入できない場所を数か所設けた。[*36] 実験の目的はこうした皆伐地でシカが若木の成長に及ぼす影響を明らかにすることだった。シカの防除柵が森林の遷移に影響を及ぼすかどうかを特定するために、囲い地と近くの対照区の植生を伐採から九年から二二年後の一九七〇年代に比較した。排除区と対照区の植生は種類が異なっていた。林業家にとって嘆かわしいことに、対照区は商業的に最も重要な樹種の若木の密度が低かった。排除区の方がブラックチェリーやアカカエデの数が多かったのに対して、対照区は商品価値の低いアメリカブナやシロスジカエデが優占していたのだ。シカによる喫食は地被植物にも影響を及ぼした。対照区はシダ類やイネ科の草本が優占していて、キイチゴ類は少なかった。これほどシダ類や草本が生い茂っていると、樹木の実生は育つことができない可能性があるので、こうした地域は樹種の限られた疎林になっていくと思われた。また、再生してきた森には持続可能な林業を支える主力樹種も乏しいだろう。

防除柵で守られた囲い地の方が若木の数が多いという結果は他の数多くの研究でも得られている。*[37] シカの喫食が激しい区画の若木の密度が低いのは、若木の生存率が低いことや実生の成長率が低くて、若木まで成長できないことが原因と思われる。いずれの場合も、樹冠を形成する樹木にはなれないだろう。こうした結果が得られた研究はいずれもシカの生息密度が一平方キロメートル当たり八・五頭を超える地域で行なわれている。*[38]

シカの生息密度が高いと、森の野草や低木のような背の低い植物にも影響が出る。こうした植物はシカが届かない安全な高さまで大きくなれずに葉を食われてしまうので、樹木よりもシカの喫食に弱いものが多い。シカの生息密度が高いと、下層植生が食われてしまうためにその多様性が失われるが、この影響はアレゲニー国有林のハーツ・コンテント景観地区と呼ばれている五〇ヘクタールの原生林で明らかにみられる。*[39] ペンシルベニア州北西部にあるこの森は一九二〇年代から三〇年代の初めにかけて、綿密な植生調査が行なわれているので、シカの生息密度が現在の一平方キロメートル当たり一〇から一五頭に増加する以前の植生がよくわかっている。この森は保護が行き届いているが、それでも一九二九年から一九九五年の間に野草と低木の多様性が失われてしまった。カナダツガとアメリカブナが優占する地域では、一一八か所の小区画で確認された低木と草本の種数が四一種から八種に激減したのだ。一九二九年に見られた希少な野草は一九九五年の調査ではほとんど確認されなかった。数が増えた種は、葉に毒があるので、シカが好まないことが知られているシダ類のヘイセンテッドファーンとアメリカシラネワラビだけだった。

ハーツ・コンテントで下層の草本や低木の減少した原因として考えられる環境変化は、シカの生息密度が高くなったことだけではなかった[*40]。ヘイセンテッドファーンが増えたのはシカが増えたことの他にも、近くの二次林で木材伐採が行なわれ、このシダが好む日当たりのよい空き地が出現したところから胞子が原生林の中に入り込んだからかもしれない。さらに、酸性雨によって土壌の酸性化が進んでいる。このように保護されている森林でも一九二〇年代以後は、人間の活動によって複雑な環境の変化が生じている。

しかし、アレゲニー国有林の他の地域で行なわれた研究では、森林内にある小さな植物の多様性が失われた主な原因はシカであることが示されている[*41]。平らな岩があってその上に土壌が堆積すると、野草や低木、小さな木が生えてくる。シカは高さ一・五メートル程度まで届くが、それ以上の高さの岩の上には届かないと考えられる。そこで、こうした大きな岩の上と林床の植生の比較が行なわれた。両者に違いがあれば、シカによる喫食の影響が考えられるからだ。もちろん、岩の上と林床とでは、シカの喫食以外にも異なる点はある。例えば、岩の上では栄養を巡って大きな木の根と競争する必要がない。この交絡要因を排除するために、林床と同様にシカの喫食に晒される一メートル以下の低い岩も比較の対象に加えた。シカが喫食できることは糞で確認した。

大岩と比べて、林床や小岩という他の二つの環境では劇的な違いがみられた。大岩上の方が野草の多様性がはるかに豊かだったのだ。草本が花を咲かせることができるまで丈夫に大きく育っているかどうかを確認できるように、植生調査は五月に行なわれた。調査を行なった大岩と林床の面積は同じだったにもかかわらず、大岩上では花を付けている野草が一三三八本あったのに対して、林床はわずか六本に過ぎなかった。カナダマイヅルソウ、アマドコロ属のソロモンズシール、エンレイソウの仲間のレッドトリリウムは大岩の上にたくさん

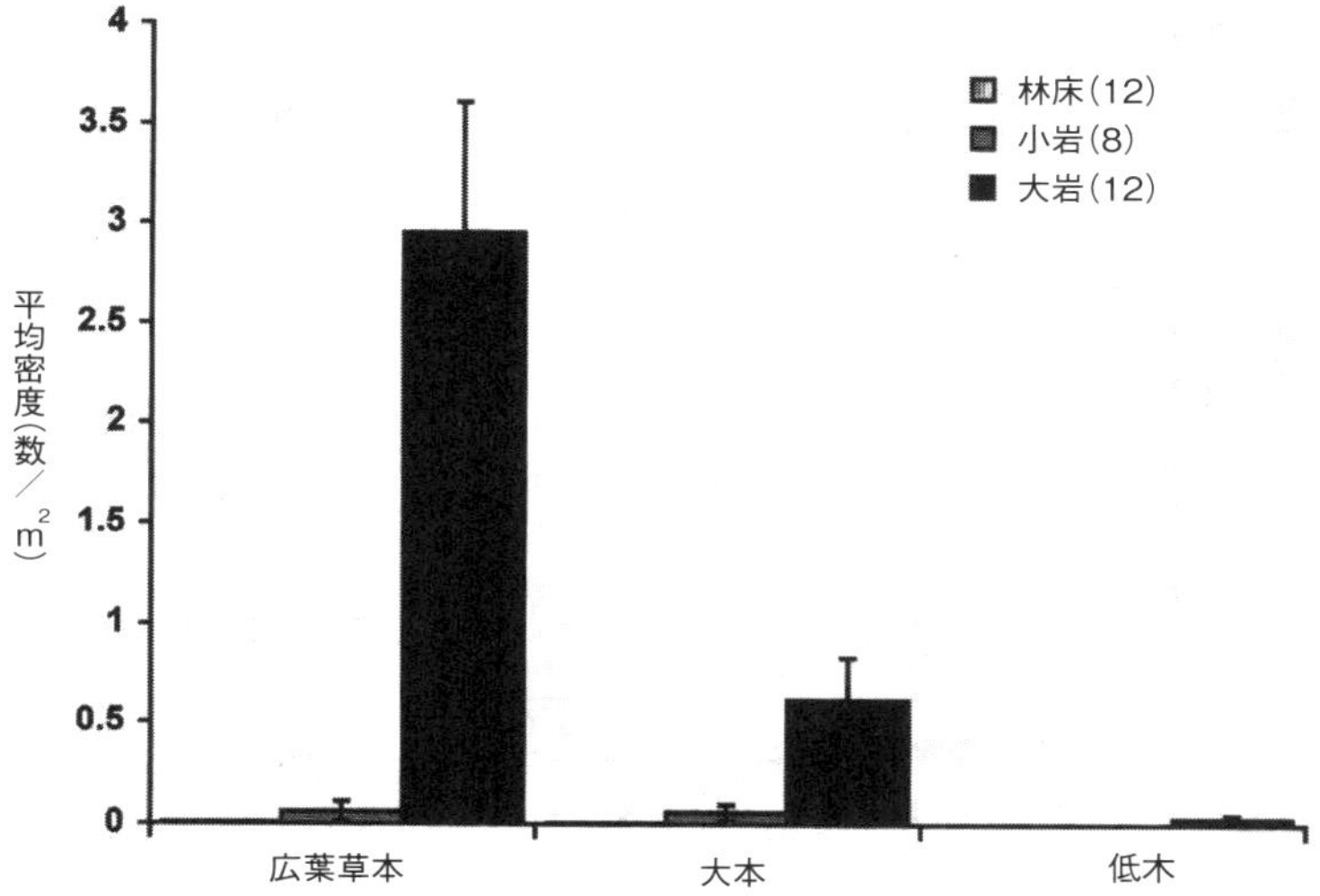

図20　大岩（高さ 1.5m 以上）上、小岩（1m 以下）上と林床における植物の平均密度。(Comisky et al., 2005; American Midland Naturalist, the University of Notre Dame の許可により掲載)

みられた。一方、小岩の上では、野草の多様性は林床よりわずかに高いに過ぎなかった。したがって、岩の上の野草の多様性が豊かなのは、岩そのものの特性によるのではなく、シカが喫食できないためであることを示している。

この植生調査を行なった研究者は、大岩のことを「岩のレフュージア（避難所）」という示唆に富んだ名前で呼んでいる。[*42] こうした避難所はシカの個体数が減少して、野草が再び林床に定着できるようになるまで、野草を保護してくれるかもしれない。しかし、シカの個体密度が高いままでは、こうした小さな孤立した避難所では野草をいつまでも保護することができるとは思えない。

一九四〇年代の初めから、似たような植生の比較研究がペンシルベニア州中北部の野生動物保護区で行なわれている。[*43] 柵を巡らして動物を排除した囲い地の植生と、近くで柵を設けていない対照区の植生の比較を二〇〇七年に行なった結果、囲い地では多様性豊かな野草や低木、若木がみられたが、対照区ではシダ類、イネ科の草本、アメリカブナの実生が優占していた。この六〇年に及ぶ研究で、シカの喫食から長期にわたり保護すれば、森林の下層植生の多様性が豊かになるという重要な結果が得られた。この結果は囲い地も対照区も一か所しか設けていない研究に基づいているので、一般性に乏しいが、ウィスコンシン州の針広混交林の五一か所を比較した研究で、シカの喫食が下層の植物相に影響を及ぼしていることが立証された。[*44] シカが届く範囲内にあるサトウカエデの食べられた枝と食べられなかった枝の割合で表した喫食度が高まるにつれて、野草の多様性は減少した。一方、喫食度が高まるにつれて、シダ類、イネ科の草本、スゲ類は増加していた。

シカは下層植生の多様性と若木の生存率を激減させる原因になり得るという結果が、適正な計画に基づく多くの研究で得られている。また、実生や若木の研究で、シカの生息密度が一平方キロメートル当たり八・五頭を超えると、ほとんどの若木が成木の高さまで成長できないことが明らかにされている。[*45] シカの生息密度が高いと、森林生態系はトマス・ルーニーがいみじくも名付けた「シダの園地」や「シカサバンナ（シカ草原）」に次第に変わっていく。シダの園地は林床が一、二種のシダに覆われ、野草や樹木の実生はほとんどみられない。こうした状態が続き、樹冠を形成している木が枯死すると、シダの園地はやがてシカサバンナに変わる。こうして森林生態系は生物多様性の乏しいまったく異なったタイプの生態系にとって代わられることになる。

姿を消した下層植生の鳥

下層植生は様々な野草や低木からなるので、その多様性が失われると、動物にも減少する種が数多く出る。そこで、シカの喫食が激しくなると、森林の多様性に思わぬ影響が及ぶことになる。森林性鳥類の多くは多様な下層植生が密生した中で営巣や採食を行なうので、構造が複雑だった下層がシダや草本が優占する開けた単純な環境に変わると、こうした鳥類種は減少することが多い。森林局の研究者が、シカの生息密度が樹木の実生や若木の生存や成長に及ぼす影響の研究を行なったペンシルベニア州北西部の囲い地で、デービッド・デカレスタは鳥類のモニタリング調査を行ない、シカの密度と鳥類の減少に相関関係があることを明らかにした[*46]。シカの密度が一平方キロメートル当たり四頭から二五頭に増えると、主に低木層や樹冠の下部層で営巣する鳥類種が三七％減少した。シカの密度が一ヘクタール当たり八頭を超える区画では四種の鳥が生息していなかった。しかし、興味深いことに、樹冠や地上で営巣する鳥類の種数や総個体数はシカの密度に有意な影響を受けていなかった。したがって、シカの密度が増加したときに、真っ先に影響を受ける鳥は低木や小木で営巣する種なのである。

バージニア州にあるスミソニアン協会の研究林で、メガネアメリカムシクイという下層植生の専門種に関する綿密な研究が一三年にわたって行なわれ、シカの生息密度が高いと下層植生の鳥に悪影響が及ぶということが明らかにされた[*47]。一三年間にシカの生息密度は一平方キロメートル当たり二〇頭から三〇頭に増加したが、柵を巡らした囲い地の中ではシカの密度は低く保たれていた。囲い地ではシカの追い出しや狩猟を行なって、シカの生息密度を周囲の森の四分の一ほどに抑えていたからだ。メガネアメリカムシクイは囲い地の方が出現頻度が高く、シカの密度が周囲の森で高まると、囲い地の中に移ってくる傾向があった。

オジロジカの最適密度はどのくらいか？

シカの個体数管理に反対する人は、人間が干渉しなければ、シカの個体数はいずれ食物の供給量と均衡するようになるだろうと主張している。しかし、シカの生息密度が高いとき森林の植生に及ぶ影響を長期にわたり研究した結果をみると、それを待っていたら、生物多様性の崩壊を食い止められないことが示されている。捕食者がいないので、シカは下層の食べられる植物種を食べ尽くしてしまっても、高い密度を維持することができるのだ。例えば、ナラの森では、冬の間、ドングリがシカの食物になる[*48]。ドングリが実るのはシカの密度に影響を受けないほど高く伸びて成熟したナラの木なので、下層から次々に植物が消えていっても、当面はシカの個体数が減ることはないのだ。また、日本のニホンジカと同様に、北米のオジロジカも落葉落枝を食べて生き延びることができる。カナダのケベック州のバルサムモミ林では、地衣類に覆われた落枝がオジロジカの冬期の主な食料源になっている[*49]。メイン州の調査地でも、林床に落ちた針葉樹の落枝や広葉樹の落葉、地衣類が冬期の食物の八五％を占めていた[*50]。シカが樹冠から落ちてくる食物（ナッツや落葉落枝）で生きていけるのならば、下層から食べられる植物が失われても、シカの個体数は減少しないと思われる。その結果、多様性豊かな樹冠の閉じた森林という一つの安定相から、生物多様性に乏しい開けたサバンナという別の安定相へ徐々に移り変わっていくだろう。

東部の落葉樹林には、オジロジカの生息密度が低いところもあるので、そうした落葉樹林は樹木の実生や下層植生の喫食が軽度の森林生態系の基準になる。ウェストバージニア州中部の二か所の森林で、アレハンドロ・ロヨらは大規模な植生調査を行なった。調査地のシカ密度は一平方キロメートル当たり四・六頭から七・七頭であり、ヨーロッパ人が入植する以前の密度は三頭から四頭と推定されるので、それと比べてもさほど高くない。*51 ロヨらは四〇〇平方メートルの調査区画を六四か所設け、下層植生に及ぼす地表火、樹冠ギャップ、シカの喫食の影響を比較したのだ。三二か所の区画は下層植生を焼き払い、残りの半分は火入れを行なわなかった。数か所の区画では、一群の樹木の樹皮を剝ぎ取って枯死させ、一六平方メートルというかなり大きな樹冠ギャップを作り出した。この樹冠ギャップの大きさは研究を行なった二次林に典型的な大きさではなく、原生林に平均的な樹冠ギャップに匹敵するものだった。半分の区画の周りには柵を巡らして、シカを締め出した。その結果、区画には火入れの有無、シカの防除柵の有無、樹冠ギャップの有無という組み合わせができ上がった。各実験の処理区を数多く設けたので、異なるタイプの自然撹乱が森林の下層植生の多様性と密度に及ぼす影響を客観的に評価することができた。

ロヨらの研究の成果で、森林の生物多様性を維持する上で、自然撹乱がもっている重要な役割について新しい洞察が得られた。地表火と樹冠ギャップによって、下層植物の多様性と密度は増加した。両者が組み合わさった方が、単独の場合よりも多様性の増加が大きかった。しかし、多様性の増加が最も大きかったのは、地表火と樹冠ギャップとシカの喫食の三者が組み合わさった区画だった。この区画では、シカの喫食は野草やシダ類の多様性を高めた。おそらく、他種を打ち負かしてしまう成長の早い植物の数が喫食で減るからだろう。この研究で、シカは密度が高すぎなければ、生物多様性の維持にとって重要な存在になり得ることが明らかになった。したがって、柵を巡らしてシカを完全に排除してしまうのは行きすぎだと思われる。軽度から中程度の喫食は適度であり、特に野火や小さなギャップのような撹乱と組み合わさると、下層植生の多様性を高めるのだ。

シカの個体数を狩猟で減らす

シカの個体数管理は北米の各地で議論を呼んでいる話題だ。人口密度の高い郊外の住宅地から広大な原生地域に至るまで、シカは「増えすぎ」、または「過密」とみなされ、数を減らす必要があるかどうか議論されている。シカの生息密度が高いと、森林の生物多様性が失われるだけでなく、高木の再生を妨げる可能性もあるという証拠が積み上がってきているが、それとはほとんど関係ない問題が議論の中心になっていることが多い。生態学者のグレアム・コーリーは簡潔で的を射た評論で、特定の動物種に「過密」という用語が当てはまる条件は四つあるが、自然生態系の保全に関連があるのはその中の一つだけだと指摘している。[*52]

コーリーは増えすぎとみなされる条件の第一に、人間の福祉の妨げになることを挙げているが、北米東部でシカの個体数管理が行なわれているのは、ほとんどこの条件に基づいている。シカが問題視されているのは、農作物や庭木を喫食したり、道へ飛び出して重大な交通事故を引き起こしたり、ライム病を媒介するダニを広めたりするからだ。したがって、シカを個体数管理という名で駆除する必要があるのは、経済的損失をもたらしたり、人間の健康や安全を脅かしたりするからなのだ。そして、二番目の条件には、人にもっと好まれている他の野生種の数を減らしてしまうことを挙げている。この条件は狩猟動物を捕食する肉食動物に当てはめられることもある。例えば、オオカミにこの条件が当てはめられると、オオカミはアカシカの数を減らすので、増えすぎとみなされ、駆除の対象になる。また、シカが林業者に好まれているホワイトオークの成長を妨げている場合には、シカに当てはめられて、増えすぎとみなされる。第三の条件は、個体群の生息密度が高くなり、その個体群に不都合が生じている場合に注目したものだ。生息密度が高くなれば、餓死する個体や病気に罹る個体も出てくるだろう。コーリーが指摘するように、野生動物を管理する者が目指すのは、狩られていない個体群と比べて、「体が大きく、重く、健康で繁殖率の高い」個体からなる個体群である。この場合の「増えすぎ」は人間の管理が及ぶ前の典型的な生息密度と変わらないかもしれない。[*53]

この三つの条件はいずれも経済や健康、レクリエーションという人間の価値観に焦点が当てられているが、自然生態系の安定性や多様性には必ずしも関係しているとはいえない。コーリーはさらに四番目の条件として、生態系を崩壊させるほどの生息密度を挙げているが、シカが落葉樹林の構造を変えているのではないかという懸念に直接関係があるのはこの四番目の条件だけである。科学的に調査を行なえば、落葉樹林の構造が変化しているかどうかを客観的に特定できる。シカの個体数密度が一平方キロメートル当たり八・五頭を超えると、森林植生の構造が変化して、生物の多様性が失われてしまうかどうかという問いに答えることができる。一方、最初の三つの問題は人間とシカの福祉に関する価値判断に基づいているので、両者の軋轢は生態学的研究では解決することはできない。コーリーが指摘するように、こうした問題に関しては、生態学者である本人の意見も、隣人である「自動車修理工や空軍の副司令官」などの意見と価値に差がないのだ。[*54] 経済的損失、健康を脅かすもの、好まれている種に及ぼす悪影響、シカの群れの健康問題がシカの個体数管理を行なう正当な理由と認められるかどうかは、生態学的研究とは無関係な価値観に基づいて判断しなければならない。もちろん、落葉樹林が藪や開けたサバンナに変わって、森林の生物多様性が失われてしまうのを防ぐために、シカを駆除することが認められるかどうかの価値判断も最終的にしなくてはならない。駆除は動物の権利団体だけでなく、駆除によって、秋の解禁期に獲れるシカの数が減ってしまうので、ハンターも反対するだろう。とはいえ、こうした場合にいえるのは、生態学的研究をすればインフォームドディシジョン〔訳注：情報に基づいた意思決定〕に不可欠な情報を得ることができるということだ。

森林の下層植生の回復や若木の成長を促進するために、シカの個体数を減らして、生息密度を低く抑えておく決定がなされた場合には、シカの狩猟区を設けたり、狩猟規則を改正して捕獲数の規制を緩和したり、メスの狩猟も認めたりする方策が通常取られる。しかし、アラン・ラトバーグは、狩猟によって実際にシカの個体数の減少や安定がもたらされたという証拠は驚くほど少ないと指摘している。狩猟が行なわれている地域と行なわれていない地域を比較している研究が少ない上に、狩猟が許可されている地域でもシカの捕獲数が増加し続けているところが多いからだ。[*55] 長期にわたりシカの捕獲率が増加しているということは、狩猟が行なわれているにもかかわらず、個体数が増えていることを示唆している。

しかし、森林生態系の多様性を維持できるまで、狩猟でシカの個体数を減らせるという有力な証拠をウィリアム・ヒーリーは示している。[*56] マサチューセッツ州のクオビン貯水池周辺の丘陵地は、一九三八年に貯水池が完成した後、一九〇平方キロメートルを超える森林が野生動物の保護区として保全されている。保護区内の狩猟は禁止されているが、貯水池流域の他の場所ではシカ狩りが行なわれている。ヒーリーは保護区内の八か所の地域と保護区外の一六か所の地域で植生の比較を行なったのである。保護区内のシカの推定生息密度は一平方キロメートル当たり一〇頭から一七頭、狩猟が許可されている地域の森は三頭から六頭だった。樹木の実生の密度と多様性は、狩猟が行なわれていてシカの密度が比較的低い地域の方がはるかに高かった。シカの密度が低い地域では様々な種の実生がたくさんみられたが、シカの密度が高い地域ではアメリカミズメが優占していた。保護区内のシカの密度が高い地域では、一〇〇センチメートルを超えるナラの実生は皆無に近かった。一方、シカの狩猟が行なわれている地域の、特に間伐によって開けた林分では、四種のナラ類の実生が数多くみられた。この研究ではさらに、シカの密度が高い地域に柵を巡らしてシカを締め出した囲い地も設けている。六年後、こうした囲い地では、柵で囲わなかった近くの区画と比べて、樹木の実生が各段に多くみられた。

クオビン貯水池周辺の野生動物保護区の森は成木まで成長できる若木が極めて少ないので、やがては開けたサバンナに変貌するだろうと、ヒーリーは結論を出している。[*57] 木材生産を目的にした森林管理は行き詰まり、生物の多様性が維持されるように管理されてきた森林も原生林に見られる複雑な多層構造を発達させることはできないだろうと予測している。一九三八年以後、シカの個体数は増減をくり返しているが、下層植生が消滅しても、樹冠を形成する樹木によって高い生息密度が維持されているのだ。ドングリ生産のピークを迎えているナラの成熟木が樹冠を優占しているので、シカは落ちたドングリを食べて、冬を生き延びることができるからだ。

クオビン貯水池周辺のシカ密度が低い地域では、二〇世紀の初頭からシカ狩りが続けられているが、何十年にもわたりシカの激しい喫食に晒されてきた森は、シカの個体数を減らしても、短期間では回復しないかもしれない。カナダの東部に残っている最大の落葉樹林で行なわれた長期研究で、シカが高い密度で長年生息していた森林は、シカの個体数が減った後でもその影響がいつまでも尾を引く可能性があるという結果が得られている。カナダのロンドー州立公園にはアメリカブナ、サトウカエデ、ユリノキ、アメリカトネリコ、サッサフラスなど、様々な落葉樹がみられるが、この公園にはオオカミやピューマは生息していない。一九七四年に狩猟が禁止された後、シカの個体数は一平方キロメートル当たり二七頭から五五頭に増えた。シカの数が急激に増え始めた一九八一年から一九九六年の間に、常設植生調査区では若木の密度が七二%も減少したが、一九七八年に柵を巡らしてシカを締め出した二か所の囲い地では若木の減少はみられなかった。

公園では一九九三年に落葉樹林を保護するために、シカを六七%駆除し、それ以後はシカの密度は一平方キロメートル当たり七頭に維持されている。シカが駆除された後、若木の密度は大幅に増加したが、一九八一年の密度までは回復しなかった。大きな若木や樹冠下層の小木がないため、樹冠を形成する木が枯れた後、樹冠が補充されない状態が続いた。この樹齢層の樹木が主に欠けているのは、一九八一年から一九九三年の間、成木に成長した若木がほとんどなかったからだ。一つの可能性として、補充されずに枯死する大木が増えるにしたがって、森林の疎林化が進み、嵐による隣接木の風倒は林内の空き地の拡大に拍車をかける。この落葉樹林に火入れを行なえば、おそらく、ナラの疎林に変わると思われるが、現在の保全活動はカナダでは極めて貴重とされる生態系である「カロライナの森」の再生に向けられている。カロライナ型落葉樹林を再生させるためには、長い期間にわたりシカの生息密度を低く抑えるだけでなく、若木の成長を促進する対策を積極的に講じることも必要になるかもしれない。

自然の捕食者によってシカの個体数は減るか?

オオカミやピューマは北米東部のほぼすべての落葉樹林で根絶やしにされてしまったし、狩猟も禁止されている地域が多い。シカの生息密度が高くなり、生物の多様性や落葉樹林の構造をも脅かすほどになった主な原因はここにあるのだろうか?　残念ながら、この問いに答えるのは難しい。オオカミもピューマも周年シカを捕食するが、東部の落葉樹林からほぼ姿を消してしまったからだ。また、オジロジカが増えた原因の一つには、人間が林縁や農地、郊外の住宅地の庭のようなシカの好む環境を作り出したこともあるので、大型の捕食者がいたとしても、シカの個体数は増加したかもしれない。[*58]

北米の他の地域でみられるシカと大型捕食者の相互作用から多少の洞察を得ることができる。この点に関する研究はほとんどが、北米西部の針葉樹林で行なわれている。最も劇的な事例は一九九五年と一九九六年にイエローストーン国立公園の標高の高い森林と草原で行なわれたタイリクオオカミの再移入だろう。公園には、ヨーロッパのアカシカの亜種ともされ、より大型のワピチと呼ばれるアメリカアカシカの他にも、アメリカバイソンの残り少ない群れが生息していた。しかし、それらを捕食から保護するために、公園内のオオカミは一九二〇年代に駆除された。他の捕食者は公園内に残っていたり、後に戻ってきたりしたが、オオカミは戻らなかった。オオカミは、ワピチを含めてシカを捕食する極めて有能な狩人である。やがて、ワピチの個体数は増えすぎて、国立公園局は食料を食べ尽くしてしまわないように、毎年群れを間引かなくてはならなくなった。この間引き計画は不評を買っていたが、いざ終了になるとワピチの個体数は急増し、思わぬ生態的変化が次々に起きて、連鎖反応の典型のような事態になった。ワピチによる喫食が激しいので、川沿いのヤマナラシ、ポプラ、ヤナギなどの実生が成木まで成長することができなくなった。[*59] 古木が枯れても、補充されないので、生息環境そのものとそれに依存していた種が失われた。こうした河川沿いの若木はビーバーの食物とダムやロッジと呼ばれる巣の建設材料の供給源だったので、ビーバーも減少した。その結果、ビーバーのダムも減少し、開けた池を必要とする多くの種の減少を招いた。

公園の管理者はオオカミが生物多様性を徐々に蝕んでいた変化を反転させてくれることを期待して、公園にオオカミを移入した。オオカミを再移入すると、予想をはるかに上回る速さで生態的変化が生じた。ワピチの数が減っただけでなく、行動が慎重になり、オオカミに待ち伏せされる危険のある開けた川沿いを避けるようになった。また、見通しの悪い場所や逃げ道のない場所も避けるようになった。[*60] 丘陵地のハコヤナギはまだ喫食が激しく、繁殖には至っていなかったが、川べりではハコヤナギやヤナギの若木が密生した木立を形成していた。[*61] 河畔林は息を吹き返し、ビーバーやメジロハエトリなど、こうした環境を必要とする生き物が戻ってきた。

ノースカロライナ州では国の絶滅危惧種に指定されているアメリカアカオオカミの再移入がうまくいっているので、東部でも人里離れた奥地の落葉樹林ならば、ピューマやオオカミの再移入は可能かもしれない。[*62] ノースカロライナに再移入されたこのアメリカアカオオカミは再移入用に飼育繁殖されたもので、今ではアリゲーターリバー国立野生動物保護区やグレートスモーキーマウンテン国立公園に小さな個体群が定着している。しかし、再移入に頼らなくても、シカの捕食者を森に戻すことは可能だろう。イヌ属に属し、オオカミに近縁のコヨーテは一九〇〇年代の初頭以降に大平原から東部の森林へ分布を広げてきた。コヨーテはオオカミよりも小さく、捕食する獲物も小さい。しかし、米国北東部やカナダ南東部の落葉樹林に生息するコヨーテは、西部の草原や砂漠、ヤマヨモギ地帯のコヨーテよりも体だけでなく、群れも大きく、若いシカも大人のシカも捕食する。北東部のコヨーテは健康な大人のシカを頻繁に捕食するので、シカは冬期の獲物の大部分を占めているかもしれない。[*63] 東部のコヨーテは、西部のコヨーテよりもオオカミに似た行動をとることが多い。

東部のコヨーテが大きいのは、湿潤で生産性が高い東部の森林で栄養豊富な食物を享受しているからだと考えられていたが、最近の遺伝子解析によって栄養だけではないことがわかった。オンタリオ州の南部に分布を広げたときに、コヨーテはオオカミと交配して雑種が形成されたようなのだ。その結果、シカをも捕食するが、都市の縁や郊外を含め、様々な環境で暮らすことができるイヌ科の中型動物が誕生したのである。

東部のコヨーテはコヨーテとオオカミの雑種ではないかと長いこと疑いがもたれていたが、北米に生息するイヌ科の様々な種のＤＮＡを分析した結果、ようやく信頼できる証拠が得られた。二〇〇〇年にポール・ウィ

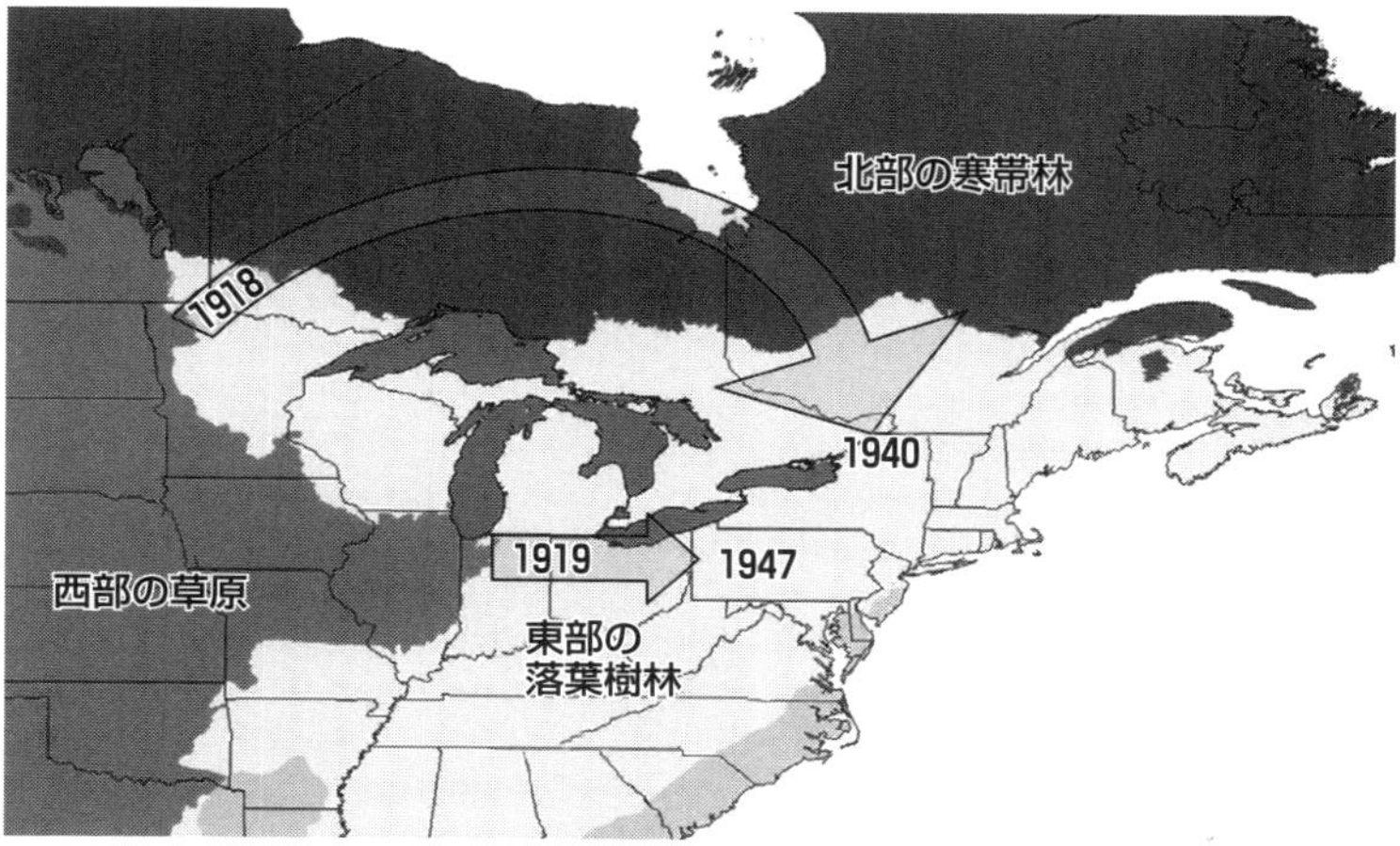

図21　コヨーテが大平原地帯から東部の落葉樹林に広がって定着したルート。(Kays et al., 2010; Royal Society の許可により掲載)

ルソンらは、カナダ南東部のオオカミは、北米西部のタイリクオオカミ（ハイイロオオカミとも）よりも、米国南東部のアメリカアカオオカミに近いと論じている。[64] カナダ東部の亜種シンリンオオカミとアメリカアカオオカミは遺伝的類似度が極めて高いので、両者は同じ種に属する個体群同士であると結論を出している。ウィルソンらが「東部シンリンオオカミ（*Canis lycaon*）」と名付けたこの小型のシカ食いオオカミは、西部のタイリクオオカミよりもコヨーテに近いのである。DNA解析の結果、西部のコヨーテと東部の小型オオカミは共通の祖先から一五万年から三〇万年前に分かれて、それぞれ別々に進化したことが明らかになった。これで、東部のシンリンオオカミがコヨーテと交配しやすい理由がわかるだろう。一方、北米西部のタイリクオオカミとは一〇〇万年から二〇〇万年前に分かれたが、タイリクオオカミがコヨーテと交配したという記録はない。それどころか、コヨーテを捕まえたら、殺してしまうことが多い。しかし、オンタリオ州では、タイリクオオカミは東部のシンリンオオカミとは交配するので、イヌ科のこの三種の間には遺伝的交流が多少はある。

ウィルソンらが提唱したオオカミとコヨーテの系統進化に関するこの仮説はのちに他の分子遺伝学的な研究によっても裏付けられた。[65] 東部のシンリンオオカミという固有種がいたという仮説は、ヨーロッパ人が入植する以前の北米の生態系を理解する上で重要な意味をもっている。その仮説によれば、東部の落葉樹林を代表する種の中にオジロジカを専門に捕食するやや小型のオオカミがいたことになるからだ。この東部シンリンオオカミは落葉樹林帯に生息していたが、それより北方にあるカナダ寒帯林や西にある大平原では、ヘラジカやワピチ、バイソンといった大きな獲物を専門に捕食する大型のタイリクオオカミが同様のニッチを占めていた。大平原以西には、ネズミやウサギ、子ジカを専門に捕食する小型のコヨーテがおり、大型のタイリクオオカミはそれと共存していた。しかし、ヨーロッパ人が入植すると、寒帯林以南の地域では、大規模な捕食者の駆除や環境の改変が行なわれたので、タイリクオオカミ、シンリンオオカミ、コヨーテの関係が崩れ、三種の間で交雑が生じるようになった。

しかし、二〇一一年にブリジット・フォンホルトらがオオカミやコヨーテなどのイヌ科の野生動物から採取した数十万に上る核DNAの塩基配列を比較した研究結果を発表すると、東部オオカミの遺伝的特徴の解釈が再び変わったのだ。[*66] それ以前に発表されていた研究の結果は細胞核やミトコンドリアのDNAの比較的短い塩基配列に基づいたものだった。タイリクオオカミが家畜化されたものと考えられるイエイヌのゲノムが解読され、イヌ科の野生動物を比較する基準ができたので、このような新しい幅広い遺伝子分析が可能になったのだ。フォンホルトらの分析結果は、アメリカアカオオカミと東部のシンリンオオカミが別種を形成するという仮説を支持しなかった。比較的近い過去に交雑した結果と思われるが、両者の遺伝子にコヨーテの遺伝子が含まれているのは確かだ。カナダ東部の個体群では、ヨーロッパ人が入植する以前に交雑が起きていたと思われるが、それでもここ数千年以内のことである。

アメリカアカオオカミは希少な絶滅危惧種と考えられてきたが、比較的近年に交雑したタイリクオオカミとコヨーテの雑種だとすれば、その「純血性」を守る試みは意味をなくしてしまう。また、カナダ東部のシンリンオオカミの体が小さいのはコヨーテの遺伝子によるのだとすれば、この個体群を別種として特別に保護する根拠もなくなる。しかし、交雑によって生まれたコヨーテ的オオカミやオオカミ的コヨーテでも、東部の森林ではシカの有能な捕食者として、生態的に重要な役割を果たすかもしれないのだ。

カナダの大西洋岸、ニューイングランド地方、ニューヨーク州など北米北東部の落葉樹林の広範囲に生息するイヌ科の大型野生動物はオオカミ的コヨーテである。この動物はコヨーテとオオカミの雑種であることが明らかにされているので、「コイウルフ」と呼ばれているが、基本的にはオオカミの遺伝子を一部もつコヨーテである。[*67] 東部に生息するコヨーテの遺伝子のうち、オオカミのものは三分の一程度に過ぎないが、その遺伝的寄与は生態的に重要なものかもしれない。純血のコヨーテはオハイオ州のはるか南や南西部地方に広がる落葉樹林へ分布を広げてきたが、この雑種個体群はそれよりもはるかに速く東へ分布を広げ、バージニア州の北部にまで達している。[*68] その獲物の大半はオジロジカなので、純血のコヨーテよりもシカの捕食に適応しているのかもしれない。コイウルフの方が西部のコヨーテよりも頭骨と顎の筋肉の付着部が大きいので、大型の獲物を捕食するのに適している。[*69]

まだ解明されていない大きな疑問といえば、コヨーテは東部の森林に適応したのか、それとも人が作り出した開けた環境に基本的には限定されているのかということだ。ニューヨーク州のアディロンダック州立公園でDNA指紋法を用いて行なわれたコヨーテの糞の調査で、コヨーテは道路や人里から遠く離れた森の奥を好むことがわかったが、最も個体数が多かったのは樹冠が開けた森、湖畔や河畔であった。[*70] したがって、コヨーテはシカの捕食者として、落葉樹林で重要な役割を果たせると思われる。しかし、オオカミよりも、食物に占める小型哺乳類や漿果の割合が高いので、オオカミの完全な代わりにはならないだろう。したがって、もっと奥地でオオカミの再移入を行なえば、シカの個体数を抑える役には立つだろうが、こうした落葉樹林に定着しているコヨーテと交雑する可能性があるので、オオカミの再移入は一筋縄ではいかない。

雑種のコヨーテが北東部にこれまで以上に定着して、南へ分布を広げれば、再びオジロジカは一年を通して捕食者に晒されることになるかもしれない。しかし、コヨーテはペットやニワトリ、ヒツジなどを襲う害獣となる可能性が高いので、絶滅したオオカミの生態的役割を果たせるかどうかは、大規模な駆除の動きが出るかどうかにも関わってくる。北米では、オオカミは原生自然の象徴になっているので、保護すべき野生動物のトップに挙げられている。コヨーテは郊外はいうまでもなく、都市の中心部にさえ生息しているので、これほど高い地位にはない。一方、純血オオカミの個体群を復活させることを試みている場合には、カナダのシンリンオオカミやアメリカアカオオカミとコヨーテの交雑は遺伝的脅威とみなされている。しかし、生息環境の分断化や撹乱が甚だしい地域でも、現代の東部の森林で生態系で最上位の捕食者になれるイヌ科の新しい動物が誕生するのであれば、交雑も役に立つかもしれない。C・J・カイルらが論じているように、北米東部に生息するイヌ科の野生動物の遺伝的多様性を保全することを目標にすべきである。*71 そうすれば、改変が著しく進んだ森林で、コヨーテとオオカミの特徴を兼ね備えたような最上位の捕食者の進化が起こるだろう。オオカミのような肉体的特徴と社会的行動を備えた動物が現代の森林にもふさわしければ、自然選択によって、オオカミに似たイヌ科の野生動物が進化するだろう。一方、現代の森林環境には、コヨーテのような小型の捕食者の方が適しているのであれば、そうしたタイプのイヌ科の動物が選択されるだろう。したがって、このような進化に逆らう試みは逆効果になるだけで、おそらく、無駄骨に終わるだろう。

ヨーロッパの森のシカ問題

第5章で述べたように、ポーランドのビャウォヴィエジャの森では、一九〇〇年代の初めにアカシカやバイソンのような有蹄類の生息密度が高くなったために、森の組成が変化し、それから一〇〇年経った今日でもその跡が残っている。激しい喫食で、増えた樹種もあるが、減ってしまった樹種もある。有蹄類が増えたのは、捕食者であるオオカミやヤマネコを罠や銃猟で大量に駆除した上に、冬の間、有蹄類に人工給餌をしたからである。狩猟によって有蹄類の数が激減した後、ゆるやかに個体数が回復してくると、森の樹種組成は徐々に変化し始めた。大型の草食動物がヨーロッパの森林組成と多様性に大きな影響を及ぼすことがあるのは明らかだ。

最終氷期以後のヨーロッパでは、シカの主な捕食者はオオカミと人間だった。オオカミはヨーロッパの主要な地域からいずれ駆逐されてしまうが、人間によるシカ狩りは盛んに行なわれた。一三〇〇年代までには、ヨーロッパの一部の地域で王侯貴族のシカ狩りのために、シカを捕食者や密猟者から守り、管理する「シカ公園」が造られるようになった。イギリスでは、こうした公園の周囲にはシカが飛び越えて中に入ることはできるが、外には出られない構造になった柵が巡らせてあった。[*72]

ヨーロッパでは狩猟動物や農耕に欠くことのできない家畜にとってオオカミは危険な存在なので、組織的に駆除された。[*73] イングランドでは、オオカミは一五〇〇年代に姿を消してしまったが、スコットランドには身を隠せる広大な森林があったので、もっと後まで生き延びることができた。しかし、人々のオオカミ駆除に対する意気込みは決して衰えることがなく、オオカミの隠れ場をなくすために森林が焼き払われ、最後まで残っていたオオカミも一六八四年までには駆除されてしまった。アイルランドでは一七七〇年に絶滅したが、フランスでは二〇世紀の初頭まで生き延びていた。スカンジナビアでもオオカミの駆除は組織的に行なわれ、スウェーデンでは一九六六年に、ノルウェーでは一九七三年に、最後のオオカミが捕殺された。皮肉なことに、この両国ではオオカミが法的に保護下に入ったのは、絶滅してまもなくのことだった。

ヨーロッパの中北部やイギリス諸島のほとんどの地域からオオカミは完全に駆除されてしまったが、ヨーロッパの辺縁地域では生き残っていた。[*74] スペインやイタリアでも、農耕地帯では家畜を守るために、オオカミの駆除が行なわれたが、それ以外の人里離れた地域では組織的な駆除は行なわれなかったので、山岳地帯に少数が生き延びていた。また、東ヨーロッパの人口の少ない地域でも生き残っていた。

二〇世紀になって法的に保護されるようになると、オオカミの個体数は回復し始めた。[*75] オオカミはイタリアからフランスへ、また、ポーランドからドイツの東部へと分布を広げた。スウェーデンやノルウェーには、フィンランドやロシアから入ってきた群れが定着した。オオカミ狩りが制限されたり、禁止されたりしたことだけでなく、農業や放牧が衰退した地域で獲物の個体数が回復したことからも、オオカミは恩恵を受けている。南ヨーロッパには、オオカミが人里のすぐ近くに生息している地域があるので、北米でも保護すれば、オオカミや雑種のコイウルフが農村や住宅のある人里で生息できるのではないかと思われる。イタリアの地方ではヒツジを飼育している地域にもオオカミがみられる。[*76] ヒツジはオオカミに襲われないように、羊飼いと訓練を積んだ大型の番犬に守られて、密集した群れで季節移動なしに放牧場で飼われている。オオカミはノロジカやイノシシなどの野生動物を獲物にしているので、家畜に頼っていない。イタリアのオオカミは北米西部やヨーロッパ北部のオオカミよりも小型で、群れも小さいので、北米東部のコヨーテとオオカミの雑種であるコイウルフと生態的地位は似ているかもしれない。

しかし、ヨーロッパでは、ほとんどの落葉樹林にオオカミや他の大型捕食者は生息していない上に、地方では狩猟人口も減少していることが多いので、シカの数が増加し、日本や北米東部と同様な生態的問題が起きている。特に深刻な問題に直面しているのはイギリスで、落葉樹林に生息して喫食するシカが六種類もいるのだ。[*77] イギリスの在来種はノロジカとアカシカの二種である。ダマジカは最終間氷期にはイギリスにみられたが、その後の最終氷期にみられなくなった種なので、ノルマン人の征服以後に移入されたのは再移入と考えられる。キバノロ、キョン、およびニホンジカの三種はアジアから移入された。この三種はいずれもイギリス国内で分布域を拡大している。特に、ニホンジカとキョンは分布の拡大率が高く、一九七二年から二〇〇二年の間に、年にそれぞれ五%と八%の割合で拡大している。日本の森林にシカが与えている影響を考えると、スコットランドとイングランドでニホンジカの分布域が広がっているのは憂慮すべき事態である。一八〇〇年代にはアカシカとノロジカの生息域はスコットランドの高地地方に限られていたが、その後、イギリスの広い地域に拡大した。[*78] 今日では、四種も生息している森もあるし、生息密度が一平方キロメートル当たり四〇頭を超える森もある。
シカによる喫食は日本や北米と同様に、ヨーロッパでも森林に悪影響を与えている。イギリスを含めてヨーロッパでも柵を巡らした実験区と柵を設けない対照区を比較した研究が数多く行なわれ、シカの喫食によって、低木やツタ、樹木の実生や若木の少ない開けた日当たりのよい林床が生まれることが明らかにされている。さらに、ナラやセイヨウシデ、ヤナギはシカの喫食によって減少するが、ブナやカバノキは必ずしも減少するとは限らず、増加することもあるという研究結果も得られている。[*79] また、イギリスの研究で、シカの喫食によってセイヨウヤブイチゴや低木は減るが、ワラビ、イネ科やスゲ科の草本は増えることが明らかにされている。[*80]
例えば、オックスフォード州のワイタムの森では、一九七四年から一九九九年の間に下層のセイヨウヤブイチゴの被覆率が四〇％から五％に減ってしまったが、イネ科草本の被覆率は増えた。[*81] また、シカの密度が異なる一三か所の森を比較した研究で、下層や低木層はシカの密度が増すにつれて減少したが、ニホンジカやアカシカなどの大型種の方がノロジカやキョンなどの小型種よりも影響が大きいことがわかった。[*82]「高茎草本」の群落がシカや家畜が近づけない崖地にはみられても喫食がある森にはほとんどみられないことを考えると、森林性草本の中には喫食が激しいと失われる種があると思われる。[*83] こうした崖の岩棚はペンシルベニア州で研究された野草の多様性が高い「岩の避難所」に似ているのかもしれない。
イギリスでもシカの喫食は動植物の様々な種に悪影響を及ぼしていると思われるが、その影響がとりわけ詳しく研究されているのは鳴禽類である。[*84] ワイタムの森では一九四七年から鳥類の個体数調査が行なわれているが、[*85] 一九七〇年代にダマジカとキョンの個体数が激増して、低木層が著しく失われた。一九八九年に周辺の農地にシカが出ていかないように、森の周囲にシカ柵が設けられたので、それ以降は、シカが森林の植生に及ぼす影響がさらに大きくなったと思われる。しかも、このシカ柵は「シカ公園」で用いられたような、外から森の中へは入れる構造になっていた。シカは冬の間の主要な食料源になっていた穀物を食べることができなくなったが、森の個体数は減らなかった。

一九七〇年以後、低木層で営巣する森林性鳥類の数種が激減したが、樹洞や高い枝で営巣する種は減少していない。[*86] セイヨウヤブイチゴや密生する低木で営巣するヨーロッパカヤクグリ、ウタツグミ、ニワムシクイ、ズグロムシクイ、キタヤナギムシクイ、チフチャフなどが減少したのだ。低木層の鳥が軒並み減少したのは下層植生が少なくなったからだというのは明らかなように思えるが、その主な原因がシカの喫食であると断定はできない。下層植生が減少するという変化は、樹木が成長するに伴い、樹冠が徐々に閉じることによっても起きるからだ。

しかし、伐採されて日の浅い低木の雑木林では、樹冠が閉じるという問題は起こらない。イギリスでは、雑木林に管理の手が入らなくなるにつれて、遷移初期の鳥が数種減り始めた。残っている雑木林は遷移初期の動植物を保全するために管理されているものが多いが、今度はシカの脅威に晒されている。サフォーク州のブラッドフィールドの森にある雑木林は定期的に木材を伐採して維持管理を行なっているが、サヨナキドリやヨーロッパカヤクグリ、数種のムシクイ類がシカの喫食が激しくなるにつれて減少した。[*87] もちろん、シカとは無関係の理由で減少した可能性もある。冬には他の地域へ渡っていく種が多いので、越冬地の環境が変化しているかもしれないからだ。

シカの喫食がこうした鳥類種が減少する原因になっているのかどうかを特定するために、樹木を伐採した後、三年間の生育期を隔てて、柵でシカを締め出した区画（実験区）と隣接する柵を設けていない区画（対照区）で、鳥類の個体数を比較した研究が行なわれた。[*88] 柵で囲った実験区はセイヨウヤブイチゴが優占していたが、柵を設けていない対照区はイネ科の草本が多かった。予想通り、柵で囲った実験区はサヨナキドリ、ヨーロッパカヤクグリ、ニワムシクイ、エナガなど、低木環境に専門化した鳥の密度が高かった。[*89] サヨナキドリは低木がまばらに生え、採食できる地面がある開けた環境を必要とするので、柵のある実験区には柵のない対照区の一五倍もの個体数がいた。また、サヨナキドリに小型の送信機を装着して追跡したところ、雑木林のうちシカが入れない面積は全体の六％しかないのに、調査期間の六九％の時間をそこで過ごしていた。[*90] 対照区で生息密度が低かった種の多くはイギリス全体で個体数が減少しているので、急増しているシカがこうした鳥類種の個体群に及ぼしている悪影響は深刻なのではないかと思われる。

保全上の意義

温帯落葉樹林から最上位の捕食者を取り除いた結果、シカの個体数が増加して、連鎖反応的に生態系に変化が生じている。森林生態系から失われる種もあれば、増えるものもあるが、全体的な傾向としては、樹冠が閉じた成熟林に生息する種の個体数が減少する。シカの喫食がとりわけ激しいと、森林は徐々に開けた疎林やサバンナに変わり、最終的にはイネ科やカヤツリグサ科の草本やシダ植物が優占するほとんど樹木のない環境になると思われる。シカの個体数は最終的には食物の供給量によって制限されるが、その限度に達するまでに、複雑な森林生態系は、極めて高いシカの生息密度を支えられる単純なサバンナや「放牧地」のような景観にとって代わられてしまうかもしれない。ヨーロッパの疎林や米国中西部のナラの疎林のような今では姿を消してしまった往古の環境が、シカの喫食によって蘇ることもある。そのような場合は、地域の生物多様性を維持する役割を果たすかもしれない。しかし、ある地域全体の森がシカの強い喫食圧に晒されてしまうと、樹冠の閉じた森や林内の空き地に特殊化した種の多くは絶えてしまうだろう。最善の策はシカの捕食者を大きな森に再移入するか、自力で生息域を拡大できるようにすることだ。しかし、捕食者の再移入が現実的でない場合は、人間がシカの個体数を管理するしか解決策はない。現在のところ、効果が期待できる管理方法は規制を設けた狩猟だけである。しかし、シカも森林生態系の重要な一員なので、シカの個体数が少なすぎるのも、生物多様性を損なう恐れがある。森林生態系の多様性を保全するためには、シカの個体数密度が比較的低く維持されるように管理することが望ましい。

第8章　世界的気候変動の脅威

北半球の温帯落葉樹林は、最も研究が進んでいる有数の生態系である。残っている落葉樹林を保全するためになすべきことや、劣化した森林を回復させたり、皆伐された森林を再生させる方法も明らかになってきた。残っている原生林を保全することや若い森の中に原生林の特性を徐々に育むこともできる。生物の多様性を維持する自然攪乱を再び導入することもできるし、生息環境の多様性を作り出すために、自然攪乱を模倣する方法を学ぶこともできる。分断されていない大森林を保護したり、森林生態系の機能を回復させるために、分断化された孤立林を回廊でつなぐことに優先的に取り組むこともできる。捕食者が駆除されてしまった地域に捕食者を再移入したり、（絶滅していない種ならば）大型の草食動物を再び導入することもできる。

しかし、生態学の知見を生かした保全戦略が策定されて、それに磨きをかけようという矢先に、地方や地域レベルではいかんともし難い脅威に地球全体が晒されるようになり、こうした戦略そのものが揺さぶられている。急速に進む気候変動と新しく移入された外来種の動植物や病原体が落葉樹林の多様性を脅かしているのだ。

急激な気候変動の証拠

この一〇〇年で地球の平均気温は〇・七六℃上昇した。[*1] 特に温帯では、気温の上昇によって生物に目に見える変化が起きていることがすでにわかっている。春の訪れが年々早まり、動植物に及ぶ影響が詳しく記録されているからだ。植物の開花時期から渡り鳥の到来時期に至るまで数多くの動植物で、春の営みの時期が数日早まっている。[*2] ヨーロッパと北米で行なわれた六七七種の動植物に関する研究を分析した結果、大半の種で春の生命活動が早まっていることが確認された。カエルの繁殖時期、鳥の営巣時期、森林の草本の開花時期、樹木の開葉時期が早まっていたのだ。[*3] 季節性について詳細な記録のある一七二種は、春の生命活動が一〇年で平均二・三日早まっていた。さらに、五四二種の植物と一九種の動物に関して、一九七一年から二〇〇〇年の間の一〇万を超える時系列を分析した結果、ヨーロッパでは春の訪れが一〇年で平均二・五日早まっていたことが明らかになった。[*4] 春の訪れの早まりは、開花や芽吹き、開葉の時期に表れていた。この変化は早春の平均気温の上昇と高い相関関係があった。したがって、北半球の温帯ではこの数十年の間、気温の上昇に動植物が反応していることはまず間違いないだろう。

日本の京都ではヤマザクラの開花時期について、驚くほど長期間にわたる記録が取られている。[*5] このサクラの開花は一〇〇〇年以上続く恒例の桜祭りの開催を告げる合図になっている。桜祭りの開催時期はつぼみの膨らみ具合と平年の気温を勘案して決めるので、時期は年によって、また、地域ごとにサクラの開花時期が異なるので、市町村によっても異なる。桜祭りの時期は朝廷の記録や日記類に記されているので、サクラの開花時期は九世紀以後の一二〇〇年間の六〇%の時期について推定できる。また、開催時期は三月下旬から五月上旬まで、年によって大きく異なっている。サクラの開花には年による早い遅いという変動もあり、さらに特に早い年が続いた時期や遅かった時期もみられた。こうした時期の変動は、温暖期や寒冷期を代表していた。サクラの開花が最も早かったのはここ三〇年の間である。近年、サクラの開花が早まった一因は、京都の中心部で都市化が進んだ結果、舗装道路や建物が増えた分、植物が減り、気温が上昇したことにある。この「ヒートアイランド」効果は、京都市内と近郊のサクラの開花時期を比較することで検出できる。一九五〇年代には桜祭りの開催時期は、京都の中心部も郊外もほぼ同じだったが、一九六〇年以降は次第にズレが大きくなり、中心部は都市の温暖化で、桜祭りの開催日が四、五日早くなっている。しかし、桜の開花時期は都市部も郊外も早まっているので、気候の温暖化が都市の温暖化の上に重なっているのだ。これまでに見られた開花時期の変化のうち、都市の温暖化で説明できるのは三分の一程度に過ぎない。

生物の成長や生理、行動の時期にこうした変化が生じているということは、種が気候の変動に対応する柔軟性を備えていることを示している。過去二六〇万年の間に氷河期と温暖な間氷期がくり返し訪れたことを考えれば、これは特に意外なことではない。しかし、生態学者が憂慮していることは、気候の激変が多くの種の適応能力を超えてしまう可能性があることと、種によって適応速度が異なると、同期性（例えば、昆虫の羽化の時期と昆虫食の鳥類の営巣時期）が損なわれて、個体数の減少や生態系の崩壊につながる可能性があることだ。気候変動で落葉樹林が被る影響は、落葉樹林を形成する様々な種の反応によって変わるだろう。落葉樹林の生物は気候の変動に対して、生理的適応や行動的適応ができる柔軟性をすでに身につけているだろうか？　もし、身につけていない場合は、適応力を早急に進化させて環境の変化に間に合うことができるのだろうか？　さらに、環境の変化に適応できるように迅速に遺伝的変化を起こすことができない場合は、生息に適した環境をみつけられるように、分布域を変える（例えば、北方の冷涼な地方へ移動する）ことができるだろうか？　最終

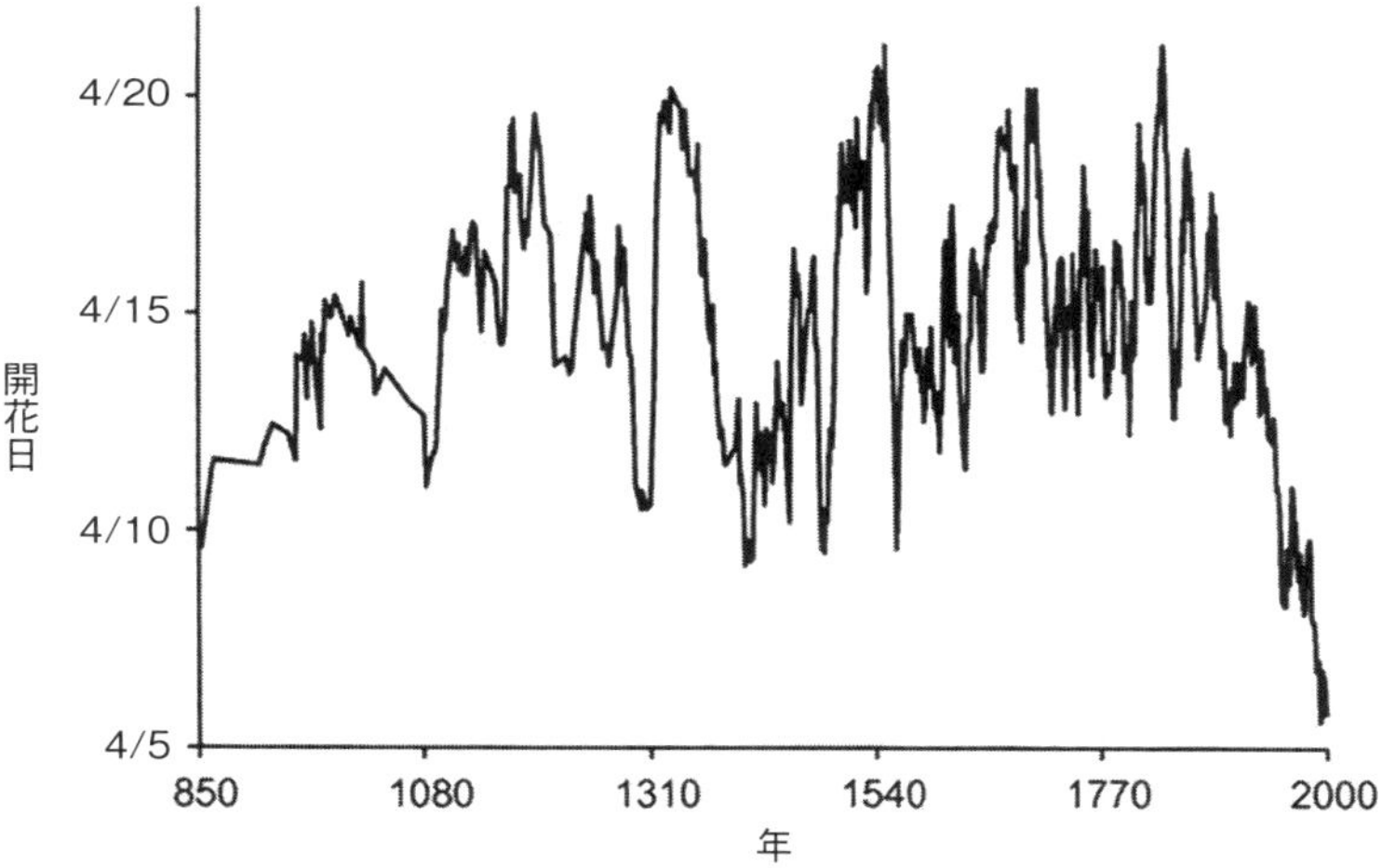

図 22　京都におけるサクラの平均的な開花時期。過去 1200 年間の変化を表す。（Primack et al., 2009; Elsevier の許可により掲載）

氷期の末期に気候の大変動が起きたとき、多くの落葉樹種で全体の分布域は広がったが、南方にあった氷河期の避難所からは姿を消した場合も多く、分布が北へ移動したことがわかっている。

生物個体は気候変化にすばやく適応して、その生息地で生き延びられるか？

春の訪れが早まると、生物はそれに反応して季節の営みを調整しているという確かな証拠はあるが、こうした調整が十分かどうかはまだ明らかではない。問題は季節に対するこの調整が、生存に重要な他の季節の営みと同期するかどうかということだ。この問題が詳しく研究されているのは、春に大発生する昆虫を主にヒナの餌とする鳥類種だろう。こうした昆虫食の鳥は、昆虫の数が最大になる時期とヒナに与える給餌量が最大になるときを合わせて、なわばりの占有、営巣、産卵を行なう。[*6] 春の気温の上昇に反応して繁殖を早めると、育雛期が餌の供給量が最大になる時期とずれてしまい、育てられるヒナの数が減ってしまう恐れがある。

しかし、イギリスのオックスフォード近郊にあるワイタムの森で行なわれたシジュウカラの研究で、このような時期のズレが必ずしも起きるとは限らないことが示されている。この森の個体群は四七年にわたって研究されているが、その間に平均産卵日が一四日早まった。[*7] この変化はおおむね一九七〇年代以後に起きているので、予想通り、気温の上昇に反応して営巣を早めたからだろうと思われる。興味深いことに、ナミスジフユナミシャクも気温の上昇に同じように反応したので、シジュウカラのヒナの主要な餌になるそのガの幼虫の個体数が最大になる時期も早まり、シジュウカラの育雛期と重なったのだ。春の気温と産卵時期の間に密接な関係がみられ、メスの産卵日は同じ年にはバラツキがないことから、シジュウカラは環境の変化に柔軟に反応しているだけで、自然選択がもたらした進化ではないと思われる。シジュウカラは春の気温に適切に反応するよう

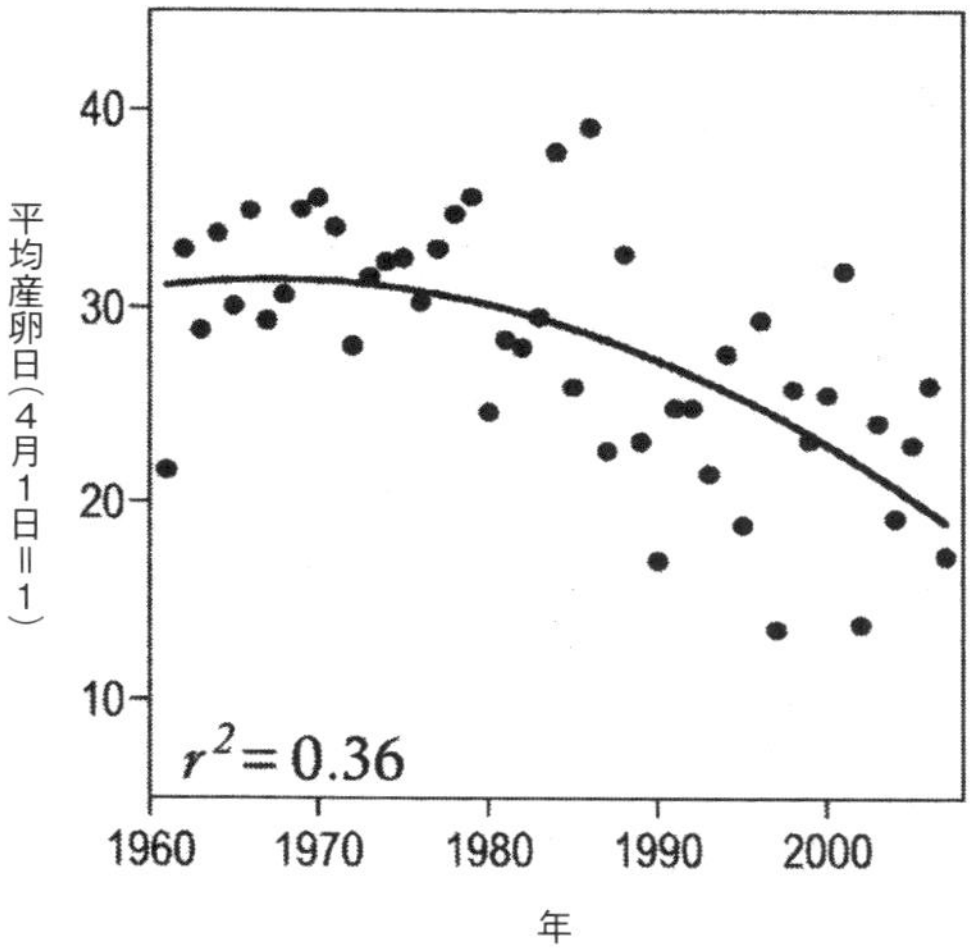

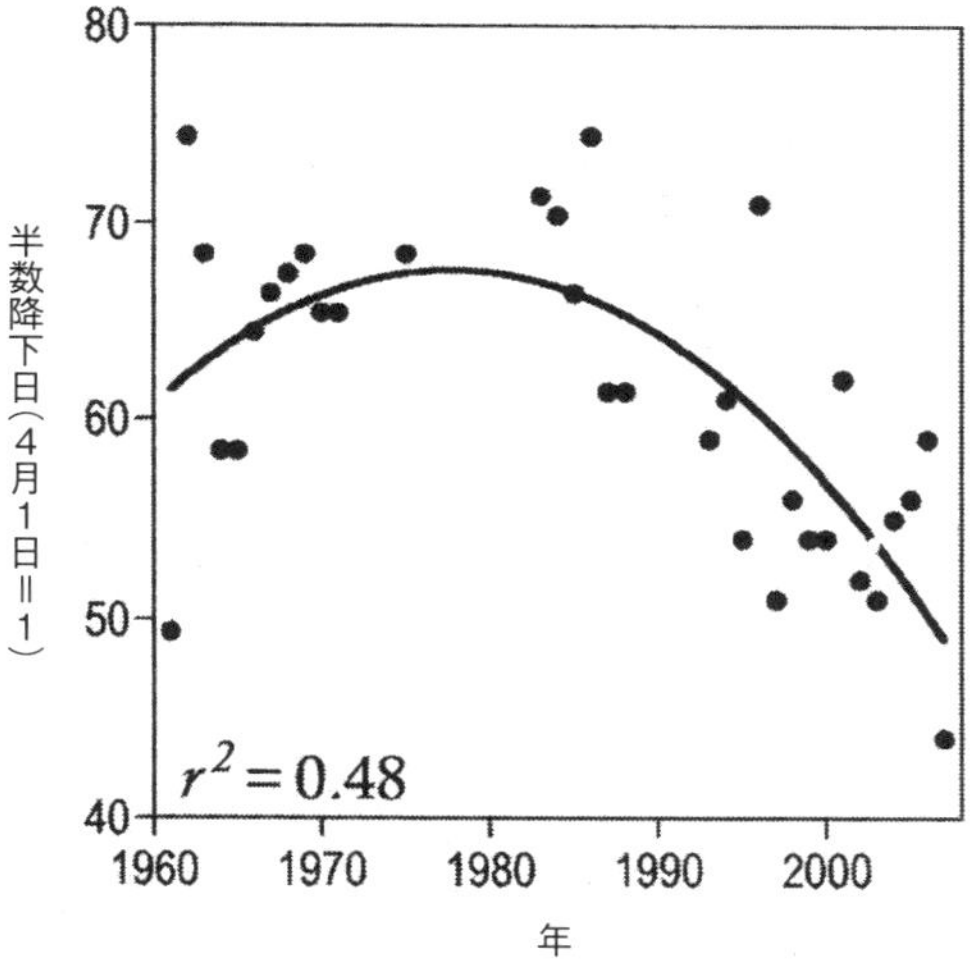

図 23　シジュウカラの産卵日とその主な餌であるフユシャク幼虫の半数降下の平均的時期の変化。英国オックスフォード州ワイタムの森における 1961～2007 年の結果。両者共に春の気温と有意な相関があり、春の平均気温が上昇するにつれて、この森では主な餌生物の発生時期がおおむね一致していたので、シジュウカラは採食には困らなかった。（Charmantier et al., 2008; AAAS の許可により掲載）

に遺伝子にプログラムされているようである。

しかし、シジュウカラの別の研究では、春の気温の上昇に対するシジュウカラの適応は必ずしも十分とはいえないかもしれないという結果が出ている。オランダのホーヘフェルウェの森では、シジュウカラは主にナラの葉を食べる芋虫をヒナに与えるので、ヒナの給餌量が最大になる時期がナラが開葉してから芋虫が葉を離れて地中でさなぎになるまでの間になるようにすれば、育てられるヒナの数を増やすことができる。[*8] 一九五五年以降は、シジュウカラの営巣日も、芋虫の個体数が最大になる時期も早まったが、現在では、ヒナが最も餌を必要とする一一から一二日齢になる時期よりも芋虫の個体数が最大になる時期の方が早くなっているのだ。このズレが生じたのは、芋虫は晩春の気温の上昇にも反応しているが、シジュウカラの繁殖スケジュールは産卵した後は変わらないからである。その結果、近年はシジュウカラの繁殖成功率が一九五〇年代よりも低下している。

シジュウカラは留鳥なので、早春の気温の上昇に反応することができる。しかし、熱帯などのはるか南方の地域で越冬する渡り鳥にとっては、このように春の気温に反応するのは難しいだろう。北方の繁殖地で春が早まっていることを知る由もないからだ。[*9] このことは、オランダの落葉樹林で営巣し、西アフリカの乾燥した熱帯林で越冬するマダラヒタキに当てはまるようだ。[*10] アフリカから北方の繁殖地へ渡る北帰行は、生まれもった年周リズム（脳内に備わっている体内時計）と日長の季節変化によって引き起こされる。その結果、春の気温は上昇し続けているにもかかわらず、一九八〇年以来、マダラヒタキがオランダに到着する日に大きな変化はみられていない。しかし、平均産卵日は一〇日早まっているので、オランダに戻ってから営巣を始めるまでの時間が短くなっていることになる。メスはアフリカから戻ると、卵生産に必要な最低時間ぎりぎりの五日後に卵を産んでいるが、これでも、ヒナの餌が一番多い時期に合わせるには遅すぎるのだ。[*11] したがって、マダラヒタキは二〇年前よりもヒナの数が減り、落葉樹林の個体数は激減した。一方、針葉樹林では餌になる芋虫の数が最大になる時期が二週間以上遅いので、そこで営巣している個体群は繁殖成績がはるかによかった。

生物の進化は気候変動についていけるか?

気候の温暖化が進み、北ヨーロッパの春の訪れが早まると、渡りのスケジュールに変更がきかないマダラヒタキは運命が定められてしまったようにみえる。しかし、マダラヒタキもくり返し訪れた氷期と間氷期を生き延びてきたので、気候の変動に適応できるはずである。一つの可能性は、遺伝的変化が徐々に起きて、越冬地のアフリカを出発する時期が早まることが考えられる。もし、アフリカを早めに発って、営巣に最適な時期にヨーロッパに到着するという遺伝的変異をもつ個体がいたら、こうした個体の方が概して繁殖成績がいいだろう。そして、この行動が遺伝子の働きに基づくもので子孫に遺伝すれば、早めの北帰行を行なう個体の数が徐々に増えて、いずれは年間のスケジュールが繁殖地の春と再び同期するようになるだろう。このように、環境の変化によって個体群の遺伝的傾向も変化を促されるというような自然選択は、実験室でも野生の個体群でも様々な動植物で確認されている。[12] しかし、自然選択が働くのは遺伝形質に対してだけである。また、こうした変化が起きるのは、個体群の中に遺伝的変異がある場合である。遺伝的変異がないと、どの個体の遺伝子型も同じになり、自然選択がある遺伝子型を選び取ったり、ある遺伝子型を取り除いたりすることができないからだ。

渡り行動については、ヨーロッパの数種のムシクイ類で繁殖実験がくり返し行なわれ、その制御機構が明らかにされている。[13] 実験では、ムシクイを禽舎で飼育し、二世代以上にわたり大型のフライトケージで繁殖させた。ムシクイたちは通常ならば夜の時間帯に渡りをするので、春や秋の渡り時期は夜間に落ち着きがなくなる。円形の実験室に入れると、渡っていく方向へ向かって、飛び跳ねたり、翼を羽ばたいたりしており、夜間の渡りを演じていたのだ。この行動は、人に育てられ、親や他の成鳥から渡り経路について学ぶ機会がなかった個体にもみられた。

こうした実験で、渡り行動の主要な特徴は遺伝的に決まっていることが明らかになっている。若鳥は渡る時期や方向が本能的にわかるのだ。ムシクイの中でも特に研究が進んでいるズグロムシクイでは、渡りをするかしないか、渡りの時期や方向、飛行時間に遺伝子が強い影響を及ぼしていることが明らかにされている。[*14] 渡りの行動が異なる個体群のズグロムシクイ同士が繁殖した場合、子孫は中間的な行動をみせた。例えば、ドイツの個体は越冬地のアフリカまで数百キロメートル渡らなければならないが、カナリヤ諸島の個体は越冬地に近いので、飛行する距離はずっと短い。ドイツとカナリヤ諸島の個体同士を掛け合わせると、その子孫は両者の中間的な長さの渡り衝動をみせたのだ。

こうした交配実験で、同じ個体群のズグロムシクイでも個体によって、渡り行動が大きく異なることもわかった。この実験結果は、ズグロムシクイが自然選択によって比較的短期間で気候の変動に適応できるかもしれないことを示している。渡りをする個体（渡り鳥）としない個体（留鳥）が混在するズグロムシクイの個体群で、渡り鳥同士、または留鳥同士を交配させる選択交配の実験を行なった結果、数世代で渡り鳥だけの個体群と留鳥だけの個体群ができることが明らかになった。[*15] また、飼育下のズグロムシクイの中から、晩秋になってようやく渡り行動を示す個体を選んで交配させる実験も行なわれている。[*16] この実験では、わずか二世代で、渡り行動を示す時期が二週間遅くなった。したがって、ズグロムシクイは進化によっても気候の温暖化に適応できるのだ。

渡りに関連した進化の事例として一番劇的なのは、この数十年の間にズグロムシクイに新しい渡り経路ができたことだろう。[*17] 一九五〇年代以降、ヨーロッパ大陸のズグロムシクイがたくさんイギリスで越冬するようになったのだ。越冬中のズグロムシクイにはドイツやオーストリアの足環が付いていたので、夏にイギリスで繁殖した個体でないことは明らかだ。ペーター・ベルトルトらはイギリスで越冬していたズグロムシクイを捕獲し、ドイツに持ち帰って飼育下で繁殖させた。生まれた若鳥の渡り方向を特定するために、秋になってから実験を行なうと、若鳥はイギリスの方向である西北西に向かって跳躍し続けていた。一方、ドイツのズグロムシクイの若鳥はスペイン南部を経由する典型的な渡り経路の方向である南西に向かって跳躍していた。イギリスから持ち帰って繁殖させた個体の若鳥がイギリスへ渡ったことがないにもかかわらず、イギリスの方位を知っていたということは、越冬地のイギリスの方位を本能的に知っていたことと、イギリスの冬の温暖化や餌台の普及などの環境の変化に反応して、この新しい渡り経路が極めて短い間に進化したということを示唆している。

しかし、気候の変化も含めて、環境の変化が、生物の進化が追いつけない速さで起きているのかどうかという肝心な問題がまだ明らかにされていない。[*18] 生物の進化は自然選択によって引き起こされる変化、つまり、生存率や繁殖成功率が下がることでそれまで優占していた遺伝子型が取り除かれ、その結果で起こる変化である。したがって、急速な進化は死亡率の上昇や繁殖率の減少が起きることが前提となるので、遺伝的変化が十分に起こる前に絶滅してしまうかもしれない。[*19] 環境の変化が著しい場合は、その変化に進化がついていける種もあるかもしれないが、追いつけない種も出てくる恐れがあるのだ。

生物は気候変動を生き延びるために、分布域を変えられるか？

気候の変化に反応して、すばやく繁殖行動を適応させられない種や変化に進化が追いつかない種は、生息に適した気候の地域に移動することで、生き延びることができるかもしれない。気候の温暖化に伴い、現在の生息環境に似た気候の地域を求めて、分布域を北へ移すことも可能だ。氷河の拡大と縮小がくり返された更新世代の気候の激動期を、分布域を移すことで生き抜いた種は多い。

第3章で述べたように、湖沼の堆積物に残された花粉記録から、最終氷期が終わった後、何千年にもわたって森林生態系が変化してきたことがわかっている。様々な樹種が異なる速度で氷河が去った地域へ北上していったのだ。この移動は間氷期が訪れるたびにくり返され、森林生態系もその都度、再構築された。熱帯林では二種間に緊密な依存関係が成立している事例は珍しくないが、落葉樹林は再生するたびに構成する樹種の組み合わせが多少異なったため、そのような関係がほとんど見られないのも納得がいく。温帯では、例えば、特定の花と花粉を媒介する特定のハチのような絶対的な依存関係ではなく、一群の植物種と一群の花粉媒介者の依存関係が大部分を占めている。温帯では森林生態系の再形成が頻繁にくり返されたので、熱帯の低地のように、特定の二種間に緊密な依存関係が進化したり、持続したりすることがなかったのだ。

研究の進んだ生物の中には、この数十年の間に分布域を北方に移しているグループがすでにいることがわかっている。分布域に変化が生じていることを裏付ける確かな証拠は、北米とヨーロッパの鳥類の分布図である。鳥類の分布図は、大勢のボランティア調査員が繁殖期に各地域で行なった鳥類の繁殖状況調査の結果に基づいて作成されたものである。国や州などの地図をメッシュで区切り、調査員はメッシュごとに出現した鳥を記録

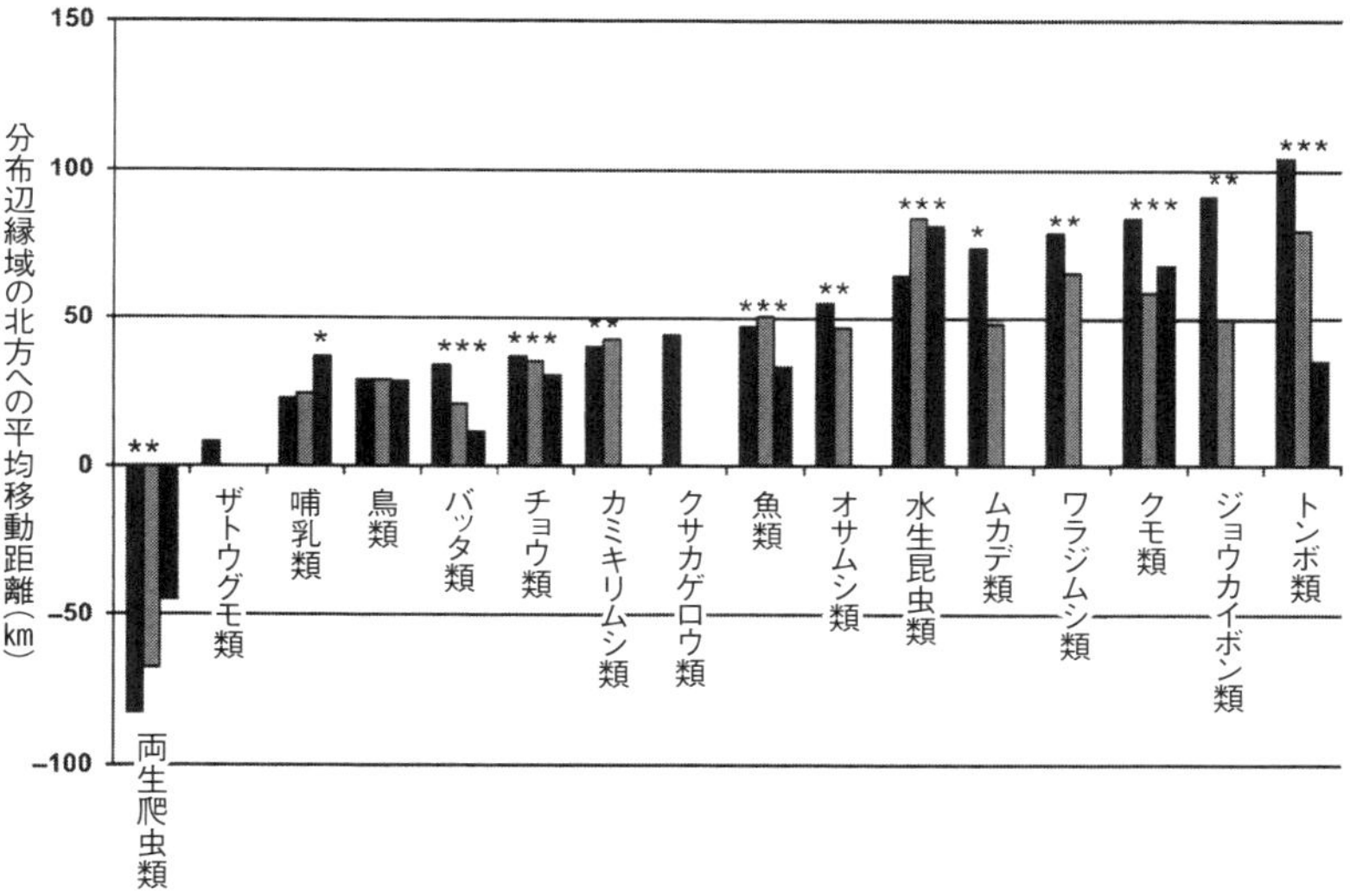

図 24　英国の動物 16 群における過去 40 年間の北方への移動量（緯度）。図中の棒は左より「記録あり」、「記録量中程度」、「記録量多し」。星は統計的に優位な変化を示す。両生爬虫類だけは南方へと動いた。（Hickling et al., 2006; John Wiley and Sons の許可により掲載）

する。例えば、ニューヨーク州は五キロメートル四方のメッシュで五〇〇〇区域に分けられている。調査員は割り当てられた区域内で、出現した鳥類種の繁殖の有無を記録するのだ。ニューヨーク州では一九八〇年から一九八五年に一回目、二〇年後の二〇〇〇年から二〇〇五年に二回目の調査が行なわれ、それぞれの分布図が作成されている[*20]。州内に分布域の南限や北限がある鳥類種が気候の温暖化に伴い、予測されている通りに、南限や北限を北へ移動させているかどうかを特定するために、この二つの分布図を比較した結果、南限がある二二種の南限が北上していることが明らかになった。この二二種には落葉樹林、針葉樹林、低木環境に生息する種が含まれているので、分布域の移動は特定の環境に生息する種に限られているわけではない。二二種の分布域は一〇年間で平均五・七キロメートル北上していた。州内に北限がある種も二回の調査間に分布域を北へ広げる傾向は認められたが、南限の北上ほど明らかではなかった。しかし、一般的には、ニューヨーク州の鳥は温暖化に反応して、予測通りに、分布域を北へ移しているようだ。

ヨーロッパでは種の分布域の変化は、おおむね南方の種が分布を北へ広げるという形がみられる。高山植物九種（スイス）、鳥類五九種（イギリス）、チョウ三一種（スウェーデン）の合計九九種の分布域の変化を分析した結果、分布域は一〇年間で平均六・一キロメートル北へ広がり、山地では一〇年間で六・一メートル標高が上がっていることが明らかになった[*21]。気候の温暖化に伴い、南方の種ほど分布域の北上や標高の上昇が著しかった。イギリスでも、クモ、ワラジムシ、ヤスデ、魚、昆虫を含む様々な生物種で似たような傾向がみられた[*22]。こうした各種の分布域は平均して一〇年間で一四から二五キロメートル北へ進んでいる。

樹木の分布に対する気候の温暖化の影響

温帯ではこの数十年で、鳥や他の様々な動物が気候の温暖化に反応して、分布域を変えている。しかし、こうした種の多くは北方の針葉樹林ではなく、落葉樹林を必要とするので、分布域の北上は落葉樹林が北上するか否かにかかっている。ヨーロッパでは、地質学的時間のスケールで最近の気候変動に反応して、落葉樹の分布域が北上していることが花粉記録からわかる。[*23] 九〇〇〇年前には、様々な樹種が混在する落葉樹林は現在よりも南に分布しており、北ヨーロッパではカバノキ林が優占していた。気候が温暖になるにつれて、落葉樹が北へ分布を広げ、およそ六〇〇〇年前までには北限に達した。その後、再び気候が寒冷化し、分布域の北限は南に下がった。一方、北米東部でも様々な落葉樹が北限に到達したのはおよそ六〇〇〇年前だった。[*24] その後、落葉樹林が南へ後退すると、トウヒやモミが分布を南へ広げ、寒帯林の分布域が広がった。しかし、ヨーロッパでも北米でも、こうした分布域の変化は何千年にもわたって徐々に生じたのである。

大気中の二酸化炭素の増加による地球温暖化は、こうした過去の気候変動よりもはるかに速く進行すると予測されている。過去にみられた気候変動のほとんどは地軸の傾斜角や地球の公転軌道が徐々に変化したことで引き起こされたものだからだ。[*25] この予測が正しければ、森林の種は、許容できる気候帯に留まるためには、あと一〇〇年の間に分布を大幅に変える必要があるだろう。生活環が長く、分散能力が限られている樹木は急速に進む気候の変化についていかれるだろうか?

気候変動が特定の樹種に及ぼす可能性のある影響は、気候エンベロープモデルと呼ばれる数学モデルを使って研究されている。乾燥や最高気温と最低気温に対する耐性に重点を置き、特定の種が必要とする気候条件に関する情報をこうしたモデルに組み込み、様々な気候帯を有する未来の世界で、その種が生息できる地域を特定するのだ。ヨーロッパの落葉樹林の優占樹種を対象にしたモデルが一例開発されている。[*26] 暑さ、寒さ、乾燥に対するそれぞれの種の耐性は、現在の分布や保水容量の異なる土壌における成長率のような実験用の条件に対する反応を評価して決められている。土壌水の必要量、冬の厳しさの優れた指標となる最寒月の平均気温、成長と繁殖に必要な春の開葉後の生育期の日数などが、このモデルの主要な変数に用いられている。暖冬で冷え込みのない年は落葉樹の春の芽吹きが遅れ、したがって成長期が短くなり、成長と種子の生産が阻害される。しかし、冬の長さや寒さも土壌の水分や乾燥程度と同様に、あまり過ぎると成長と繁殖に支障が出る。このように少ない変数に基づいたモデルで、特定の樹種に関してヨーロッパの現在の分布をおおまかに予測することができる。優占樹種三種について同じモデルを用い、大気中の二酸化炭素濃度が現在の二倍になった場合の気候変動を想定して、その将来の分布を予測している。その予測結果では、ヨーロッパトウヒは高山に小さな孤立林とフィンランド北部、スカンジナビア、シベリア東部に比較的大きな森が残るだけで、ヨーロッパ大陸のほとんどの地域から姿を消す。ヨーロッパブナは冬が温暖になるので、北極海近くまで北上するが、ヨーロッパ西部の沿岸地域からは後退する。沿岸地域は冬が温暖すぎて、春の芽吹きを引き起こす冷え込みがないからだ。ヨーロッパナラも現在よりもずっと北へ分布が広がるが、西部の分布域が大幅に縮小することはない。

北米の樹木の分布についても同じような大きな変化が起きると、気候エンベロープモデルで予測されている。[*27] こうしたモデルは米国とカナダの一三〇樹種の分布状況を分析した結果に基づいている。また、気候変動に関しては、二つのシナリオを想定しており、一つは二酸化炭素のような温室効果ガスの蓄積が増えた場合で、もう一つはエネルギーの節約と再生可能なエネルギー源への転換によって、温室効果ガスの蓄積が減った場合だ。将来の樹種の分布に関しては、望ましい地域へ分散できる場合と、現在の分布域から分散できない場合を想定したモデルに基づいて予測が行なわれているが、いずれのモデルでも、分布域はおおむね縮小し、分布の中心域は北へ移動している。分散できない場合を想定したモデルでは、分布状況がとりわけ深刻で、分布域が平均五八％縮小し、分布の中心域は三三三キロメートル北へ移動すると予測されている。うまく分散できた場合には、分布の中心域は北へ七〇〇キロメートル移動し、分布域の縮小はわずか一二％に過ぎない。予測を行なった研究者は、実際の数値は両極の予測値の間に落ち着くだろうと述べている。樹木は北へ分布を広げるだろうが、分散速度は理想よりは遅いだろう。

種の「分散援助」が必要になるか？

これまでにも気候の変動に応じて、樹木を含めた生物が何百キロメートルも分布域を移動させてきたが、現在の気候変化は急激すぎて、望ましい分布域への移動が追いつかなくなる生物が続出するのではないかという懸念が強まっている。[*28] そうだとしたら、気候が生息に適するようになった近隣の地域へ生物を移してやる必要があるかもしれない。しかし、人為的に生物を移すことには問題がある。現在その生物種が生息していない地域や生息地に保全関係者がその種を移入することになるからだ。これまでにも生物を新しい地域へ移すことが行なわれてきたが、いずれもそのために、既存の生態系が破壊されてしまったのだ。こうした移入種の影響は弱いものから甚大なものまで様々だが、次章で述べるような壊滅的な打撃が起きることを生態学者が警戒するのは理解できる。[*29] したがって、気候の変化に伴い、生物を北方や標高の高い地域へ移すときは、現在の分布域のすぐ隣に移し、そこから新たに生息に適するようになった地域の隣まで徐々に移動先を近づけて、分散を早めてやることが重要だろう。[*30] このようにすれば、間氷期を迎えるたびに、温帯林が北方の氷河が去った地域へ分布を広げながら、樹種の再構成を行なった方法を真似することになるのではないか。

気候変動に対する柔軟性の限界

落葉樹林に生息する生物は気候の大変動に適応できる柔軟性を備えているが、それにも限界はある。更新世の氷河が拡大した時期に、ヨーロッパの動植物の絶滅率が上昇したことは、落葉樹林の生物も気候変動に適応しきれない場合があることを示している。ヨーロッパではほとんどの樹種がこの時期に失われたからだ。生態学者が危惧しているのは、急激な産業化によって引き起こされている現在の地球温暖化が、現生の生物種がかつて経験したことのない速さで、高い平均気温に向けて進んでいることである。氷河期がくり返された自然なサイクルを生き抜いてきた動植物の中にも、絶滅する種が出てくるかもしれない。植物は大陸氷河が融解した後、何千年もかけて徐々に分布域を変えてきたことが花粉記録からわかっているので、当時の気候の変化は、この数十年に記録されている地球規模の気温の上昇と比べると、緩やかだったように思える。

しかし、自然な気候の変化の中にも急速に進んだものもあるかもしれない。グリーンランドの氷河に積もった雪の層を年ごとに分析した結果、最終氷期の末期と、ヤンガードリアス期と呼ばれる現在の温暖な間氷期の初めに起きた一時的な寒冷期の末期には、驚くほど急激な温暖化が起きた可能性のあることがわかったのだ。数十年か、もしかしたら数年で寒冷期から温暖期へ移行したかもしれないのだ。しかし、環境モデルによる予測によれば、温室効果ガスによる地球温暖化は現生の生物種が経験したことのないものになるだろう。煎じ詰めると、温暖化の速度よりも温暖化の規模の方が大きな問題かもしれない。地球の気温はすでに最終氷期以降に記録されている最高気温に近づいているだけではなく、化石燃料を燃やす率に応じて今後も徐々に上昇すると予想されている。

高緯度地方の平均気温は、現在よりも五〇〇〇年から六〇〇〇年前の方がかなり高かったことが様々な研究で示されている。氷河は小さく、現在は氷に覆われている海域も開水域だったし、カナダのツンドラと北方林の境界は今より三〇〇キロメートルも北にあった。[*31] それ以後は、地軸の傾きと軌道の変化によって地球は寒冷化に向かったが、この一二五年の間に逆転した。[*32] 人間が排出した二酸化炭素などの温室効果ガスが寒冷化傾向が逆転した主な原因であることと、地球の気温が六〇〇〇年前よりも高くなるまで温暖化は続くだろうということで、ほとんどの気候学者は意見が一致している。[*33] 気候変動モデルは、化石燃料の使用量や経済成長率、人口の増加率を様々に想定して予測を行なうが、多くのモデルで温室効果ガスの蓄積が増加すれば、地球の平均気温が著しく上昇するという結果が出されている。予測が正しければ、長く寒い氷河期と短い温暖期がくり返された更新世に進化した生物にとっては厳しい試練の時になるだろう。[*34] たいていの種は北方や標高の高いところへ分布を広げることができるだろうが、すでに分布域が高山地帯や北極海沿岸に限られている種はそうすることができないだろう。行き場がないからだ。また、北極や南極の氷河が融けて海水面が上昇すると、水没してしまう潮汐湿地のような沿岸の低地に生息域が限られている種も温暖化の影響を受けやすい。今までは、潮汐湿地や他の沿岸環境は、海進が起こると内陸へ移動していたが、これからは世界の各地で、沿岸地域の都市や農地を守るために防潮堤などを建設するので、こうした移動は行く手を阻まれるだろう。落葉樹林は、このような極めて脆弱な辺縁の生息環境と比べればまだましだろうが、落葉樹林の種も適応するのに苦労するかもしれない。

保全上の意義

保全関係者はこの数十年で、開発や人為的攪乱から森林を守るだけでは十分ではないことを学んできた。生物の多様性を維持するためには、森林の周辺地域も管理することが極めて重要なのである。目標は、森林の分断化を防ぐために、森林同士をつなぐ自然環境を残した「緑の回廊」を設けることや、林内の空き地や原生林など様々な遷移段階を維持するために、異なる森で計画的に攪乱を起こすことになるかもしれない。しかし、こうした地域計画は広域にわたる大規模なものでも、不十分だということがわかり始めた。森林が国際協力によってしか対処できない地球規模の環境変化に脅かされているからだ。こうした変化の原因は地域レベルで解決できるものではないので、小規模な保全活動でできることは、大陸や地球規模で起きる変化の影響を緩和することぐらいである。

地球規模の気候変動は、とりわけ潮汐湿地や高山の草原、海氷のような脆弱な生態系を脅かす世界的な重大問題の一つである。気候変動は温帯落葉樹林に種の大きな再構成をもたらすだろうが、同じような変化が過去にも起きたことが湖沼堆積物の花粉記録から知られている。最終氷期の末期に大陸氷河が後退した後、数千年にわたり北方林の樹種構成は変わり続けていたのだ。場所は同じでも、過去の間氷期の樹種構成はたいてい現在と異なっていた。また、地中海沿岸やメキシコ湾岸の比較的小さな避難所だけだったが、ヨーロッパと北米のほとんどの落葉樹は最大氷期を生き延びた。したがって、温帯落葉樹林に生息する生物は過去にも気候の大変動を生き抜いたので、将来の気候変動を切り抜ける柔軟性は備えていると思われる。しかし、手放しで楽観できない点もある。現在の方が氷期と間氷期の移行期よりも気候の変化が速い可能性がある点と、現在の間氷期にはかつて経験したことのないような気温の上昇が起きると予測されている点だ。したがって、移動能力に劣る生物種は望ましい気候帯へ徐々に移してやる必要があるかもしれない。現在は生息していない地域に生物種を移入することになるだろうが、大陸間で種の移動を行なうよりは、ずっと危険性は少ない。また、氷期と間氷期が入れ替わるたびに、生物が行なっていた南北の分散を模していることにもなるだろう。連続している大都市圏や広大な農地のような人間が作り出した障壁がある地域では、分散援助が特に重要になると思われる。[*35]

もちろん、気候変動の問題に対するもっと一般的で効果がある対応は、地球温暖化の原因になっている温室効果ガスの排出量を減らすことだろう。温室効果ガスの排出量を大幅に削減するためには、世界的にエネルギー生産や交通機関の見直しが必要になるだろう。化石燃料から再生可能エネルギーへ転換すれば、温室効果ガスの排出量が減るだけでなく、微粒子汚染、酸の堆積、局所的な大気汚染のような人間の健康と森林や他の生態系の健全さを脅かす他の問題も緩和されるだろう。

第9章 もう一つの脅威

海を越える外来種

気候変動は長期的には大きな脅威かもしれないが、北半球の落葉樹林が直面している最大の脅威は、特定の樹種にとりつく病原体や昆虫の蔓延であり、数年で絶滅や地域絶滅の淵に追い込まれる樹種が生じることがある。温帯落葉樹林は総じて適応力が高いとはいえ、病原体や昆虫には格別、脆弱なのかもしれない。ヨーロッパや北米東部、東アジアの三地域に離れ離れに分布する落葉樹林には、互いに近縁だがそれぞれに特有のカエデ、ナラ、ブナ、ツガ、ニレ、マツ、クリなどの樹種がある。こうした樹種は各大陸で、寄生性の菌類や植食性昆虫の成長を阻害する防御機構として、化学物質を進化させてきた。こうした寄生生物や植食性昆虫の多くは宿主や食べる葉が決まっていて、それぞれニレやクリ、ナラだけに付く。こうした生物が別の大陸に持ち込まれると、元来の寄主と近縁な種（例えば、シナグリではなく、アメリカグリやヨーロッパグリ）を寄主と認識するかもしれない。しかし、こうした近縁種は新しい寄生体や昆虫に対して、有効な防御機構を備えていないかもしれない。その結果、感染力の強い病原体に対する免疫がない人間の集団に疫病が流行るのと同じようなことが起こる。つまり、その個体群の大部分が枯死するのだ。これは三地域のいずれの落葉樹林でも問題になっているが、ヨーロッパと北米では特に深刻である。東アジアは樹種の多様性がはるかに高いので、ヨーロッパや北米の特定の樹種に壊滅的な被害を与えかねない病原体や昆虫の温床にもなっている。

重要樹種を脅かす病原体と昆虫

東アジアにはクリ胴枯れ病菌という菌類が進化しており、この菌が他の大陸で蔓延したことは、外来の病原体の甚大な影響を示す好例である。クリに寄生するこの菌は一九〇四年までには北米に入っていたが、おそらく日本か中国から輸入されたクリの生木に付いていたものと思われる。この病気はニューヨーク市から始まり、ニューイングランドやニューヨーク州の北部まで瞬く間に広まった。一年に四〇キロメートルの速さで広がり、四〇年で野生のアメリカグリが生育しているほぼすべての森を席巻してしまった。[*1] こうした森はアメリカグリと数種のナラ類が優占する「ナラ–クリ混交林」だった。クリの高木は瞬く間に軒並み枯れてしまい、ナラとペカン類だけが優占樹種として残った。[*2] 北はメイン州から南はジョージア州まで、何十億本ものクリが犠牲になり、樹冠の四〇%から五〇%をクリが占めた広大な森林のクリの成熟木はほぼ全滅した。[*3] 菌の胞子は風と甲虫であるキクイムシの両方によって運ばれたので、病気の蔓延を防ぐためにクリの木を伐採して防壁を設けても、簡単に飛び越えてしまったのだ。クリは人や家畜、それに様々な野生動物が食料として頼れる実を豊富に生産してくれていたので、経済的・生態的損失は大きかった。また、数ある樹木の中でも、クリは木材として商品価値がとりわけ高く、成長も早いので、人家の近くにもよく植えられていた。樹冠から姿を消したクリは他の樹種にとって代わられ、実生として残ったクリも数年間成長すると、菌に侵されてしまうのだ。こうした若木の多くは、樹冠を形成していたクリの大木が胴枯れ病にやられた折に実生だった株の根から成長したものだ。*4 大木の残った株元から生えた若木はわずかに過ぎない。クリの若木が低木層の重要な構成要素になっている森もあるので、野生のアメリカグリが完全に姿を消してしまったわけではない。しかし、東部の落葉樹林の多くが樹冠の重要樹種を失ったことは確かである。クリの消失は木材の収穫や農地開発による森林伐採よりも長期にわたる影響を生態系に与えるかもしれない。こうした伐採は成熟林の通常の再生を一時的に中断させただけだからだ。

クリ胴枯れ病は南ヨーロッパにも広まり、商業的に重要なヨーロッパグリが大きな被害を受けた。*5 しかし、ヨーロッパグリはおおむね回復した。胴枯れ病をもたらす菌類がウイルスに感染し、毒性が弱まったからである。ヨーロッパグリは今でも菌に感染するが、たいていは生き延びて、成長することができる。アメリカグリにも効果が現れることを期待して、北米東部にもウイルスが移入されたが、残念ながら、ウイルスによる毒性の低下はアメリカグリが立ち直るには十分ではなかった。

別の菌類が引き起こす「ニレ立ち枯れ病」もヨーロッパと北米東部の森林に大きな影響を及ぼした。この病気の起源は明らかではないが、近縁種のニレに感染する菌類がアジアで発見されているので、アジアからもたらされたと考えられている。*6 ニレ立ち枯れ病を引き起こす菌は、オフィオストマ・ウルミとオフィオストマ・ノヴォウルミの二種が知られている。いずれも主にニレのキクイムシが媒介する。両種の菌によって、北米とヨーロッパで立て続けに流行が二回起こった。O・ウルミは一九一〇年代と一九三〇年代にそれぞれヨーロッパと北米に広まり、ヨーロッパでは地域にもよるが、一〇％から四〇％のニレが枯れた。しかし、この菌に感染するウイルスが広まったことで、一九四〇年代には毒性が弱まってきた。しかし、クリ胴枯れ病と同様に、ニレ立ち枯れ病を発症させる菌の毒性は北米では弱まらなかった。O・ウルミの蔓延とは別に、一九四〇年代

図25　ノースカロライナ州グレートスモーキーマウンテンにおけるアメリカグリの巨木の写真。1910年頃。（ノースカロライナ州ダーラムの森林歴史協会の好意による。#FHS3245）

に毒性のさらに強いO・ノヴォウルミが北米の五大湖地方や東ヨーロッパから広まり始めた。五大湖地方から広まった菌は北米を席巻し、さらに大西洋を越えてイギリスへ広まった。

一方、東ヨーロッパから広まった菌はヨーロッパのほとんどの地域に蔓延した。両大陸に広まったこの新手のO・ノヴォウルミは古いO・ウルミにとって代わり、イギリスやヨーロッパ大陸では何百万本ものニレが枯れてしまった。北米のアメリカニレは、自然地域の川沿いに優占しており、また都市の住宅街の街路に木陰を作っていたが、これらは大量に枯れてしまった。アメリカニレは氾濫原の森の優占樹種だったので、アメリカニレの消失は河川流域の生態系に大きな影響を及ぼした。イギリスでは三〇〇〇万本と推定されているニレのうち、二五〇〇万本以上がO・ノヴォウルミに感染して枯れた[*7]。ヨーロッパニレ（オウシュウニレとも）はどこにでもあるありふれた樹種だったが、とりわけこの病原菌に感染しやすく、アメリカグリと同様に、今では根から生じたひこばえが生き延びているのがほとんどで、大きく育たないうちに病気にやられてしまう。イギリスではヨーロッパニレは古代ローマ人が持ち込んだ重要な生垣や園芸用樹木だった。遺伝分析の結果、イギリスのヨーロッパニレはおよそ二〇〇〇年前に持ち込まれた一本のクローンに由来することが明らかになっている[*8]。それから、挿し木などの栄養繁殖によって増えたのだ。このクローンはローマ人のブドウ園で使われていたもので、おそらくローマ人がイギリスのブドウ園に植えたのだろう。ニレの木を剪定して枝を仕立て、ブドウの蔓を這わせていたのだ。一本のクローンから栄養繁殖で増えたイギリスのヨーロッパニレは遺伝的多様性がないために、ニレ立ち枯れ病に感染しやすかったのだろう。一方、在来種のセイヨウハルニレはこの病気に対して抵抗力があるので、生存率が高い[*9]。

東アジアは、北米やヨーロッパの森林に大きな被害をもたらす樹木の病気を広めてばかりいるようにみえるが、逆にアジアの森林も持ち込まれた病原体によって被害を受けているのだ。中国と日本で特に深刻な伝染病は、マツに甚大な被害をもたらすマツ枯れ病である。この病気は一九三〇年代に北米から持ち込まれたマツノザイセンチュウという線虫によって引き起こされている。[*10] 北米ではこのセンチュウは主に枯れたり、枯れかけた針葉樹に付くので、マツ枯れ病をもたらすことは知られていない。[*11] このセンチュウは日本には一九〇〇年代の初めに持ち込まれ、その後、特に列島南部のマツ林に多くみられるようになった。日本ではアカマツは二次林の主要樹種であるが、このマツに大きな被害をもたらしている。アカマツは、何世紀にもわたって木材の伐採や肥料用の落葉落枝の採取がくり返されてきた後に再生してきた自然林で、ナラやカエデなどの落葉樹と共に生育していることが多い。[*12] アカマツは乾燥した尾根や土壌の痩せた急斜面に優占する種なので、このマツが大量に失われると、生態系に及ぼす影響が大きい。また、アカマツは森林再生の初期段階で重要な役割も果たしているので、アカマツが消失すると、生態系が崩壊する恐れがある。住宅街の街路に木陰を作っていた北米東部のアメリカニレや生垣に植わっていたイギリスのヨーロッパニレが失われたときと同様に、アカマツが減少すると、日本の原風景や伝統文化が著しく損なわれてしまう。日本の美術には曲がりくねったマツの木がモチーフとしてよく登場するし、伝統的な庭園ではどこでも丹念に整枝された姿形が優美なマツがみられるので、野生のアカマツも庭木のアカマツも珍重されているのだろう。

外来の昆虫も森林に大きな被害をもたらすことがあるが、北米ではマイマイガがとりわけよく知られている。このガは時折、大発生して、葉食の被害が広い地域に及ぶ。葉を食われた森は冬枯れしたような樹冠の様子を呈する。[*13] 健全な木ならば、新たに葉を出すことができるが、くり返し葉を食われると、特に干ばつのような他のストレスにも晒されている場合は、やがては弱って枯れてしまう。マイマイガの幼虫はナラ類を好むので、大発生がくり返されると、樹冠のナラが減ってしまう森も出てくる。しかし、森林の種構成に大きな影響を及ぼすことはあまりないので、森林が受ける悪影響はクリの胴枯れ病やニレの立ち枯れ病ほど長期にわたることはない。[14]

一方、ツガカサアブラムシはカナダツガに大量死をもたらすので、東部の落葉樹林に劇的な変化を引き起こす可能性がある。カナダツガは樹冠を形成する重要な樹種で、河川沿いでは純林に近くなるが、成熟林では落葉広葉樹と混交林を形成するので、東部の森林では様々な生物種にとって重要な役割を果たしている。ツガカサアブラムシはツガの汁を吸う小さな昆虫で、北米ではカナダツガの枝に高い密度で寄生するので、寄主が数年で枯れてしまうこともある。[15] 一つの森でカナダツガがほぼ全滅してしまうことが多いので、林床が暗く、樹冠がうっそうとしていたカナダツガの木立が、周辺に偏在するアメリカミズメやアカカエデのような種にとって代わられ、瞬く間に開けた林に変わってしまう。[16] 森林の被覆率に変化はないが、組成は単純になる。その結果、ノドグロミドリアメリカムシクイやミドリメジロハエトリのようなカナダツガに生息する種が減少して、全体的に生物の多様性が低下する。[17] また、河川沿いのカナダツガが枯れると、カナダツガ林に特有の暗い日陰と低温が失われるので、河川の生態系にも変化が生じる可能性がある。[18]

ツガカサアブラムシは一九五一年にバージニア州のリッチモンドにあるメイモント公園で初めて記録されたが、それ以前に北米東部に持ち込まれていた。[19] その公園は元は世界中から植物を収集していたサリー・ドゥーリーというアマチュア園芸家の屋敷だった。一九一一年にドゥーリーは日本から庭師の棟梁を招いて、伝統的な日本庭園を造った。このときに日本から買い入れたツガにカサアブラムシがついていた可能性がある。そうならば、カサアブラムシは数十年間かかってゆっくりと広がったことになり、外来の昆虫によくみられるパターンである。しかし、一九五〇年代以降は、ツガカサアブラムシは急速にニューイングランドまで北上すると共に、アパラチア山脈に沿って南下した。[20] ツガカサアブラムシの分布域は一年におよそ三〇キロメートルの速さで拡大しているのだ。カサアブラムシは無性生殖できるので、個体数の増加も速い。分散は動物に依存するが、小さくて軽いので、風に乗って移動することもでき、瞬く間に分布を広げられる。

ここでは温帯落葉樹林を脅かす可能性のある、外来の病原体や昆虫の中から数例を挙げるに留めたが、北米東部ではこの他にも、シログルミがかいよう病という癌腫に、ストローブマツはマツ瘤病菌《こぶびょうきん》、トネリコがアオナガタマムシに、カエデやカバノキなどはツヤハダゴマダラカミキリに脅かされている。[*21]

森林に被害をもたらす病原体や昆虫の蔓延を食い止める戦略

アジアやヨーロッパ、北米の落葉樹林のある国々の間で行なわれている貿易の量を考えると、樹木を脅かす菌類や昆虫が大陸間で広がるのを食い止めるのは至難の業である。しかし、こうした外来種がもたらす経済的・生態的脅威の大きさを考えると、材木や生きた植物の輸入に対して各国が行なっている規制は驚くほど甘い。木材には菌類やキクイムシなどがついているかもしれないし、生きた植物は病原体と昆虫の両方を広める可能性があるからだ。侵略的な外来種がもたらす経済的損失の大きさが一般に理解されていないことも問題である。そのために、費用のかかる検疫や貿易制限が行ないにくくなっているからだ。二〇一一年に発表された森林の外来昆虫がもたらす経済的損失に関する米国の調査報告に、この問題がいかに深刻になっているかはっきりと示されている。[*22]国外から米国に持ち込まれた森林性昆虫四五五種のうち六二種が、経済的損失をもたらしていると記載されている。最大の経済的損失をもたらしている昆虫はキクイムシである。キクイムシに寄生されると、枯死する樹木が多いからだ。外来のキクイムシの駆除と寄生された樹木の除去作業にかかった年間の費用は、連邦政府が九二〇〇万ドル、地方自治体が一七億ドル、自宅所有者が七億六〇〇〇万ドル、山林所有者が一億三〇〇〇万ドルと推定されている。さらに、樹木の消失により、住宅地の不動産価値が八億三〇〇〇万ドル下がったと推定されている。この算定額には、生物多様性の消失や水質の悪化のような生態学的損失は貨幣価値に換算するのが難しいので、含まれていない。こうした費用は民間人や地方自治体がほとんどを分担しているが、国レベルで貿易政策や輸入規制が決定されるときに、その利益は十分に代弁されていない。葉を食い荒らすマイマイガの幼虫や樹液を吸うツガカサアブラムシなどの被害も大きいが、キクイムシに比べれば、はるかに小さいものだ。

木を枯らす病原菌や昆虫が一たび定着してしまうと、駆除するのは極めて難しくなる。最善の策は、脅威となる生物が新しい大陸に持ち込まれるのを予防することだ。キクイムシは主に木材や未加工の木製品と一緒に持ち込まれるので、こうした製品の輸出入の規制を強めることで、大陸間の移動を抑えられるだろう。森林に大きな被害をもたらす害虫は、東アジアからヨーロッパや北米に入り込んだ方が多く、また北米とヨーロッパ間では、ヨーロッパから北米に入ってきた方が多い。しかし、この三地域はいずれも、樹木に寄生する外来の昆虫や菌類がもたらす甚大な経済的・生態的損失の危険に直面している。[*23] 木材や未加工の木製品（特に梱包用木箱）の輸出入に規制を設ければ、落葉樹林のある国々の利益になるだろう。また、苗木に関しては、輸入の規制、厳しい検査や検疫、燻蒸消毒を行なえば、キクイムシの他にも深刻な被害をもたらす危険性のある様々な外来生物が蔓延するのを防ぐことができるので、こうした対策は最終的には三地域の国々のためになるだろう。

すべての木製品や苗木の輸入に対して規制を設けられない場合には、明らかに脅威となる害虫や病原体を特定して、そうした外来種が持ち込まれるのを防ぐための規制を設けることが望ましい。ゴヨウマツ類に発疹さび病をもたらすマツ瘤病菌は甚大な被害を引き起こす病原体だが、こうした規制を設けていたら、北米に持ち込まれるのを防げたかもしれない。この病原体は東アジア原産だが、東アジアのマツ類は高い耐性を示している。一八〇〇年代にヨーロッパに持ち込まれてから、急速に広まった。この菌はセイヨウスグリのようなスグリ属の低木とゴヨウマツの仲間の二種類の寄主を必要とする複雑な生活史をもっている。セイヨウスグリはヨーロッパの在来種で、北米のストローブマツもヨーロッパの広い地域に植えられているので、この菌はヨーロッパの北部や西部に広まることができたのだ。植物病理学の研究者はこの菌が北米に広がる危険性について警鐘を鳴らしていたが、北米には苗木の輸入を規制する法律はなかった。一九〇〇年代の初頭までにマツ瘤病菌は米国東部に持ち込まれ、ストローブマツに寄生し始めた。その後、西部に広がり、モンチコラマツ林とサトウマツ林のほぼすべてが枯死する場合もあり、甚大な被害を受けた。苗木と一緒に、ヨーロッパから北米へ持ち込まれたのはほぼ間違いない。ゴヨウマツ類とセイヨウスグリやフサスグリなどのスグリ属に対する輸入規制を設けていれば、このような事態は避けられたのではないかと思われる。

欧州経済共同体（ＥＥＣ）は樹木や森林を脅かすことがわかっている生物の移入を防止するために、植物製品に対する規制を設け始めた。大きな脅威の一つは、北米から広まり、日本や中国のマツ林に甚大な被害をもたらしているマツ枯れ病だ。一九九三年にＥＥＣはこの病気を引き起こすセンチュウを死滅させるために、ヨーロッパに持ち込まれるマツの生材はすべてキルン乾燥やキルン熱処理を行なうことを義務付けた。また、ナラ萎凋《いちょう》病の菌によって引き起こされるナラ枯れもヨーロッパの樹木とって危険な脅威だ。この病気は北米東部の一部でナラ類に脅威となっている菌類によって引き起こされる。*24 ナラ萎凋病は北米に元々あった可能性もあるが、メキシコや中南米の標高の高い山地に分布するナラ類からもたらされた可能性の方が高い。*25 この病気はヨーロッパでは知られていないが、ナラ類が優占する森林を脅かす危険性を秘めている。ナラ萎凋病菌はメチルブロマイドで燻蒸すれば死滅することが実験で確かめられたので、ＥＥＣは燻蒸したナラ材に限って、輸入を認めた。一方、ナラ材の輸入条件として樹皮の完全除去を加えている国もある。さらに、ウェストバージニア州やサウスカロライナ州にヨーロッパのナラ類の植林地が作られ、ナラ萎凋病菌の接種実験が行なわれた。[26] 接種されたナラの枯死率が高かったので、ヨーロッパの森林に対する脅威の現実性が高まった。こうした欧州共同体（現欧州連合）の政策は既知の脅威の拡大を防止する効果があることがわかった。しかし、大きな弱点は、原産地では問題になっていない種が与える予期せぬ脅威を防止する効果がないことだ。例えば、マツノザイセンチュウは先に東アジアへ広まって、マツに被害をもたらさなかったならば、ヨーロッパで脅威になる病原体と認識されなかっただろう。原産地の北米では病原性があるとさえ思われていなかったからだ。したがって、木材製品や苗木に対する輸入規制を広げた方が効果が期待できる。[27]

現在、米国では木材製品の病原体をすべて死滅させるために、樹皮剝ぎと熱処理が義務付けられている。[28] 木製の梱包材は最初は除外されていたが、現在は規制の対象になっている。[29] 苗木の輸入はここまで規制がされていないので、未だに都市の樹木や地方の森林に対する脅威に歯止めがかかっていない。北米に入ってくる葉食性や吸汁性の昆虫類、植物に寄生する病原体はヨーロッパやアジアから輸入される木や低木と一緒に持ち込まれるのだが、米国に輸入される苗木の量が劇的に増えているのだ。[30] 輸入先は主にカナダなので、新しい害虫や病原体が入ってくる危険性は少ないが、アジアから輸入される植物の数も大幅に増加している。米国に輸入された植物を検査するのは農務省動植物検疫局の係官だが、その量が膨大なので、数多くの病害虫が検査をくぐり抜けて、苗畑や個人の庭に入り込んでしまう。オーストラリアには、病害虫リスク評価で、脅威を与えないことが明らかにされた植物だけに輸入許可を出すというもっと効果的な制度がある。しかも、許可の下りた植物も検疫を受ける必要があるのだ。植物やその製品に対する輸入規制が設けられていなかったり、不十分だったりしたことから生じている病気の蔓延を防止するために、このような「無罪が証明されるまでは有罪」という考え方に基づく植物検査を他の国も検討することが望ましい。

持ち込まれた森林の害虫や病原体を駆除する方法

蔓延する恐れのある侵略的外来種が持ち込まれてしまった場合に、駆除できる見込みがあるのは、最初の数か月か数年だろう。それ以降になると、定着して広まり始めてしまうからだ。樹木が晒された新たな脅威に対してすばやい対応が求められることはずいぶん前から認識されている。これは一八六九年にマサチューセッツ州のメドフォードで、アマチュアのナチュラリストがうっかりマイマイガを放してしまった出来事が教訓になっている。[*31] 残念なことに、このときはガが放されたことがわかっても、一八九〇年に大発生が起こるまで、対応する者はいなかった。しかし、一旦、大発生が起きると、積極的な対応がとられた。殺虫剤の使用や手作業による卵塊の除去、発生の起きた森を焼き払うなど、マイマイガの駆除が精力的に行なわれたのだ。その結果、一九〇〇年までには駆除は成功したように思えたので、駆除は中止された。しかし、五年後に新たな大発生が起きたのだ。この場合、対応が遅すぎただけでなく、駆除も十分でなかったのだろう。被害をもたらす可能性のある森林の害虫がみつかったときには、できるだけ早く駆除にとりかかり、駆除とモニタリングを長期にわたり継続することが重要なのである。

北米とヨーロッパにツヤハダゴマダラカミキリが持ち込まれたときには、駆除と並行して、蔓延の防止に力が入れられた。このカミキリムシに寄生されると、様々な広葉樹（カエデ、ポプラ、カバノキ、ヤナギ、トチノキなどの属）が健全であっても、枯死してしまうことが多いので、北米でもヨーロッパでも大きな脅威となっている。[*32] このカミキリムシは木製の梱包材に紛れて北米やヨーロッパの港湾に広まり、シカゴ、ニューヨーク、マサチューセッツ、ニュージャージー、フランス、イタリア、オーストリア、ドイツで個体群が定着した。[*33]

ツヤハダゴマダラカミキリの上陸地で取られた個々の対応は国によって異なるが、厳密なモニタリングと寄生された木材の処分はどの国でも行なわれている。寄主になりそうな木は双眼鏡や高所作業車を用いたり、木に登ったりして、カミキリムシが寄生していないか確認した。寄生された木はすべて伐採されて、チップや焼却処分にされた。カミキリムシに寄生されやすい樹種には、幼虫と成虫に効く殺虫剤を注入したり、まだ寄生されていなくても、伐採してチップにしたりした。さらに、寄生が確認された木から八〇〇メートル以内の地域では、カミキリムシの有無を確認する作業が毎年行なわれた。米国で一九九七年から二〇〇八年の間に行なわれた駆除の費用は三億七三〇〇万ドルに上った。駆除後の四年から五年にわたる厳密なモニタリング調査でカミキリムシが発見されず、駆除が成功した地域は数か所あるが、その他の地域ではまだ駆除が継続されている。

北米で最も深刻な蔓延がみられた地域はマサチューセッツ州のウースターだろう。カミキリムシが発見されたときには、すでに郊外の自然林に広まって、定着していたのだ[*34]。したがって、広い地域で駆除とその後のモニタリングを行なわなければならなかった。カミキリムシに寄生されやすいカエデなどの樹種はウースター市内だけでなく、周辺の森でも伐採されてチップにされた。その結果、樹冠が透けてしまい、森林の樹種組成が大きく変わった。短期的には、カミキリムシは森林の樹木の枯死率を高めることはなかったが、小さな森では寄生された樹木の平均成長率は低下した。駆除の一環として、寄生されやすい樹木はすべて伐採してしまったので、カミキリムシの長期的影響を調べることはできなかった。しかし、このカミキリムシが付きやすいカエデなどの樹木が優占する森では、大きな影響を受ける可能性がある。したがって、北米東部の落葉樹林の将来にとって、駆除の成り行きは極めて重要な意味をもっている。

クリ胴枯れ病菌やツガカサアブラムシのような外来種が広まって数が増えてしまったら、完全に駆除するのはもはや無理だろう。そうなったときには、外来種の影響を最小限に抑える戦略に切り替える必要がある。いずれは、樹木に取りつく外来の昆虫や病原体もそれ自身が感染する病気に出会ったり、天敵が現れたり、寄主の樹木が耐性を進化させたりして、そこの森林生態系に組み込まれるだろう。このような生態的反応はすでにイタリアでみられている。クリ胴枯れ病菌に寄生して、菌の毒性を弱めるウイルスが現れ、多くのクリが繁殖できる樹齢まで生き延びられるようになったのだ。

生物的防除の危険性と将来性

在来の捕食者や寄生生物はいずれはツガカサアブラムシなどの外来種に適応するかもしれないが、そうなるまでには長い時間がかかると思われるので、短期的にはツガ林を守る役には立たない。その間に、北米東部に分布するカナダツガとカロライナツガの二種はそれに依存している他の生物と共に、多くの森から失われてしまうかもしれない。もし、ツガカサアブラムシに特化した捕食者や寄生者を元の生息地で特定して、持ってくることができれば、ツガ類を保護することができるかもしれない。生きた生物を使って外来種を制御する（生物的防除）方が標的の外来種だけでなく、他の様々な生物にとっても有害な化学物質を使うよりも環境にやさしいだろう。しかし、残念なことに、生物的防除は評判がよくないのだ。マングースのような般化種（訳注：専門化していない捕食者）を害獣の駆除に利用する誤った試みが多々あったからである。捕食者を移入しても在来種の脅威になるだけで、駆除の対象種にはほとんど影響を与えないことが多かったのだ。[*35] 生物的防除を行なう場合は、細心の注意を払って実施計画を立て、計画を検証した上で実行に移さないと、生態系に深刻な被害をもたらす恐れがある。生物的防除に利用する生物を選ぶ重要な基準は、駆除対象の外来種に特化していることで在来種を脅かさないことである。この基準を満たすかどうかを判断するためには、生物的防除に用いる生物の生活環を詳しく研究すると共に、駆除対象の外来種に近縁の在来種や類似の在来種を攻撃するかどうかを確かめるために、実験室や温室でくり返し実験を行なう必要がある。

ニューイングランド南部で、ツガカサアブラムシに寄生されたツガが枯死し始めたとき、コネチカット農業試験場のマーク・マクルアはこの外来種を自然生息地で調査するために、直ちに日本へ赴く手はずを整えた。この調査は、コネチカット州のワシントンにあるスティープロック協会という土地信託のNPO法人の助成金も受けていた。[*36] マクルアは日本の生物学者の協力を得て、本州の南部に散在する七六か所のツガの生育地を訪れた。[*37] 調査地の半分ほどは森林で、残りは園芸用のツガが植栽してある庭園や公園だった。カサアブラムシはツガとコメツガの二種でみつかったが、カサアブラムシの密度は低く、北米から輸入されて、園芸用に植栽されていたカナダツガと同様に、在来の二種のツガも健全だった。さらに、このカサアブラムシを捕食する昆虫も数種いることもわかった。ツガカサアブラムシの生物的防除に利用する生物の有力な候補として、モンナガコバネダニ（*Diapterobates humeralis*）という非捕食性のダニがまず考えられた。カサアブラムシの卵嚢を保護している白い蠟物質を食べるので、卵が死んでしまうからだ。しかし、残念なことに、このダニは繁殖率が低いので、実験室で大量に増殖させるのは難しいことがわかった。さらに、日本のツガに寄生したカサアブラムシの卵の蠟物質は食べるが、カナダツガに付いた卵の蠟物質は食べないのだ。[*38]

幸いなことに、ツガヒメテントウ（*Sasajiscymnus tusgae*）という小型の黒いテントウムシが生物的防除に利用する生物として見込みのあることがわかった。[*39] 森林総合研究所の伊藤賢介と浦野忠久がコネチカット州に標本を送ってくれたのだ。マーク・マクルアの下で博士研究員をしていたキャロル・チアはこのテントウムシが生物的防除に必要な主な特徴を備えていることを見出した。繁殖率が高く、一年に二回以上繁殖するので、大量に飼育繁殖させることができるのだ。また、ツガカサアブラムシを生活環のどの段階においても捕食することと、テントウムシ自身の生活環もアブラムシと同期していることもわかった。[*40] 隔離された実験室で慎重に実験をくり返した後に、このテントウムシは一九九五年にコネチカット州の森に放された。テントウムシが放された場所では、カサアブラムシの密度は急激に減少した。さらに、ツガが枯死しなくなり、テントウムシが放されてから一〇年経つと、樹冠が回復したのだ。[*41] また、移入したテントウムシは放された場所で再び捕獲されているので、定着しているのは明らかである。

一九九五年に米国森林局の昆虫学者であるマイケル・モンゴメリーは中国の研究者と共に、三種のツガが分布する中国南西部や中央部の山岳地帯の森林でツガカサアブラムシの捕食者を探した。[*42] 中国では、ツガが生育しているのは主に奥地の険しい山地だったので、ツガカサアブラムシをみつけるのは並大抵のことではなかった。カサアブラムシの生息地では五〇種のテントウムシがみつかったが、そのうちの二一種が未記載の新種だったので、発見したテントウムシを識別するのにも苦労した。[*43] 発見した五〇種のうち、ヒメテントウ属の三種がカサアブラムシを捕食する上に、生物的防除に利用できそうな特性も備えていた。[*44] この三種のテントウムシの成虫は他のアブラムシを食べることもあるが、幼虫はツガカサアブラムシに特化しており、その卵を常食できないと死んでしまうのだ。さらに、北米のカサアブラムシの在来種を脅かさないことも実験で確認しておいた。フェニセカ・タルキニウス（*Feniseca tarquinius*）という肉食性のチョウがおり、その幼虫がパラプロキフィルス・テッセラトスという在来のアブラムシ（*Paraprociphilus tessellatus*）を食べているが、この三種のテントウムシがこのアブラムシを脅かすのではないかと、保全関係者が心配していたからである。[*45] 幸いなことに、パラプロキフィルス・テッセラトスを中国産と日本産のテントウムシに与えたが、頻繁に捕食することがなかっただけでなく、このアブラムシを食べても、幼虫は成虫になることができなかったので、このアブラムシの脅威になることはない。

この三種のテントウムシのうち有望な二種を飼育繁殖して、カサアブラムシの駆除の役に立つかどうかを見極めるために、北米東部で野外実験が行なわれた。最初の実験では、ツガカサアブラムシに寄生されたツガの枝にテントウムシを放し、そこからテントウムシが逃げ出さないように外側に覆いをかぶせた。一方、テントウムシの捕食効果を比較するために、テントウムシを放さない枝にも袋をかぶせた。その結果、特に寄生して日が浅い場合には、テントウムシを放した枝では、アブラムシの個体数が著しく減少したことがわかり、テントウムシを利用した生物的防除に期待がもてた。しかし野外実験の後、テントウムシをカサアブラムシに寄生されたツガ林に放したが、残念なことに、テントウムシは定着しなかったようだ。放してから一年後に行なわれた調査で、テントウムシが確認されなかったのだ。

さらに、カナダのブリティッシュコロンビア州にあるベイツガ林でツガカサアブラムシを捕食する小型のテントウムシ、ラリコビウス・ニグリヌスが発見されている。西部の森林にはカサアブラムシの天敵がいる上に、ベイツガ自身が耐性をもっているので、ベイツガが広い地域で枯死するような被害はもたらされていない。DNA分析の結果、北米西部のツガカサアブラムシはアジア産のものと系統が異なることが明らかになった。北米西部のツガカサアブラムシは在来種だということになる[*46]。一方、北米東部のツガカサアブラムシは日本南部のものと同じ系統であることが示され、日本から持ち込まれたことが裏付けられた。

バージニア州で行なわれた実験室と野外の実験の結果、ブリティッシュコロンビア産のこのラリコビウス・ニグリヌスが北米東部のツガカサアブラムシの駆除に威力を発揮するかもしれないことがわかった。すでに、このテントウムシはグレートスモーキーマウンテン国立公園のツガの原生林を始め、北米東部の様々な場所でツガ林を守るために大量に放されている。他の発生地に放すために捕獲できるほど定着している場所もある。しかし、ツガに深刻な被害をもたらさない程度に、常にカサアブラムシの個体数密度を低く抑えていられるのかどうかは、まだわかっていない。[*47] このテントウムシや他の捕食者による駆除効果はニューイングランドの方が南方の森林よりも高いようだ。ニューイングランドでは、時折、訪れる厳しい冬でカサアブラムシの個体数が大幅に減り、生き残った個体も大部分が捕食されるので、個体数の回復が妨げられるからだ。しかし、南部でも、ノースカロライナ州のヘムロック・ヒル（栂《つが》が丘）では、放されたラリコビウス・ニグリヌスによるカサアブラムシの卵嚢の捕食率が高かったので、ツガ林が順調に回復している。[*48]

植食性昆虫の個体数は、菌類のような病原体によって制御できることもある。ツガカサアブラムシに効く病原性菌類を探し出すために、米国東部と中国南部でツガカサアブラムシから殺虫作用のある菌類が採取された。[*49] 採取された菌類は実験室で培養され、ツガカサアブラムシや他の昆虫で試された。マサチューセッツ州で行なわれた野外実験では、幸先の良い結果が出た。ツガに菌の胞子を散布すると、カサアブラムシの個体数が減少したのだ。

侵略性の高い病原体が定着してしまった場合には、生物的防除に利用できそうないくつもの候補の中から、効果のある捕食者や病原体を探し出すこうした方法は短期的には最も有効な対応だろう。北米でツガカサアブラムシの生物的防除に用いる捕食者を選定したときに求められたのは、原産地である日本や中国の研究者と緊密に協力し合いながら、現地のツガカサアブラムシの調査・研究を行なうことや、隔離された実験室で防除に利用できそうな生物に対して厳格に制御された実験を行なうこと、他の在来種を脅かさずにツガカサアブラムシだけを捕食すること、そしてその個体数を減少させるのを確認することだった。さらに、ツガの木や枝にカサアブラムシの捕食者を放して袋をかぶせた野外実験を行ない、その後にカサアブラムシに寄生されたツガ林にこの捕食者を大量に放したのである。たとえ、生物的防除が功を奏したとしても、カサアブラムシを完全に駆除できるわけではなく、ツガの枯死が食い止められるくらいかもしれない。しかし、枯死が食い止められば、在来の植食性昆虫と同じように、植物の防御と捕食者や病原体の組み合わせによって、ツガカサアブラムシの蔓延は抑えられるだろう。

最初にツガヒメテントウが大量に放された州に数えられるコネチカット州では、生物的防除の効果はすでに証明されていると思われる。私が鳥類の個体数調査をしているコネチカット・カレッジ植物園の一角で、ツガがほぼ全滅してしまったのを見ていたので、同じ地域にある三本の遊歩道沿いで、ツガが生き延びているだけでなく、回復してきているのを目にして驚いた。ツガの梢は葉が茂り始め、枝先は新緑に包まれていた。そして、カサアブラムシの姿はほとんど見られなかった。後でわかったのだが、遊歩道はいずれも日本のツガヒメテントウを放した場所に近かったのだ。チアが行なった定量分析の結果も私の一時的な観察を裏付けていた。[*50] これらの場所では、一九九五年から二〇〇一年にツガヒメテントウを大量に放したが、二〇〇六年以後は枯死するツガが激減した。樹冠の空き具合の指標となる葉の透き度合いを測定した結果、テントウムシを放した場所は葉の密度がカサアブラムシに寄生されなかった場所に匹敵し、テントウムシを放さなかった場所よりもずっと密度が高いことが明らかになった。

生物的防除を行なってからも、駆除の効果が現れるまでに時間差が生じることもある。マイマイガの駆除はその極端な事例といえるかもしれない。一九八九年にニューイングランドの一部の地域でマイマイガが大発生を始めて、ナラの優占する森が大規模な食害に見舞われるだろうと予想された。しかし、突然、マイマイガの終齢幼虫が死に始めたのだ。枝には死んだ幼虫が花綱のようにぶら下がり、ツガ林の葉が突然食べられなくなった。死んだ幼虫の体にはエントモファガ・マイマイガ（*Entomophaga maimaiga*）という病原性のある菌類の胞子がいっぱい詰まっていた。この真菌類はマイマイガを駆除するために、一九〇九年に日本から北米へ移入されたのだが、ツガ林に放された後、みられなくなってしまったので、駆除計画は失敗に終わったものと思わ

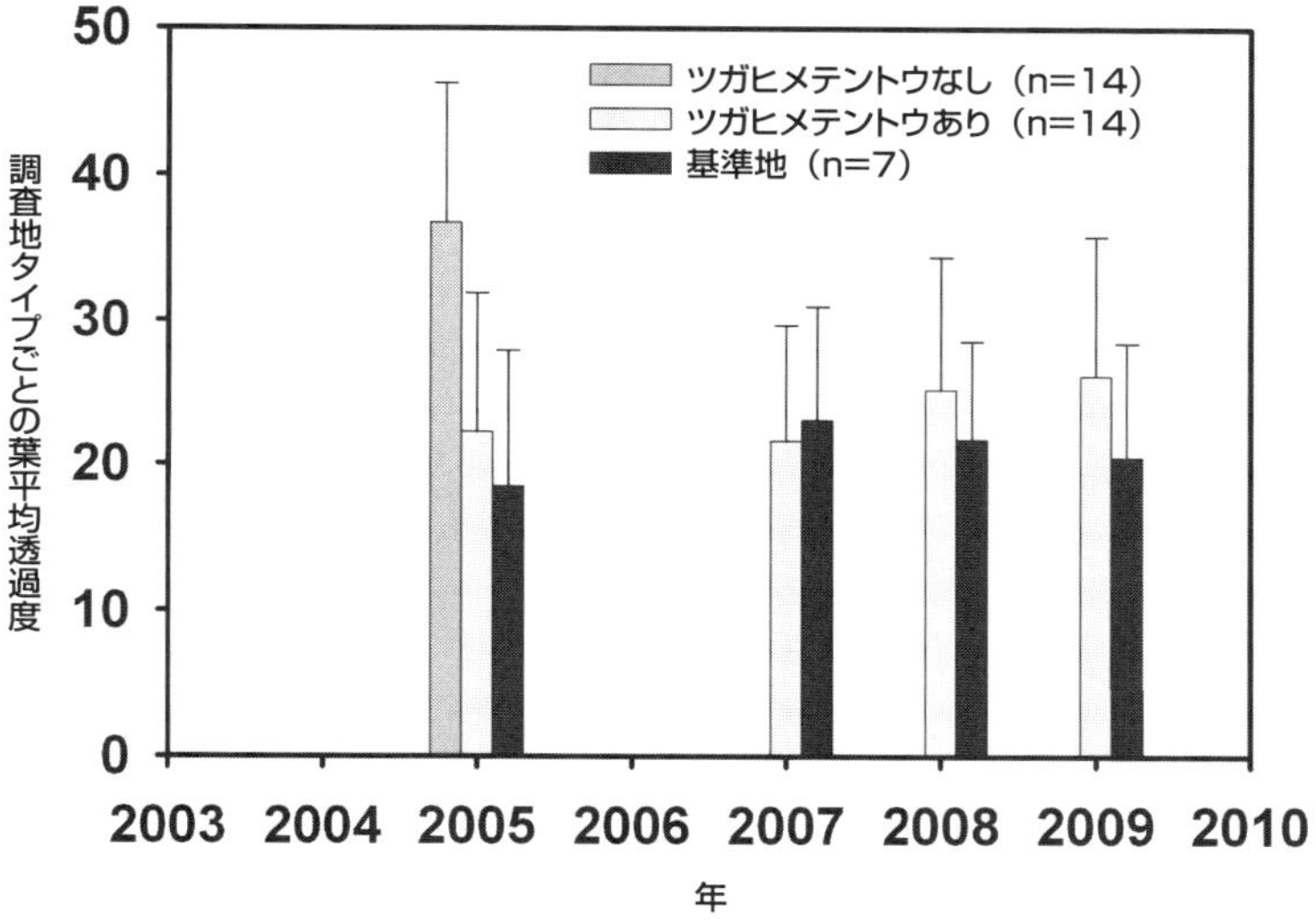

図 26　カナダツガの葉平均透過度の比較。ツガカサアブラムシが蔓延した地域で捕食性のツガヒメテントウを導入した地域、カサアブラムシはいるがヒメテントウを導入しなかった地域、およびカサアブラムシの被害がまだない地域（基準地）の間で比較した。透過度が低いことは、ツガの葉が密に茂っている樹冠の健全さを表す。（Cheah 2010; C. Cheah, the Connecticut Agricultural Experiment Station の許可により掲載）

れていた。この菌がマイマイガの個体群に大きな影響を及ぼし始めたのは一九八九年になってからなので、効果が現れるまでになんと八〇年もかかったことになる。[*51] この間にこの菌が徐々に広まっていったのか、それとも偶然に再び持ち込まれたのか、定かではない。一九八九年の春は雨が多かったので、この菌が急速に広まったらしいが、マイマイガもたまたまこの時期に大発生し始めたのである。[*52] 一九八九年以降、この菌は北米東部のマイマイガの生息地域に広まり、マイマイガの大発生を防いだり、被害を大幅に減らしたりしていると思われている。しかし、マイマイガやそれに寄生する菌が在来種である日本でも、時折マイマイガが大発生して葉を食べ尽くす被害を及ぼすことがあるので、これからも北米でマイマイガによる被害が発生する恐れは多分にある。[*53]

生物的防除の成否は、新たな外来種に対応するために迅速かつ綿密な調査を行なうことができるかどうかにかかっている。生物的防除に利用する生物を移入するにあたっては、ほとんどの国で厳しい規制が設けられている上に、厳密な検査を行なった後でなければ、野外実験の許可は下りない。防除用生物の移入規制はこれほど厳しいのだが、苗木の輸入規制や検査が同じくらい厳しければ、そもそも生物的防除はさほど必要なかっただろうと思われるのはなんとも皮肉なことだ。[*54]

耐性を備えた樹種の品種改良

東アジアではツガカサアブラムシやクリ胴枯れ病菌がいる地域でもツガやクリが元気に生育しているのは、ツガやクリがこうした病原体や害虫に対して耐性を備えているからである。北米やヨーロッパに在来のツガやクリはこうした植食者に対して有毒な化学物質という十分な防御手段を備えていなかったため、カサアブラムシャ胴枯れ病菌が持ち込まれて寄生されることになったのだ。新しい寄主も耐性を進化させるかもしれないが、それまで何百年もかかるだろうし、その寄主がその前に絶滅してしまえば、耐性が生じるという進化が起きないのはいうまでもない。植物の育種家は、耐性をもつ木を探し出して交配するという伝統的な品種改良の手法や、耐性を備えた樹種の遺伝情報を寄生されやすい樹種に移すような新しく登場した遺伝子工学を用いて、進化の過程を速めようと試みている。

個々の樹木が外来種の昆虫や病原体に対して示す耐性の強さには変異があるので、ここで最も重要なことは、中でも強い耐性を示す木が失われないようにすることだ。その木から耐性を受け継いだ子孫を増やすことができるからである。米国西部のモンチコラマツ（ウエスタンホワイトパイン）のマツ瘤病に耐性のある系統は、耐性を備えていそうな「好ましいマツ」を伐採せずに残すことによって作り出された。[*55] しかし、残念なことに、樹木に極めて高い枯死率をもたらす害虫の発生や病気の蔓延が起きると、脆弱な種の樹木はどれも枯死するものと決めつけて、あらかじめ伐採してしまうことが多い。北米東部をクリの胴枯れ病が席巻したときは、こうした対応がとられたので、耐性を備えた木も生き延びる機会を与えられずに伐採されてしまったのかもしれない。最近の例では、ツガカサアブラムシに対して同じ対応を取った地域がある。[*56] 森のツガは全滅するという予言が、伐採措置が取られることで的中するのは皮肉なことだ。

胴枯れ病に耐性のあるアメリカグリを作り出そうという品種改良計画は、大規模なものでもいくつかある。胴枯れ病を生き延びたアメリカグリでも耐性のレベルは比較的低いので、生き延びた純血のアメリカグリの改良に取り組んでいる研究者はごく少ない。[*57] 大方の品種改良計画では、アメリカグリとシナグリを掛け合わせて、見た目にアメリカグリらしいがシナグリの耐性を備えたクリの木を作り出すことが試みられている。数十年にわたり交配をくり返した結果、胴枯れ病に耐性のあるクリを生み出すことができたが、シナグリのように背が低くて株立ちになるものばかりで、アメリカグリのように背が高く、枝を広げる樹形にならないのだ。現在最良のものは「クラッパー」と呼ばれるアメリカグリの樹高と樹形を備えた雑種だが、残念ながら、胴枯れ病に対する耐性が十分でないことがわかった。

当初の繁殖計画はことごとく失敗に終わったので、一九六〇年代に計画は中止されてしまった。しかし、一九八三年になると、トウモロコシの遺伝子研究を行なっていたチャールズ・バーナムらがアメリカグリ財団を設立して、新たに品種改良に取り組み始めた。*58 アメリカグリ財団は、シナグリの耐性を備えたアメリカグリそっくりの新種を作り出すために、単にシナグリとアメリカグリを交配して、両者の望ましい特性を併せ持つ子孫をえり分けるのではなく、戻し交配という手法を用いた。戻し交配は作物の品種改良によく用いられる手法だが、まず、シナグリとアメリカグリを交配して雑種第一代を作ることから始める。その雑種の中から胴枯れ病の耐性をもつものを選び出し、その中で最も耐性の強い雑種を再び純系のアメリカグリと掛け合わせる（戻し交配）。そして、できた雑種第二代の中から再び耐性を備えたものを選び出す。雑種第一代と同様に、雑種第二代も純系のアメリカグリと掛け合わせる。この戻し交配を三回くり返して、アメリカグリの遺伝子が九四％を占めるクリを作り出した。このクリはアメリカグリの樹高と樹形を備えていた。この品種が受け継いだシナグリの遺伝子は少ないが、その中には胴枯れ病に対する耐性を発現する肝心要の遺伝子が含まれている。さらに交配を続ければ、アメリカグリの遺伝子の割合を増やすことができるだろうが、現在の割合のままでも、純系のアメリカグリに十分近いので、野外実験の許可が下りると思われる。野外実験を行なう前段階として、胴枯れ病に対する耐性を強化するために、戻し交配した系統同士を交雑させる（同系交配）。アメリカグリ財団が改良した雑種の植樹がテネシー、ノースカロライナ、バージニア、ペンシルベニアの各州で二〇一〇年に始められた。植えられた苗木をシカ柵で保護する必要があったのは、一〇〇年前にクリの高木が姿を消した後

図 27　バージニア州のメドウビュー実験農場にある大きなクリノキ。クリ胴枯れ病耐性をもつアメリカグリを戻し交配させた個体。花には花粉媒介者が来ないように袋を掛けてある。（American Chestnut Foundation の好意による）

の森林の変貌ぶりを如実に示している。

　耐性を備えたこのクリは伝統的な品種改良の手法で生み出されたが、たいそう手間と時間がかかるので、胴枯れ病の耐性を発現させるわずか一握りの遺伝子をシナグリからアメリカグリに移すという作業は、いずれは遺伝子組み換えの分子工学技術にとって代わられるだろう。*[59] 胴枯れ病の耐性に関わる遺伝子を突き止めるために、シナグリの全ゲノムを解読する一大計画がすでに始まっている。*[60] その遺伝子が特定されれば、雑種の中から耐性を備えたクリの実生を効率的に選び出すことができるので、伝統的な品種改良の時間短縮が図れるだろう。いずれは、耐性発現遺伝子をアメリカグリのゲノムに挿入して、耐性を備えた系統を生み出すことができるだろう。

　北米東部にクリを再移入することができたら、私たちが現代の北米の落葉樹林で「通常」と思っているような生態的過程の想定を覆すようなことが起きるかもしれない。初夏に大きな白い花を咲かせるクリは、森の奥深くで花粉媒介をする昆虫の新たな花蜜源になるだろう。*[61] ナラやブナは実をつける年が不規則なので、ハイイロリス、トウブシマリス、シロアシマウスのようなナッツを食べる動物の個体数に大変動をもたらすが、クリは毎年、実をつけるので、こうした動物は比較的高い個体数密度を維持できるかもしれない。*[62] また、クリの若木は日陰にも比較的強く、アカカエデのような陰樹と競っても劣らないので、やがては樹冠の組成を変えていくだろう。アメリカグリに限ったことではないが、アメリカグリにはこのクリに特化した様々な昆虫が生息していた。*[63] ハモグリガのようなクリを専門にする昆虫の中には、アジアやヨーロッパから持ち込まれたクリにも生息できるものがいるので、アメリカグリが回復すれば、いち早く定着するだろう。一方、モグリチビガ科のエクトエデミア・カスタネアエのようなアメリカグリだけに特化した七種のガはすでに絶滅したかもしれない。そうだとすると、再生したアメリカグリは、長い年月をかけて一緒に進化してきた植食性昆虫の一部を失ったことになる。ポール・オプラーは、このように種が減少していると特化の進んでいない食葉性昆虫の食害を受けやすくなる可能性があると指摘している。[*64] ここで、クリの再生が及ぼす影響に関して述べたことは推測の域を出ないが、北米東部の「ナラ－クリ」の混交林でアメリカグリが再び樹冠の優占種として復活することになったら、大きな生態的変化が起きるだろうと予測できる。

樹種が失われると起こる長期的変化

昆虫や病原体のせいで特定の樹種が激減したのは、木材製品や苗木の輸出入が主な原因である。しかし、大陸間の貿易が始まる以前から、樹木が激減する事態は時折、生じていた。例えば、およそ五四〇〇年前に、北米で突然ツガ類が減少したことが湖沼堆積物に残された花粉記録からわかっている。[*65] 多くの地域からツガがほとんど姿を消して、カバノキ、ナラ、カエデ、アメリカブナなどが増加したのである。しかし、それから一〇〇〇年から二〇〇〇年すると、ほとんどの地域でツガが回復した。ツガの回復例をみると、樹木の種は大陸的規模で激減しても、いずれは回復する力を備えていることがわかる。

一方、ヨーロッパでは、ニレがツガと同じような経過を辿ったことが花粉記録で明らかになっている。ドイツ北部からイギリスやアイルランドに至る北西ヨーロッパでは、五〇〇〇年ほど前の湖沼堆積物に残されたニレの花粉量が減少しているのだ。[*66] ノーフォークの湖の堆積物層を年ごとに分析した結果、花粉の減少は突然生じて、わずか六年の間に七三％も減少したことがわかった。これほど厳密ではないが、他の各地の記録でも花粉が突然減少したことを示している。ニレが急減したことは、病原体か昆虫が北ヨーロッパやイギリス諸島に広まり、ニレが広い地域で枯死したという仮説に一致している。立ち枯れ病を媒介するニレカワノキクイムシの遺骸がニレが激減した完新世中期の堆積物から発見されているので、激減の原因は立ち枯れ病であるという可能性が考えられるが、直接証拠は得られていない。五〇〇〇年前頃といえば、北ヨーロッパは変動の時期を迎えていたので、こうした変動がニレの減少をもたらした可能性もある。夏の温暖化と冬の寒冷化が進み、季節の差が顕著になる一方、人類の文化は狩猟採集から穀物栽培や畜産へ大転換を遂げたのだ。気候の変動と森林内に開拓が及んだことで、ニレが減少した可能性はあるにしても、ニレの突然の減少は北ヨーロッパの広い地域で同時に起きたという確かな証拠があるので、直接の原因は病原体か昆虫の大発生だと思われる。

北米のツガと同様に、ニレも減少前の状態に回復するのに一〇〇〇年以上かかった地域があっただけでなく、イギリスでは回復しなかった地域も一部にあった。樹木がこれだけの回復力を備え、病原体の大発生が起きる頻度が数千年に一度くらいで、被害を受ける樹木が一種だけならば、森林が危険に晒されることはない。しかし、新しい病原体が数十年に一度の割合で森林に広まるとなると、話は違ってくる。

他の侵略的外来種

森林生態系に深刻な変化をもたらすことが明らかなので、これまで樹木を枯死させる外来種の害虫や菌類を取り上げてきた。しかし、動植物や動物の病原体を含め、他のタイプの外来種も落葉樹林の多様性や安定を脅かしている。こうした外来種はたいてい人間が東アジアやヨーロッパ、北米の遠く離れた地域の落葉樹林から別の落葉樹林へ運んできた種である。外来種の大半は人間が作り出した生息地におおむね限定されていたり、振る舞いが在来種とよく似ていたりするので、無害なようにみえる。しかし、急激に増加して、急速に蔓延し、獲物や寄主、競争相手となる在来種を激減させてしまう外来種も少数ながらいる。また、森林生態系の構造に変化をもたらして、間接的に様々な種に影響を及ぼす外来種もいる。さらに、特定の樹種に寄生する胴枯れ病菌や吸汁性昆虫のように、急速に蔓延する外来種は、数少ないながらも森林生態系の多様性と安定性を脅かすことがある。

例えば、白鼻症候群は病原性菌類によって引き起こされ、北米東部でコウモリに極めて高い死亡率をもたらしている伝染病である。ヨーロッパではこの菌類がみつかっているにもかかわらず、コウモリの個体数に大きな影響を与えていないので、北米とヨーロッパの両大陸で、洞窟探検をする人が広めたのかもしれない。[*67] この病気は二〇〇六年に北米で初めて発見され、洞窟に生息するコウモリがすでに数百万頭も犠牲になっている。この菌に寄生されると、冬眠しているコウモリが目覚めてしまうのだ。しかし、目覚めるたびに、越冬用に蓄えた脂肪が消費されるので、春を迎える前にエネルギーを使い果たしてしまうのである。したがって、冬のさなかにおそらく食べ物を求めて飛び回るコウモリの姿がみられたら、この病気が流行っていると考えられる。また、洞窟で死んでいるコウモリは痩せ衰えているので、餓死したと思われる。冬眠中の死亡率がこれほど高いと、他の原因ですでに危機に瀕している数種のコウモリが絶滅する恐れがある。トビイロホオヒゲコウモリはかつては普通にみられる種だったが、この病気に脅かされている。[*68] トビイロホオヒゲコウモリのようなコウモリは樹冠の上や川沿い、林内の空き地を飛び回って昆虫を採食する落葉樹林生態系の重要な捕食者だ。[*69] こうしたコウモリの個体数が激減したとき、森林生態系にどのような影響が及ぶのか予想だに難しい。

急速にはびこる外来植物は、伝染病や植食性昆虫がもたらすような急激な個体群の崩壊を引き起こすことはないが、生態系の多様性を徐々に蝕んでいく可能性がある。こうした外来植物の中には、森林の下層植生の中に広まって、様々な在来種を駆逐してしまう種もある。しかし、他の大陸から入り込んできた種が林内の空き地に繁茂すると、森林の遷移を遅らせたり、妨げたりした結果、灌木やツタが優占する背の低い植生に徐々に変わっていくのが一般的である。[*70] 三大陸のどこでも、こうした外来植物は落葉樹林で繁茂して、森林管理者に強い懸念を抱かせている。例えば、日本産のメギは北米東部の落葉樹林の下層に瞬く間に広まり、在来種の灌木や草本を駆逐したり、実生の成長を妨げたりすることがある。皮肉なことに、北米にはイギリス人が入植した後で園芸用に近縁種のセイヨウメギが持ち込まれていたが、それを駆逐するために日本のメギが一九二〇年代に植えられていた。[*71] セイヨウメギは急速にはびこる上に、コムギに寄生するコムギ黒さび病菌も媒介していたのである。米国農務省は、園芸用も野外に逸出したものも含めてセイヨウメギを撲滅する国民的キャンペーンを展開して、大きな成果を収めた後に、日本産のメギは黒さび病菌を媒介しないとして、セイヨウメギの代わりに推奨したのだ。しかし、その後、日本のメギは林床にすばやく入り込むと、生い茂って藪を形成し、ブルーベリーやハックルベリーのような在来種の灌木を減らしてしまったのだ。[*72] さらに、土壌のアルカリ性を高めて、窒素が得られやすい土壌特性に変えた。[*73] こうした土壌の変化はメギの成長を促進するので、攪乱を受けていない成熟林でメギが繁茂する要因の一つになっているのかもしれない。

メギは棘が多く、オジロジカはその葉を食べないので、シカの生息密度が高い森では瞬く間に繁茂する。[*74] アン・エシュトラスとジョン・バトルズは、北米東部でメギやアシボソ（イネ科）、ガーリック・マスタード（アブラナ科）という三種の侵略的外来種がすばやく繁茂するのは、オジロジカの影響だということを明らかにした。二人はペンシルベニア州とニュージャージー州を流れるデラウェア川に近い一〇か所のツガ林に小さな囲い地を四〇〇か所作り、各囲い地のそばに対照区を設けた。[*75] 柵によってシカを締め出した囲い地に比べて、対照区ではシカの食害により在来植物が減少したので、三種の外来種の増加が速かった。増加が最も著しかったのは、ツガカサアブラムシの葉食で樹冠が開けていた調査区だった。したがって、シカと葉食性の侵略的害虫の生息密度が高いと、森林の下層にこの三種の外来植物が急速に広まりやすくなるのだ。おそらくシカは、侵略的外来種は口に合わないが、在来の草本や樹木の実生は好むので、結果的に、外来種の競争相手を取り除く役割を果たしているのだろう。

ヨーロッパや東アジアでも侵略的外来植物は環境問題を起こしている。例えば、イギリスでは持ち込まれたポンティクムシャクナゲ〔訳注：セイヨウシャクナゲの一種〕がナラ林に広まっている。下層植生に及ぼしている影響は日本産のメギが北米の森林に及ぼしている影響と似ている。[*76] 日本では侵略的外来種は河川沿いで、とりわけ大きな問題になっている。在来植物の群落の多様性を脅かしているからだ。[*77] 河川沿いの環境のおよそ一五％が移入植物で占められている。河川沿いでみられる侵略的移入植物の多くが北米産で、侵略的移入種全体の三七％、分布域の広い侵略的移入種では六四％に及ぶ。北米から入った侵略的植物の中でも、セイタカアワダチソウ、ニセアカシア、アレチウリ、オオブタクサが急速に分布を拡大している。中国東部の江蘇省にある森林自然保護区でも外来植物は珍しくない。[*78] ここでも外来植物は五六％と大部分が北米産である。こうした保護区では、外来植物はおおむね人為的攪乱を受けた環境にみられるが、ユーラシア西部から持ち込まれたオオイヌノフグリとフラサバソウ（ツタバイヌノフグリとも）というクワガタソウ属の二種は針広混交林の下層に広まっている。

動物の外来種が落葉樹林の生態系の大きな問題となっている地域もある。イギリスのほとんどの地域では、北米東部から持ち込まれたトウブハイイロリスが在来種のキタリスを駆逐してしまった。[*79] また、このリスはブナやスズカケのような樹木の皮を剝いで害を与えている。さらに、実が熟さないうちに取ってしまうので、セイヨウハシバミが脅かされている。一方、日本では北米から持ち込まれたアライグマが、様々な小動物の個体群に大きな影響を及ぼす恐れがある。アライグマは獲物の幅が広い有能な捕食者だからだ。[*80]

保全上の意義

温帯の落葉樹林は、気候変動と、貿易に伴う世界的規模の生物の移動という地球規模の二大問題に脅かされている。近年、気候変動に対する関心は高まっているが、北半球の森林にとっては、外来種の分布域の拡大の方が深刻で差し迫った脅威なのだ。侵略的移入種は世界中の様々な生態系で、その多様性を蝕んでいるのだが、その影響の深刻さは十分に理解されていない。[*81] 北半球の落葉樹林が晒されている最大の脅威は、森から森へと広まっている特定の樹種に特化した病原体や植食性昆虫である。ヨーロッパと東アジア、北米の落葉樹林には近縁の樹種が生育しているが、互いに長い間、孤立していたので、各大陸の落葉樹林の種は、同じ病害虫に寄生される可能性があっても、その脅威に対して同じ防御手段を備えているとは限らない。こうして、樹木が壊滅的な被害を受ける事態が起きるのだ。こうした被害を受けたとしても、必ずしも絶滅に至るとは限らないが、生態的に重要な優占樹種が生態系から姿を消したも同然になるかもしれない。新しい病原体が持ち込まれてからわずかな間に、アメリカグリ、ヨーロッパニレ、日本のアカマツが姿を消してしまったのだ。こうした移入病原体が定着してしまってからでは、地域の保全関係者にできることは、被害を受けた種の減少率を記録し、その減少が生態系に及ぼす影響を評価することくらいしかない。このような病原体の大発生が起こると、地元で日頃から地道に行なってきた数々の保全努力が反故《ほご》になってしまうことがある。例えば、何十年にもわたり保護してきたカナダツガの原生林がまさにツガカサアブラムシの大発生に脅かされているのだ。また、コウモリについては、昆虫食であるという生態的重要性や冬眠中に安全を守ってくれる洞窟の役割などを長年にわたり説いてきた苦労が実り、保全の成果が上がったが、その成果も白鼻症候群の蔓延で一夜にして無に帰してしまうのだ。

地球規模の気候変動と同様に、こうした問題は国際的合意に基づく大きな経済的コストを伴うので、手に負えないように思われるかもしれない。しかし、気候変動と同様に、この問題に脅かされていない国や地域はないのだから、どの国も国際的合意の必要性を感じているはずだ。取り上げた三大陸の落葉樹林は外来種に脆弱なので、主要な落葉樹林地帯にある先進国にとって、外来種の問題は特に大きな脅威となる。解決法は生物の移動に対する規制をもっと厳しくすることだ。キクイムシや病原性菌類が寄生している可能性がある未処理の木材製品に関しては、有効な国際的合意がすでに成立しているが、苗木に対する規制はもっと厳しくする必要がある。侵略的外来種という認識が広まった種の輸入は禁止されているが、侵略的かどうかまだわかっていない新しい生物種の方がはるかに大きな脅威になる可能性がある。在来種に被害を及ぼす侵略性をもつ可能性が低い植物でも、病原菌を媒介するかもしれないので、検査や検疫を厳しくすれば、新しい病害虫の蔓延や大発生を防げると思われる。また、地元の木材製品を活用することや観賞用植物には在来種や確立された栽培品種を用いることも、侵略的生物種が広まるのを防止する長期的な取り組みとして有効である。[*82] 大陸間で落葉樹林の樹木や灌木を大量に移動し合うのは、私たちの森林とロシアンルーレットをしているのに等しい。

第10章　三大陸の保全戦略を融合する

東アジア、ヨーロッパ、北米東部にみられる現在の落葉樹林はかつて北半球を帯状に覆っていた広大な落葉樹林の名残に過ぎない。各大陸は分離状態が何百万年も続いたので、大陸ごとに異なった動植物の種が進化してきたが、落葉樹林の基本的な構造や生態的仕組みはほとんど変わっていない。しかし、この五〇〇〇年の間に人類が森林を切り開いて農地や牧草地、居住地に変えていくにしたがって、森のある景観は大きく変わり始めた。農地開発の規模は三大陸間に大きな差はなかったが、土地の利用形態には著しい相違がみられた。やがて、それぞれの大陸で森林や生物多様性の保護や回復を試みる活動が始まるが、その動機や方法は文化的相違に大きな影響を受けていた。現在は三大陸の保全関係者と研究者は頻繁に情報交換をしているが、自然の美しさや土地管理に関する考え方が大陸間で根本的に異なるために、各大陸の保全の優先順位や戦略は未だにそうした相違に大きな影響を受けている。

北米の原生自然を保全する

環境歴史家のロデリック・ナッシュは一九六七年に「原野とアメリカ人の心」（『環境思想の系譜〈一〉』東海大学出版部、一九九五年）を著して、アメリカ文化の中で原生自然という概念が果たしている中心的な役割をわかりやすく説明している。[*1] 最後のフロンティアが開発されて人が定住した一九世紀に、アメリカ人が原生自然地域の価値を認めるようになった状況を詳しく紹介している。最後に残ったバイソンの群れや手つかずの山々、伐採されていない森林の保護に少数の著名な知識人が取り組み始めたのだ。アメリカにある原生自然の景観は、ヨーロッパの文化的に豊かな景観に代わるものとして重んじられた。初期の国立公園は高い滝や深い渓谷、地層の見える巨岩、間欠泉などのような自然の驚異を表す地形が中心だった。ヨーロッパにはローマ時代の遺跡や城、大聖堂があるが、アメリカには目を奪われるような自然の驚異があり、アメリカ人はそれを国の誇りを示す大事なシンボルと考えるようになった。[*2] 二〇世紀に入り、自動車が大量生産されて、舗装道路網が整備されると、国立公園は重要な巡礼地になった。アメリカ人の間で西部の国立公園を自動車で巡る家族旅行が人気を博すようになった。

一九世紀になると、アメリカには世界に冠たる自然があるという意識が芽生え、トマス・コール、フレデリック・チャーチ、アッシャー・デュランド、アルバート・ビアスタット、トーマス・モランに代表されるハドソン・リバー派の画家たちが描いた迫力のある原生自然の風景によって強められていく。[*3] しかし、自然の景観は次々と農地に変えられ、多くの地域ではその後に住宅や工場などが建設された。その結果、特別な自然地域を国の遺産の大事な一部として保存する運動が始まった。しかし、当初は、カリフォルニア沿岸の巨大なセコイアのようなそれ自体が記念碑的な森や、グランドキャニオンの縁やヨセミテ渓谷に残されていた森などが保護されたに過ぎなかった*4。

しかし、一九世紀には、自然地域を重視する考え方は次第に一般に受け入れられるようになり、渓谷や滝がなくても、自然のままの森の価値が認められるようになっていった。ラルフ・ウォルドー・エマーソンやヘンリー・デイヴィッド・ソローなどの超絶主義者は、自然地域は精神の安らぎや癒しの場として重要であると論じ、ソローは数か所の自然地域を公園として保護するべきだと記した。こうした著作は知識階級以外にはほとんど影響を与えなかったが、ジョン・ミューアの著書や記事によって一般に紹介された*5。ミューアは増加する都市の住民に癒しの空間を提供する原生地域をそっくり保全するべきだと説いた。ミューアは雄大なヨセミテ渓谷の保護に与《あずか》って尽力したが、原生自然の森を保護する重要性も説いていた。

一九世紀後期に、ミューアの主張は一般に支持されるようになったが、ちょうどその頃、ギフォード・ピンショーらが将来の木材の安定供給を図るために、持続可能な林業を行なう必要があると論じた。両者の革命的な保護運動は、目標が相いれないために直に衝突することになった。ミューアは創設した自然保護団体・シエラクラブと共に、徒歩や馬、カヌーでしか行かれない人為的攪乱を受けていない原生地域を保全する重要性を力説した。一方で、科学的訓練を受けた森林管理者は、木材や狩猟鳥獣、水の持続可能な供給源として、森林を集約的に管理することに重点を置いていた。両者が目指す目標はあまりにも違うので、異なる森でなら達成できるといずれは立証されるが、同一の森で達成することはできない相談だった。

原野を農地や都市に変えることを理想として発展してきた国で、人手のまったく入っていない原生自然を保全するという理想がこれほど広い支持を得たのは意外なことだ。一九世紀の初めに米国を訪れたヨーロッパ人は、アメリカに入植した移民が自然林の美しさには価値を見出さず、壮大な森林をほぼ皆伐して、樹皮剝ぎによって枯死した木や切り株、木を割って立てた柵がたくさんある殺風景な農地に変えてしまったと、書き残している。[*6] しかしそれよりも前、一八〇〇年代後半までには、森林破壊の規模やペース、無尽蔵と思われていたリョコウバトやアメリカバイソンが絶滅や絶滅の淵に追い込まれたことを知って、アメリカ人はすでに自然の美しさや多様性が失われたことを実感していた。一方、ちょうどこの頃、最後のフロンティアが消滅して、その文化的影響に対する懸念も強まっていた。人が定住していない土地や未開の地はアメリカ文化の真髄である独立独行、自立、革新のよりどころであると考えられていたからだ。[*7] 原生自然の保護区はこうしたアメリカという国を象徴する文化の特徴をこれからも発展させ、試すことができる場を提供してくれると考えられたのだ。

一九四〇年代になると、撹乱を受けた生態系を理解して管理する最良の方法は、撹乱を受けたことのない生態系を研究することだとアルド・レオポルドが論じて、原生自然地域を保全する試みに科学的な根拠を与えた。[*8] レオポルドは、土地を効果的に管理するためには、「常態、つまり土地が有機体として健全な状態を表す基礎データ」が必要だと述べている。[*9] 開発を免れて現在残っている自然生態系はかつての広大な自然生態系のほんの一部に過ぎないが、こうした名残のような原生地域でも、科学的研究にとっては計り知れないほど貴重な存在なのである。さらに、世界各地の各生態系のタイプを代表するサンプルがあるのは重要なことだ。例えば、ロッキー山脈の広大な原生自然地域は、東部の落葉樹林の原生自然地域の代わりにはならない。種間の相互作用や森林の遷移パターン、自然撹乱への適応、栄養循環、その他の基本的な生態学的過程が異なる可能性があるからだ。

撹乱を受けていない広大な原生自然地域や「処女林」を重視した保全活動は、東部の落葉樹林の保全にはほとんど役に立たなかった。東部の落葉樹林はほとんどが木材の伐採が行なわれた後や農地が放棄された後に再生した二次林だったからだ。北米東部では最も奥地の森でさえも、人為的撹乱を受けた歴史があるので、原生自然には当たらないように思えた。例外は、ニューヨーク州北部にあるアディロンダック山地の森林で、大部分が伐採や様々な攪乱を受けた歴史があるが、それでも広大な原生林が残っていた。また、一九世紀後半までには、アディロンダックの森林や湖沼はニューヨーク州の人々にとって主なレクリエーション地域になっていた。ハイキング、カヌー、ハンティングや釣りを楽しむことができる自然が保たれた山地だった。一八九二年にアディロンダック公園として一万二一四六平方キロメートルという驚くほど広大な地域が保護されたのだ。[*10] アディロンダックの森はエリー運河とハドソン川へ水を供給する重要な水源地だったので、ニューヨーク州議会はその公園を設立することに決めたのだが、公園設立運動を始めたのはその地を訪れて、ハンティングや釣り、景観美を楽しんでいた人たちだった。一八九四年に新しく制定された州法に、アディロンダック公園の人の住んでいない地域は「原生自然の森林として永久に保全する」という条項と木材の伐採を禁止する条項が加えられて、原生地域を保全する重要性が明確に示された。[*11]

イエローストーン国立公園が一八七一年に設立され、その後も五〇年にわたって数多くの国立公園が誕生したが、こうした国立公園は西部に集中していた。植生の多様性が豊かな東部の落葉樹林が国立公園として保全されている地域は皆無だった。メイン州のアカディア国立公園が一九一六年に設立されたが、この公園の大部分は寒帯性針葉樹林と岩礁海岸である。[*12] 広大な落葉樹林を備えた国立公園の先駆けになったグレートスモーキー山脈国立公園とシェナンドー国立公園は一九二六年に設立の承認がされたにもかかわらず、実際に設立されたのは一九三〇年代になってからだった。[*13] このような遅れが生じた理由の一つには、公園の予定地が国有地ではなく、私有地だったために、個人の土地所有者や木材会社から土地を買い上げなければならなかったことがある。[*14] 公園用地の購入は連邦政府ではなく、州政府や個人の責任で行なうという条件で、設立が承認されていた。用地の購入資金はノースカロライナ、テネシー、バージニアの三州とその住民、ロックフェラー家によっ

図28「アディロンダックの夕暮れ」ニューヨーク州アディロンダック山地にある奥深い森を描いたサンフォード・ロビンソン・ギフォードの絵画（1864年）。(The Adirondack Museum の好意による)

て拠出された。

グレートスモーキーマウンテン国立公園はとりわけ重要な落葉樹林の保護区である。この公園は面積が二一一五平方キロメートルに及び、その広大な園内には一五〇〇種を超える植物が生育しており、そのうち在来樹木だけでも一二五種あるので、ヨーロッパでみられる樹木の種数よりも多い。[*15] この公園には北米東部有数の落葉樹の原生林があるが、西部の国立公園と異なり、グレートスモーキーマウンテン国立公園やシェナンドー国立公園の広い地域で、かつては農耕や木材の伐採が行なわれていた。したがって、東部にみられるほとんどの森林と同様に、両公園の森林の大部分を占める成熟した二次林には農地として利用された痕跡がはっきり残っている。[*16]

アディロンダック公園が設立される一年前の一八九一年に、米国議会は国有地を森林保護区に充てる権限を大統領に付与する森林法案を可決した。[*17] それから一〇年足らずの間に、米国西部でおよそ一九万平方キロメートルの森林保護区が設立された。アディロンダック公園や国立公園とは異なり、こうした（後に国有林になる）森林保護区は木材やその他の自然資源を持続的に生産するために管理されていた。国有林では、木材の伐採、狩猟や放牧、ダムの建設が許可されていた。[*18] 長期的な経済収益のために自然資源の「賢明な利用」をするのが国有林管理の基本原理なので、国立公園とは異なり、自然美の保護やレクリエーションは元来は重要事項とは考えられていなかった。古木はボードフィートと呼ばれる板材体積単位の年あたりの生産率が若い木よりも悪いので、特に原生林の保全は「科学的林業」とは相いれないと考えられていた。イェール大学などの林業学部のある大学で訓練を積んだ森林管理者にとって理想的だったのは、短期間のローテーションで持続的に収穫できる成長の早い樹木の若い森だった。木材不足が切迫すると、アメリカの経済が損なわれて国民の生活水準が下がるだろうと懸念されていたが、こうした高度に管理された生産性の高い森は、それを回避する唯一の道だと考える林業家が多かった。また、森林管理者は、まっすぐな樹木が並ぶ均質な林分を美しいと感じるように訓練されていたので、自然の森のように、病気に罹っているものやねじ曲がっている木、倒木や藪がたくさんみられる森林には、嫌悪感を抱いていた。

米国森林局の伝統的な実用主義を考えると、多くの国有林には国立公園よりも人為的撹乱が少ない原生自然地域が含まれているのは皮肉なことだ。アルド・レオポルドは手つかずの自然生態系の保全や復元の重要性を指摘した著書で後に有名になるが、まだ森林局に勤めていた一九〇〇年代の初めに、ニューメキシコ州の二か所の国有林で原生自然地域を保全するように主張して、実現させた。[*19] このレオポルドの功績が幸いして、後に森林局のレクリエーションと土地部長になるロバート・マーシャルが、国有林の中に広大な原生自然地域を保全する運動を推進して、成功させることになったのである。[*20] 一九六四年までには米国森林局は五万六〇〇〇平方キロメートルもの道路のない原生自然地域を指定していた。[*21] 伝統的に国立公園では、一般大衆が公園の主要な地域まで簡単に行けることが重視されているが、原生自然地域では伐採はもちろんのこと、道路や建物の建設も許可されていなかった。原生自然地域の主要な目標は手つかずの自然を保全することだけでなく、原生自然を体験する機会を提供することでもあった。ロバート・マーシャルの原生自然地域の基準は、「同じ場所を通ることなく、一、二週間移動できるだけの広さがある」地域で、建物や道路、鉄道などがないことだった。[*22] つまり、訪れた人は徒歩や馬、カヌーで移動しなければならないので、本当のフロンティアで経験する自立心と試練を味わうわけである。原生自然地域は現代の都会生活のストレスから逃れて、健康を維持し、自立心を養い、自然に対する深い感謝の念を育む場になるだろう。

一九六四年に原生自然法が可決され、森林局の原生自然地域の保護が強化された。[*23] 議会はこの保全法の成立で、国有地の原生自然地域を指定することができるようになった。こうした原生自然地域の四〇％（二〇〇五年現在、五五か所）は国有林に、その他は国立公園や土地管理局などの国有地にある。国有林の原生自然地域は森林限界より標高の高いところにある「岩場と氷の原生地域」と呼ばれているものも多いが、広大な森林も含んでいる。特に東部の国有林では広大な落葉樹林が原生地域として保護されている。

私は学生時代に原生自然地域でアルバイトをしたことがあるが、森林局は原生地域の倫理を真摯に考えているのがわかった。夏休みに一週間にわたり、モンタナ州のセルウェービタールート原生自然保護地域でトレイル管理の仕事をしたのだが、チェーンソーなどの動力機械の使用は許可されていなかった。ラバの背に作業用具を乗せ、私たちは斧やシャベルを使って、トレイルを整備していった。ハイカーや馬が通れるトレイルを開く以外には、原生地域の自然や静けさを損なわないようにするためだった。唯一の例外は森林火災の消火作業で、そのためには飛行機やヘリコプターの使用や、仮設道路の建設も含まれていた。

原生自然を保全するという理想は、ナショナルオーデュボン協会やザ・ネイチャー・コンサーバンシー、地域の土地トラストのようなNPOの自然保護組織の基本理念でもあった。こうした組織は国立公園や国有林よりは小さいが、重要な自然地域を保全できる規模の保護区を設立した。こうした保護区では二週間も行方知らずになることはできないが、半日や一日くらいは手つかずの自然を探索することはできる。こうした小規模な保護区は東部の落葉樹林にとってはとりわけ重要である。東部は国立公園や原生地域が西部ほど多くないからだ。

原生自然を重視するアメリカの自然保護運動はおおむねアメリカ独自の運動だった。ヨーロッパで始まった絵画や文学のロマン主義がきっかけになったのは確かだが、米国のフロンティア文化をよりどころとする独特の哲学を発展させた。[*24] エマーソン、ソロー、ミューア、レオポルドや、彼らの影響を受けた自然物の人気作家の著作は、森林や野生動物、自然地域が急速に失われていくことに衝撃を受けたアメリカ人の共感を呼んだ。[*25]

ヨーロッパ人にとって歴史的建造物や記念碑、遺跡が重要なのと同じくらい、アメリカ人にとって国立公園にみられるような自然の景観が国を象徴する重要な要素だという考えが浸透してきた時期なので、それが失われていくことは特別に心が痛んだ。こうした状況に対する危機感から、アメリカ大陸に残された最後の未開発地域を自然な状態に保つ運動に十分な支持が集まったのだ。「自然な状態」の定義は次第に、特に大型の捕食者や火災に対する考え方が変わると共に変化したが、北米の原生自然を保全するという理想は自然地域の保全の中核を成していることに変わりはない。

現代の生態学的研究の観点からみた原生自然の保全

手つかずの生態系を保全すれば、研究者が自然生態系の仕組みを解明するのに役立つと力説したのはアルド・レオポルドだが、それまでは、原生自然の保護運動は生態系の科学的理解や将来の研究に対する有用性に基づいたものではなかった。運動の中心となっていたのは美的、精神的関心事だった。したがって、本書で紹介した科学的知見に照らしてみたとき、こうした保全の取り組みが生態系や生物の多様性を保護するのにどのように役立つのかを考えてみるのは興味深い。

道路や産業施設を建設したり、住宅地開発をすると生息地が分断化され、森林生態系の機能維持に関わる大きな問題が起こるが、広大な国立公園や原生自然地域を保護しておけば、そうした問題に対処するのに役に立つことは明らかだ。公式に指定された国有林や国立公園の原生自然地域は道路や建築物がなく、火災や嵐による風倒のような大規模な自然攪乱にも耐えられる広さがある。また、面積が十分に広いので、ダムと池を作るビーバーや、最上位の捕食者、そして分断されていない森を必要とする鳥類も生息できる。渓谷全体や山脈全体にわたる広大な自然地域を保全するのが重要だということは、科学的研究によって確認されている。規模の小さい自然保護区では、原生林や二次林を保護するにしてもその一部しかできないので、大規模保護区と比べてうまく機能していない。その理由としては、面積が小さすぎるので、最上位捕食者のような重要種の生息に適さないこと、竜巻やハリケーンのような一度の攪乱によって破壊されてしまう可能性があること、小型捕食者や托卵性のコウウチョウ、侵略的植物を含め、林縁で繁栄する種が森の内部に侵入しやすいことなどが挙げられる。

原生自然地域はたいてい規模が大きいので、シカの個体数を抑制する大型捕食者が生息できるし、捕食者が絶滅してしまっている場合は、再移入を考慮することもできる。これは落葉樹林を管理する際に極めて大きな利点になる。また、原生自然地域の内部は侵略的植物種の供給源である攪乱地から遠く離れているので、侵略的植物の密度が低い。しかし、原生自然地域の規模が大きく、人里から離れていても、残念ながら、クリ胴枯れ病菌やツガカサアブラムシのような病原体や害虫の発生を防止することはできない。

皮肉なことに、現代の生態学や考古学の研究によって、原生自然地域が人為的攪乱を一度も受けたことのない「手つかずの」自然な場所だという考えは覆されてしまった。人類は最終氷期の末期以来、ある種の絶滅や別種の個体数の増加に手を貸したり、火災の発生頻度を変えたりして、自然環境を改変してきたからだ。そのために、真の「自然」の定義が難しくなり、単なる絶滅危惧種の保護や生物多様性の維持ではなく、自然状態の回復を目標にした自然再生計画は問題を突き付けられている。その結果、アメリカの自然保護関係者はどのタイプの「自然状態」を保全や再生計画の目標に設定すればよいかという問題でむなしく頭を悩ませている。

原生自然という概念のために、小さな自然保護区がミニチュアの原生自然地域であるかのように管理されると、特別な問題に突き当たることがある。モンタナ州の五四二七平方キロメートルに及ぶセルウェー・ビタールート原生自然保護地域では、トレイルの維持を中心とする最小限の管理でうまくいくかもしれない。しかし、シカや中型の捕食者の生息密度が高く、それを抑制できる大型の捕食者がまったくいない四〇ヘクタール程度の自然保護区で、ナラのような陽樹を維持できるほど自然撹乱の頻度が高くなくて、侵略的植物が繁茂している場所で、このような管理を行なえば、惨憺たる結果に終わるだろう。この場合は、原生自然地域で行なわれている無干渉管理では、森林性の種の多様性が崩壊し、最終的には落葉樹林がイネ科の草本や灌木が優占する別のタイプの生態系に変わってしまう。

原生自然の重要性ばかり唱えていると、広大な自然地域を保護しさえすればそれでよいと勘違いしてしまい、別の問題が起こる可能性がある。それは、特殊な環境に生息が限られている種の場合は、広大な保護区といえども生息環境がないかもしれないという点だ。米国の北東部では、こうした地域が限定された生息環境としては、石灰岩の露頭地域や蛇紋岩の岩床地域、砂質土壌などがある。[*26] こうした生息環境に依存している種については、絶滅危惧種に焦点を当てて保護する方が、道路のない原生地域の保護に焦点を当てるよりも効果的だろう。

しかし、結局のところ、原生自然地域を重視する取り組み方は、生態系と多様な生物種の保護には効果があった。持続可能な個体群を支え、いずれは見舞われることになる自然撹乱を吸収できる規模を備えた保護区を設立することができたからだ。「原生自然」というのは人為的な概念であり、ほとんどの生態系は人間活動の影響下で形成されているという批判があるが、的を射たものではない。農地や住宅地に囲まれた小さな自然保護区に比べて、広大な自然生息地の方がはるかに持続可能で回復力が高い可能性がある。また、アルド・レオポルドが論じているように、そうした自然生息地は自然の多様性が長期にわたって失われずにいるメカニズムを教えてくれ、規模の小さい保護区や開発の進んだ環境にも当てはめることができる教訓を与えてくれるのだ。

人手の入ったヨーロッパの自然環境を保護する

一九七〇年代に、著名な科学者で著作家のルネ・デュボスが、人にとっては、原生自然よりも賢明に開発した環境の方が好ましいものであり、原生自然地域を保全すればそれで健全な自然保護といえるわけではないと論じた。[*27] この見解は北フランスのイル・ドゥ・フランス地方で、慎重に管理された農地や牧草地、森に囲まれて過ごした子供時代の経験に基づいている。[*28] この地方では二〇〇〇年にわたり集約農業が行なわれてきたが、土壌は今でも肥沃さを失っていない。畑や牧草地が慎重に適切な管理をされてきたからだ。この地方は人の需要に応じられるという意味で生産性が高いだけでなく、美しく、生物の多様性も豊かである。デュボスは、数千年前にこの地方を覆っていた原始林よりも現在の環境の方が人間にとってはずっとよいと考えていた。

デュボスは一九四〇年代に米国に移住し、ハーバード大学、後にはロックフェラー大学の著名な微生物学者になったが、伝染病や微生物学、環境問題に関する一般向けの著作でもよく知られている。デュボスが米国に帰化せずにフランスに留まっていたら、原生自然の問題に取り組む必要があったかどうかは疑わしい。フランスにいて、自然保護に興味をもったとしたら、保護活動は子供の頃に親しんだ「人為的な」自然に向けられただろう。しかし、デュボスは米国で、保護に値するのは原生自然だけだと考える環境保護運動に直面することになった。

一九七六年に『サイエンス』誌に発表した論文で、デュボスは原生地域を保全する重要性を過小評価した。[*29] 原生自然地域も光合成によってエネルギーが生産されるので生産力があり、高い生物多様性を支えているし、人々が原生自然に時折接するのは重要なので、原生自然地域も多少は保全することが望ましいと、短い一節で述べている。しかし、この一節は変則的で、他の箇所は適切に管理された人為的な環境の方が望ましいだけでなく、優れてもいると力説しているからだ。手つかずの原生自然よりも人間の営みの役に立ち、魅力的な庭園のような「人為的な」世界を人が作り出すことができると論じている。

西ヨーロッパの生態系の保全や再生は、適切に管理された半自然的環境を理想とするデュボスの見解と一致している。ヨーロッパの保護関係者は伝統的に原生自然を元の状態に回復することをあまり重視してこなかった。その代わりに、希少種や絶滅危惧種の保護や、魅力的で懐かしい文化的景観の維持のために、農地や疎林放牧地、雑木林のような人為的な環境の管理に精力的に携わっている。一方、米国には最近まで、農地や放牧地、植林のような管理が行き届いた人為的な環境の生物多様性を保全することに関心を示す保護関係者はほとんどいなかった。

ヨーロッパでは、森でもほとんどが管理された人為的な環境である。ヨーロッパと北米の落葉樹林は生態的に似ているが、ヨーロッパのとりわけ北西部の落葉樹林は、北米東部の落葉樹林よりもはるかに管理が行き届いている。森林は定期的に択伐されているだけでなく、生育不良の木や病気に罹った木、枯れた木、幹の曲がった木も取り除かれているので、樹冠部はまっすぐに伸びた高木が担っており、その下層は開けた状態になっている。つまり、森林の生物多様性を支える枯死木や朽ち木がほとんどないのだ。その結果、驚いたことにドイツでは、本来はキツツキが開けた穴や、枯死木や朽ち木の樹洞に営巣していた鳥類種の個体群を維持するために、森林管理者が巣箱をたくさん設置しているのだ。木材生産のために効率的に管理されている森では、こうした自然の営巣場所が手に入らないので、樹木の成長率を下げる葉食性昆虫を捕食する鳥の個体群を支えるためには、巣箱が必要なのだ。[*30] また、ヨーロッパ北西部の多くの地域では、落葉樹林は、単一の針葉樹が整然と並んだ同齢の植林に変えられてしまっている。手入れの行き届いた森林を見慣れているヨーロッパ人からみると、下層植生が生い茂り、朽ち木や枯れ枝、樹皮の剝げた枯れ木などが散在する北米の森が雑然として秩序のかけらもないと思えるのも無理はない。

イギリスには在来種の落葉樹からなる有名な古い森（樹齢四〇〇年以上）があるが、歴史的には管理の方法や度合いは森によって異なっていた。家畜やシカの喫食により開けた疎林になった「樹林放牧地〔訳注：木立のある放牧地、混牧林とも〕」もあった。一九世紀に美術や文学でロマン主義が台頭すると、大きな古木や古い森は美しく、精神面にも重要だと強調されるようになり、特に感動を呼ぶような大木には名前が付けられて観光名所になった。しかし、こうしたロマン主義もシャーウッドの森のような原生林の一部が外来の針葉樹の植林に変えられるのを止めることはできなかった。一九五〇年から一九七五年にかけて、イギリスでは木材生産の最大化が図られたので、老齢の森は非生産的と考えられたのだ。*31 大きな保護運動が起こったにもかかわらず、古い森は伐採されてしまった。イギリスでは原生自然の保全は絶滅に瀕している鳥類種の保護などよりも優先順位が低いようだ。

イギリスに残っている原生林は今では手厚く保護されているが、必ずしも自然な原生林の回復を意図しているわけではない。主眼は樹林放牧地やポラード仕立ての木立、雑木林のような特定のタイプの半農耕地的な環境や、古木に依存する生物種を保護することに置かれているのだ。伝統的な樹林放牧地は、枝の広がった木材用の高木かポラードが散在する開けた放牧地だった。ちなみに、ポラードは家畜に飼料を与えるために、木を枯らさないようにしながら、二から四メートルより上の大きな枝を定期的に剪定した樹木のことである*32（八五頁、図9参照）。切り落とされた枝の付け根から新芽が出ても、位置が高すぎるので家畜やシカに食われてしまう心配がないのだ。何百年にもわたり剪定がくり返された結果、こうした樹木は太く短い幹の先端から若い枝がたくさん生えた樹形をしている。おそらく、ポラードのような樹形は人間が管理する以前の自然界ではみられなかったものだろう。それでも、ポラードが散在する樹林放牧地は生物多様性の保全にとって重要なのだ。樹林放牧地にみられるような疎林草原の環境には様々な生物種が生息しているだけでなく、古木は古い樹皮や朽木を必要とする多種多様な地衣類や無脊椎動物を支えてもいるのである。[*33]

ポラードが散在する樹林放牧地を維持するためには、剪定と喫食の両方が必要だ。[*34]定期的に剪定しないと、ポラードは根元が太い奇妙な樹形をした高木になり、樹冠が広がると、下の草本は日陰になってしまう。喫食がなくなると、開けた草地は灌木や若木にとって代わられる。一八七八年に保護が始まったエッピングの森にある樹林放牧地は、ポラードの剪定と家畜の放牧が禁止されると、若い二次林の特徴を帯び始めた。しかし、樹林放牧地の中には、個体数が増えているシカが家畜に代わって喫食を行ない、元の草地環境が回復してきているところもある。

人の手で管理されている伝統的な森で、生物多様性が維持されている良い例はコピスと呼ばれる雑木林だろう。[*35]雑木林の木は根元かそれに近い位置で伐採されるが、切り株から無数の小枝が再生してくる。雑木林は薪や棒などの小さな木材を供給する役割を果たしてきた。その結果、森よりは灌木林の環境に近く、開けて日当たりのよい低木環境を好む野草や動物に適したものになる。[*36]この点は雑木林の中にまっすぐな高木が散在する場合にも当てはまる。薪や伝統的な木工品に使う小枝の商業的需要がなくなり、雑木林の管理が行なわれなくなるにつれて、低木環境を必要とする様々な種が減少した。[*37]例えば、伝統的な雑木林などの灌木林環境が失われたために、ヤマシギやサヨナキドリ、ハシブトガラなどは減少してしまった。[*38]

イギリスには高度に人為的な森林環境があるが、そのうち保全の優先順位が高いものの中にフォレストライド（乗馬道）も入る。フォレストライドは森の中を通り抜ける幅広の多様な草地で、森の中で狩猟や乗馬をやりやすくするために、定期的に草刈りが行なわれている。林内の日当たりのよい空き地を必要とするチョウや植物の希少種の生息地や生育地になっているので、保全の必要性が特に高い。[39] フォレストライドは生態的には人為的撹乱を受けたことがない林内の自然の空き地に相当するかもしれないが、保全管理の焦点はこうした幅の広い通路を維持することであり、ビーバー草原や絶滅して久しいゾウが作り出した林内の空き地のような、自然の空き地を再現することとは違うのだ。

フォレストライド、雑木林、ポラード、樹林放牧地を保全のために維持するのは、自然景観ではなく、文化的景観を復元することだ。ヨーロッパの景観について、フランス・ヴェラは画期的な仮説を二〇〇〇年に提唱している。それによれば、かつてはヨーロッパの広い地域が樹林放牧地に似た疎林で覆われていたが、それは、今では絶滅した大型哺乳類の喫食によって維持されており、さらに、樹林放牧地は保全のために維持されていたが、森林管理者が自然のやり方を模倣していると気づいていなかっただけなのだという。[40] こうした景観の保全の主な目標は、従来の環境とそこに生息する菌類や動植物の種を維持することだ。イギリスの森林の保全や生態系に関する数々の著作で高い評価を得ているオリバー・ラッカムは、イギリスの本来の森林や他の自然環境を再生するには、我々は知識が不足しているので、一九九〇年代にイギリスで人気を博すようになった「原生的な森（人手の入らない森）」を復元する試みは見当違いのものであると、批判している。[41] その代わりに、その森に生息していて保護に値する重要な生物種や特徴などを「実際に観察し」、特定の管理方法が及ぼす影響を知り、その観察結果に対応することを推奨している。また、ラッカムは、「保護関係者が自分の抱いているイメージに基づいて原生的な森林を復元しようとすると、森はいい迷惑をする」とも、論じている。[42]

生態的多様性の保全に対するラッカムの現実的な取り組み方はヨーロッパでは一般的だが、北米では異端である。北米では、生態系の復元とは生態系をできる限り元の姿に戻すことと考えられているからだ。したがって、イギリスの生態学者もヨーロッパの生態学者の例に漏れず、農地開発で森林が伐採される以前の自然生態系の姿や、復元の目標にする生態系史の時代に関して、長い時間をかけて議論するようなことはしない。復元目標にこのような違いが生じるのは、北米の方が、農地開発が行なわれる前（人間の大きな影響が直接・間接的に森林に及ぶ前とはいわないまでも）の森林のことがよくわかっているからだが、同時に、北米では「人為的に手なずけられた」自然よりも原生自然の保全を重視しているからでもある。

人手が入った文化的景観の中で生物の多様性を保護・回復させようとするヨーロッパの取り組みは、農業の集約化によって減少している種を保護する努力にとりわけよく反映されている。二〇世紀になると、ヨーロッパの多くの地域で、大型の農業機械を導入するために畑が拡張され、在来種の豊かな多様性を育んできた休耕地や生垣、畑の縁が姿を消してしまった。こうした生息環境の変化が殺虫剤や化学肥料の使用などと相まって、かつては農村で普通にみられていた鳥や花粉媒介を行なう昆虫のような生物の激減をもたらしたのだ。[*43] しかし、イギリスや他のEU諸国がとった保護政策は、こうした種を保護する草地を備えた自然保護区を設立するのではなく、減少している種に優しい農法に切り替えるように農民に専ら補助金を出すことであり、主なものは伝統的な農法を復活させることだった。[*44] 生物多様性は基本的には「農産物」として扱われているので、こうした保護策は農民の援助や貴重な農村景観の保護に一役買っている。例えば、イギリスでは、草地で営巣している鳥の巣を壊さないように草刈りの時期を遅くしたり、家畜の放牧頻度を下げたり、種子食の鳥のために、冬期に穀物の畑に刈り株を残しておいたりすれば、補助金がもらえる。[*45] こうした保護策の中には、最も重要な一種のための農地管理に重点を置いているものもある。例えば、オランダでは、絶滅が危惧される草原の鳥類種の巣立ちビナ数に対して、農民に補助金を支払う試みがなされている。[*46] ただしこのような保護策で、植物や昆虫、鳥類の多様性を豊かにするのに必ずしも成功しているというわけではないので、その効果に関してはさらに調査を行なう必要がある。[*47]

自然保護と食料生産を「同じ場所で」行なうことは、早くも一九六九年にイギリスで提唱されたが、こうした取り組みは一九九〇年代になるまでは、豊富な予算の付いた国家事業として行なわれることはなかった。[*48] 農業補助金制度は農作物の過剰生産防止、農民と地方経済の支援、自然環境の改善を目的としていた。したがって、イギリスや他の欧州連合（EU諸国）では、保全政策の要は農地の生物多様性を保護することとなっている。その目標は鳥やチョウ、ハチ、植物の特定の種の個体群だけでなく、文化的歴史的意義を有し、ヨーロッパの特定の地域に「その場所らしさ」をもたらす伝統的な地方の自然も保全することである。

現代の生態学的研究の観点からみた人為的自然環境の保全

原生自然を重視する保全の取り組み方を評価するとき、私が基準にしたのは、生物の多様性の保全と、正常に機能している自然生態系の保全にどれほど役立つかだった。保全生物学者は自然生態系を維持するために、生態的に健全な方法を解明して、発展させようと試みるものだが、この二つはその一般的な目標だ。最初の目標である生物多様性の保護に関しては、人為的なものを含め、すべての生息環境を管理するというヨーロッパの取り組み方が効果的に思える。ヨーロッパの保全方法では、古木の樹皮に寄生する目立たない菌類やコムギ畑の縁に生える小さな草本も含め、すべての生物種が重視されているので、それぞれの個体群を維持するために、すべての生息環境が管理の対象になり得る。しかし、この方法では、自然生態系を保護するという第二の目標は達成できないように思える。人為的な生態系も多様性は高いかもしれないが、自立という点で「正常に機能している」とはいえないからだ。実際、数年ごとの剪定や、鳥の繁殖期後に毎年行なわれる牧草地の刈り取りのような人為的管理が継続されなければ、人為的な生態系は持続できない。すると保護活動は農業に似てくる。現に、食料や木材の生産と共に行なわれていることが多いのだ。一見すると、これはイエローストーン国立公園の自然生態系の機能を回復させるために、オオカミの再移入や火入れを行なうこととはまったく違うようにみえる。しかし、北米の自然生態系を回復させる方法も、個体群を積極的に管理したり、生息環境を操作したりする方向へ徐々に向かっている。ヨーロッパ人が入植する前の森林に似た環境を作り出すためには、人が積極的にオジロジカの個体数を制御したり、日陰に弱い植物が育つように樹冠のギャップを作ったり、ビーバー草原を模して、氾濫原の草刈りを行なったりすることが必要になるかもしれない。温帯落葉樹林には、自立が可能な規模の原生自然地域や国立公園はほとんどない。小さな森には最上位の捕食者は生息していないし、遷移初期の生物種に必要な生息環境を生み出すには、火災や嵐のような自然攪乱は発生頻度が低すぎるので待ってはいられない。

ヨーロッパ方式の大きな利点を挙げるとすれば、保護活動が行なわれる場所の多くが「使用中の土地」なので、比較的低いコストで広い地域の生物を数多く保護できることだ。農地や牧草地の維持管理は基本的に食料や牧草の生産によって行なわれているし、補助金制度によって生物多様性を損なわない農法が奨励されている。補助金は減反に利用されるのではなく、生産性を重視した集約的農法を転換して、種の多様性が失われないようにするために、建設的に使われている。また、こうした保護策は、例えば、花粉媒介する昆虫や昆虫食の鳥の数を増やすことによって、農業効率や費用効果に直接寄与することもある。一方、施業林でも同じ取り組み方ができる。絶滅危惧種の保護や個体数の回復を行なう方法を探ることに重点を置いたこの取り組み方は現実的なので、自然林と人工林とを問わず有効かもしれない。その結果できあがる森林生態系は農業が伝わる以前のヨーロッパにみられた原生的自然とは似ても似つかないかもしれないが、ヨーロッパ人は、小さな村の周囲に牧草地や畑、生垣、森がモザイク状に広がる人為的な自然環境であっても保護に値すると考えるのだ。

しかし、広大な手つかずの自然地域がほとんど残っていないことが、ヨーロッパの弱点になっている。森林の生物種を保護管理する方法は、そうした種が辿ってきた進化の過程を理解しないとわからないことが往々にしてあるからだ。例えば、フィンランドやスカンジナビア諸国にあった広大な寒帯林は、最後に皆伐して木材を収穫するまでに頻繁に間伐が行なわれる若いマツやトウヒの均質な植林に変えられてしまった。[*49]その結果、枯死木や古木、特定の遷移段階に依存する様々な種は窮地に陥っている。現在は、森林管理者がこうした植林地に自然な特徴を復元させる努力を始めている。しかし、人手が入っていない自然な針葉樹林の研究を行なうためには、スウェーデンとフィンランドの生物学者はシベリアの奥地にあるトウヒ林にまで出かけて行かねばならなかったのだ。[*50]調査の結果、スウェーデンの施業林と比べると、ロシアのトウヒ林には、枯れ木が三三倍、倒木が四六倍、生きた大木が八倍もあることがわかった。河川から離れた丘陵地はトウヒ林に覆われ、その広大な部分が時折、火災や暴風に見舞われている。しかし、堰のない河川沿いの氾濫原はカバノキやハコヤナギが優占し、火災に遭うことはめったにない。こうした知見は、施業林のように生物多様性が損なわれているところで、どんな生態的作用が欠けているのかということを特定するのに役立った。しかし、残念なことに、ヨーロッパにはこのような視点を与えてくれる手つかずの自然生息地はほとんど残っていない。特に、農地に適している低地の落葉樹林では手つかずの場所はない。ポーランドのビャウォヴィエジャの森で生態学的研究が数多く行なわれているのは、自然な生態的営みが一〇〇年以上も続いている広大な低地の温帯林として希少な存在だからである。

ミニチュア的自然――日本の自然保護

自然の好きな人にとっては、京都の寺院や御所は生き生きと描かれた野生の動植物画によって、一段と優雅さが増すだろう。様式化されている絵もあるが、ほとんどは種の識別ができるほど正確に描かれている。大徳寺の瑞峯院にはアジアのカモの中でもひときわ美しいトモエガモのオスが本物そっくりに描かれた屏風《びょうぶ》がある。また、障子に精密なシダの模様がみられる寺院もある。京都の中心部にある一七世紀に建立された西本願寺には、水田で採食している三種のツルが描かれている大きな襖《ふすま》がある。現在はこの三種のツルを見たいと思ったら、タンチョウは北海道、マナヅルやナベヅルは九州南部まで行かなくてはならないが、一六〇〇年代には京都の近くで見ることができたに違いない。別の部屋の襖には、スズメが六八羽群れ飛んでいるところや、地上で採食しているところなどが、様々な姿勢で写実的に描かれている。

野生の動植物を描いた日本画の中で、最も真に迫る描き方をしているのは禅僧による墨絵である。墨を含ませた筆を数回ふるっただけで、ハクセキレイの求愛飛翔や止まり場から魚を狙っているカワセミの緊張した様子が正確に捉えられている。植物やキノコ、野生動物は日用品にもよく描かれている。秋の紅葉や春の桜花、ツルのつがいなどのありふれたモチーフの表現は類型化されていて極めて象徴的だが、伝統的な陶器や扇子に昆虫や野草、海生無脊椎動物が驚くほどの正確さと繊細さで描かれていることもある。西洋では、一九世紀になってジョン・ジェームズ・オーデュボンのような絵心のある博物学者が野生生物を描いたのが始めだったが、日本では様々な野生種の特徴や行動を描いた伝統的な絵画にこうした鋭い感性が見られる。また、日本画ではどっしりした雄大な風景ではなく、「トンボやキノコ、シダのような自然の小さくて親しみやすい優しい側面」が好んで取り上げられている。[*51] 洋の東西を問わず、日本文化は自然と親しい文化と見られているが、それは花見のような伝統的風習や日本庭園に自然の風景が取り入れられていることに加え、繊細な自然が日本画のモチーフになっているからだ。

日本を訪れた人はたいてい東京から新幹線に乗って、太平洋沿岸の人口が集中した工業地帯を通り抜けて京都や大阪へ行く。伝統的な日本画に描かれている風景を期待して日本を初めて訪れた人は新幹線の車窓から見える風景にショックを受ける。目の前に広がる風景がすべてコンクリートとアスファルトで固められているように思えることすらある。河川は直線的なコンクリートの運河に変えられて、川沿いの歩道もコンクリートで舗装されているし、海岸もたいてい護岸用のコンクリート製のテトラポットで補強されている。水田はコンクリートの運河や立ち並ぶアパート群、舗装道路に囲まれた緑の島のように見える。丘陵地の急斜面だけにタケやナラやマツの二次林が多少見られるが、道路の上の斜面はコンクリートで固められている。これが伝統的な自然愛好趣味とどう合致するのだろうか？　自然を愛好する伝統は、経済発展と物質主義によって破壊されてしまったのだろうか？

新幹線からみえる景色は二つの点で誤った印象を与える恐れがある。そもそも、新幹線の車窓から見えるのは日本の人口の大半と経済活動のほぼすべてが集中している比較的幅の狭い海岸平野だけで、ちょっと内陸へ足を延ばせば、うっそうとした森林に覆われた山や丘、昔ながらの小さな町や村がみられる。さらに、列車から降りて、住宅街の中を歩いてみると、通りに面した塀の中に優雅な庭を垣間見ることができる。多年草の花づくしの庭や、低木や小さな木を専門に植えた庭から、盆栽がたくさん並んでいる庭まで、庭の様式は家の数だけあるが、こうした庭の多くは古刹の庭を見習って、日本の山や森を模しているのである。

伝統的な日本庭園は、自然は中に入っていって探索するものではなく、眺望の利く位置から眺めるものであ

図 29 「双鶺鴒図」伝狩野山楽（16〜17世紀初頭）による水墨画。セキレイの姿勢と誇示行動の動きが真に迫る正確さで捉えられている。（Sanso LLC 所有。University of Michigan, Department of the History of Art, Visual Resources Collections の許可によりデジタル画像を使用）

るという考え方を反映しているのだ。[52] 伝統的な寺院や御所の庭は小雨をしのげる軒のある縁側に座って、上品な陶器の器で緑茶を飲みながら眺めるものなのだ。曇りや雨の日は、様々な種類の低木や樹木の微妙に異なる緑の色合いを引き立てるので、庭の美しさを愛でるには天気のよい日でなくて構わない。もっと大きな「散策用の庭園」でも、小道を歩いていくと、それまでは見えなかった景色が次々に現れるように趣向が凝らしてある。[53] こうした景色は日本や中国の有名な景勝地のミニチュアなのだ。

美しい自然の景色をこのように決まった地点から受動的に眺めることは、日本の多くの伝統に反映されている。いにしえの貴族には湖や川に舟を浮かべて、満月や水に映るその影を眺める風習があった。現在でも、都市に住む日本人は忙しいスケジュールの合間を縫って、毎年、桜が満開を迎える数日の間、花見を行なう。地元の公園へ出かけ、満開の桜の木の下で桜の花びらに囲まれて、ビニールシートの上に用意した酒などの飲み物や食べ物を並べて、宴会を開くのだ。大阪の会社では、地元の公園で社員全員が飲み食いしながら花見を楽しめるように、若い社員に桜が満開になるまで場所取りをさせておくという。[54] 花見宴の準備ができるように、テレビの天気予報でも桜の開花前線の北上予測が発表される。梅は桜より一足早く、様々な色の可憐な花を咲かせるが、わざわざこれを見に出かける人も多い。

決まった場所から自然を眺めるという伝統は、もっと自然度の高い場所を訪れるときにも生きている。人々は湖や海にある奇岩や滝を見に出かける。京都では嵐山の渡月橋が名所の一つになっている。上流を見ると、春なら桜色に、秋にはカエデの紅葉に染まる森に覆われた急な山腹を縫って、桂川が滔々と流れているのを見ることができる。この景色を維持するために、広大な落葉樹林が保護されてきたし、斜面には桜の見応えを高めるために、新しく桜の木が植えられている。樹木に覆われた斜面はニホンザルの群れや多様な森林性鳥類が生息できるほど十分に広い。

図 30　京都仁和寺の庭園風景。（写真：Karen Askins）

京都市周辺には、六〇平方キロメートルに及ぶ丘陵や山の斜面の森があるが、その大部分は周辺の神社仏閣や御所の環境を維持するために、一九三四年以来保護されている。こうした丘陵や山は歴史的に重要な建造物の背景や由緒ある庭園の「借景」として重要な役割を果たしている。伝統的な日本庭園は山や丘陵、水域の風景を庭の背景として取り入れられるように作られていることが多いのだ。[*55] 京都市の外れにある修学院では、その庭園の背景として森に覆われた丘陵全体が保全されている。

昔からよく知られている展望所に、原生自然を保全するのに十分な規模の景観が取り込まれていることもある。例えば、長野県上高地にある河童橋は梓川の清流に架かった木製の吊り橋だが、橋からみえる景色は深い森に覆われた北アルプスの山腹と岩肌が剝き出しになった頂上を取り込んでいる。ここからみえる上流の景色の重要性は、振り返って下流をみたときに目に入ってくる旅館や食事処、売店が立ち並ぶ光景によって一段と明らかになる。下流から河童橋まで観光客を運んでくる道路は、驚異的な量のコンクリートを使って造られた防壁やトンネル、シェルターで土砂崩れから守られている。しかし、橋の上流は川が自然林の中を自由に流れている。河童橋からみえる景色に取り込まれた山々は中部山岳国立公園の中で保護されており、バックパッカーの人気の的だ。

しかし、展望所に必ずしも広大な景観が取り込まれているわけではない。日本人の自然観賞は、狭い空間に複雑な景観を組み込む伝統的な庭園の様式に大きな影響を受けているように思える。[*56] 伝統的な日本庭園は岩石を用いて山や滝、島を表し、低木や木を刈り込んで森にみせかけて、ミニチュアの原生的自然を模しているのだ。[*57] 例えば、小さな岩を大きな岩の後ろに配して遠近感を作り出し、狭い空間を広大な景観に錯覚させる技法は、京都が日本の文化・政治の中心だった一〇〇〇年以上前の平安時代に遡る。京都の龍安寺の石庭のように岩石と砂だけで作られた単純な禅様式の庭園でも、荒海にそそり立つ大岩のような景色をミニチュアで表して

図 31　京都嵐山にある渡月橋から見た風景。春には川の両岸の山腹の桜が咲き誇る。

いる。[58]動物も多くの庭園で重要な構成要素になっている。色鮮やかなコイの他に、カメ、カエル、トンボ、カワセミなどの野生動物も、庭園の景色の重要な要素だ。さらに、春に花を咲かせる樹木や秋の色とりどりの紅葉が美しい樹木に特に注意を払い、庭園は四季折々の魅力が引き立つように入念に作られている。[59]

繊細な小さい自然物を愛でる伝統は、博物学への興味にも及んでいるように思われる。欧米では考えられないことだが、日本人は昆虫に親しみをもち、鳴き声を楽しんでいる。都会の子供たちの間でさえ、昆虫採集は珍しい遊びではないし、昆虫を飼育する子供たちも多い。[60]大きなデパートなどでは昆虫採集の道具だけでなく、スズムシ、キリギリス、カブトムシのような人気のある昆虫も飼育繁殖されて売られている。昆虫館は多くの子供たちに人気の場所だ。日本人は大人になっても虫好きの心を失っていない。東京でも、街中の公園や木の上で鳴いているセミを六種類聞き分けられる人は多い。[61]

狭い空間で自然を愛でる日本の伝統は、アメリカ人はいうまでもなく、ヨーロッパ人から見ても驚くほど小さいと思われる自然保護区に反映されている。例えば、日本海側にある片野鴨池は日本で越冬する水鳥の重要な保護区だが、面積はわずか一〇ヘクタールに過ぎない。この池はトモエガモを始めとする水鳥が大群で越冬するので、ラムサール条約登録地として、その重要性が国際的にも認められている。なお、この保護区にはすばらしいネイチャーセンターも開設されている。東京には東京港野鳥公園という有名な自然地域があるが、この保護区も二七ヘクタールと比較的小さい。しかし、この狭い空間の中に、干潟から淡水池やガマ池、植林地、さらにミニチュアの水田まで再現されているのだ。元教え子の黒沢令子はこの保護区を、日本の生息環境を縮図にした盆景に例えた。ここで主眼が置かれているのは、全部を取り込むことと完璧な美しさであって、空間の広さではないのだ。日本の自然保護区の例に漏れず、東京港野鳥公園にも水辺を見渡せる大きな窓を備えたビジターセンターが開設されているので、自然は基本的に定められた地点から眺めるものなのだ。北海道東部の霧多布《きりたっぷ》湿原にあるビジターセンターはうれしいことに、上の階に喫茶室が備わっているので、コーヒーや紅茶を飲みながら、眼下に広がる湿原でつがいで採食しているタンチョウの優美な姿を堪能できる。コーヒーを飲みながらタンチョウを見ていたら、縁側に座ってお茶を飲みながら、伝統的な日本庭園を観賞したときのことが思い出された。しかし、東京港野鳥公園や片野鴨池とは異なり、霧多布湿原は北海道にある他の自然保護区や国立公園と同様に、大きな保護区である。したがって、開発が進んだ地域にある自然保護区が小さいのは、日本人が規模の小さい保護区を好んでいるのではなく、海岸平野には未開発の土地がほとんど残っていないからだと思われる。こうした規模の小さい保護区も保護が行き届き、高い評価を受けている。多くの都市住民に自然に触れる機会をもたらしているからだ。日本人は狭い空間で自然の美しさを観賞できるように教育を受けているので、こうした保護区は特に効果的かもしれない。

日本の自然保護に対する政治的制約

日本の保護団体は米国や英国ほど財政的に恵まれても、政治的に大きな影響力ももっていないが、保護の意識が低いからではない。各地で自然の保護に取り組んでいる団体は何千にも上る。こうした保護団体は熱心で、組織としてもうまく機能しているので、規模の小さい自然地域の保護活動を行なうにはうってつけだと思われる。また、自然生息環境を回復させ、絶滅危惧種の個体数調査も行なっている。私が二〇〇一年に青森県の仏沼を訪れた際、沼の管理責任者が地元の野鳥愛護団体と三沢市の行政であることを知って驚いた。仏沼は国際的に重要なラムサール登録湿地で、オオセッカやコジュリンといった絶滅危惧種の生息地になっているのである。沼の復元と個体数調査を行なっているのは、経験を積んだナチュラリストがほとんどとはいえ、市民ボランティアなのだ。この人たちは沼の管理を効果的に行なっているが、欧米ならば、これほど重要な生息地は政府の機関や有給の専門職員を抱えている全国規模の自然保護組織が管理を行なっているに違いない。

地域住民が自然生息環境の復元に取り組んでいるもう一つの事例として、工業化の進んだ横浜市のトンボ池計画を挙げることができる。横浜市の行政は地元住民の団体と連携して、トンボが生息できる小さな池を復元したり、新たに創生したりしている。トンボは特に人気のある昆虫で、伝統的な日本の美術や詩によく登場する。[*62]しかし、都市化や湿地開発、水田管理の集約化が進み、トンボの多くの種が必要とする生息環境が破壊されるにしたがって、トンボの個体数が激減すると共に、種の多様性も失われていることに人々が危惧を抱くようになった。したがって、日本ではトンボが環境の質を示す重要な指標として利用されている。日本に生息している一八〇種のうち四八種が絶滅危惧種か、準絶滅危惧種に区分されているので、生息環境の復元が必要になっている。[*63]横浜の市民グループは様々なトンボの種が必要とする多種多様な生息環境を作り出すために、人工池の整備や維持管理を入念に行なっている。例えば、本牧市民公園では、無味乾燥なコンクリート製の池に土壁を付け足し、流れを作り、様々な在来種の水生植物を植えて、人工池の生息環境を改善している。[*64]特定のトンボが必要とする日当たりのよい土手のような特定の微小環境に注意を払って、池の環境整備を行なった結果、トンボの生息種数を三種から二七種に増やすことができたのだ。この池は文化・教育活動の中心となっている。横浜市では似たような池が数多くの学校に作られて、生物多様性と水質に関する理科教育の中心となっている。このトンボ池計画は他の地域にも広まり、トンボ池が何百と作られたので、トンボの保護に大きな影響を与えている。

地元の自然保護計画に取り組んでいるのは、地域住民のグループや地域規模の小さな自然保護団体と市町村などで、そうした団体は全国で何千にも上る。一九九〇年代の後半には、非政府組織（ＮＧＯ）は四五〇〇を超え、その多くは地元の自然保護やリサイクル、有機食品計画に取り組んでいる。[65] しかし、こうした環境保護活動家の関心事は、広範囲にわたる環境破壊をもたらす国の政策や優先順位に疑問を投げかけることではなく、「自分たちは地元の環境問題に関して何ができるだろうか？」という問いかけだと、ロバート・メイソンは論じている。したがって、こうした小さなグループに所属する多くの人々には、自然生息環境の破壊や分断をもたらす大規模開発を止める力がないのだ。潤沢な資金をもち、効果的に国レベルの規制や法律に異を唱えることができるような全国組織は存在していない。

日本では、全国規模の自然保護団体に影響力がないのは、ほとんどの保護団体が地元に重点を置いているからでもあるが、こうした非営利団体（ＮＰＯ）はほとんどが免税資格をもっていないので、その活動や資金調達に法的制約が多いからでもある。[66] 最近まで、非政府の組織が税制優遇を得るためには、環境保護団体の現状をはるかに上回る資産と会員数が必要だった。ＮＰＯが税制優遇を得た場合は、その団体の活動や理事に影響力を行使できる政府の関係省庁の管轄下に入ることが必要だった。こうした制約があるので、政治的に独立した大きな影響力をもつ自然保護団体が育たなかったのは無理もない。

自然保護団体の力に限界があるのは、建設業界が強大な政治力をもっているせいもある。この業界は道路や橋、ダム、博物館の建設を推進する地方自治体の大きな政治力に後押しされているのだ。[67] こうした公共の建設事業は地方に雇用を生み出す重要な役割を担っているので、交通量がほとんどない奥地まで広い舗装道路が伸びている。国立公園内でさえも、大規模なリゾート施設の建設のような大型の建設計画が認可される。地方の政治家と国交省の官僚と建設会社の強力な三者連合による「建設漬け」の影響で、日本は先進工業国の中で国民一人当たりのコンクリート使用量がずば抜けて多いのだ。

一九七〇年代の初めは、経済が高度成長を遂げた結果、大気や水質の汚染が耐えられないほどのレベルに達していたので、環境保護団体は今よりも広く支持され、政治的な影響力も大きかった。[*68] 汚染された魚による水銀中毒で命を落とした人が数百人に上り、大気汚染で数千人もの人が喘息に苦しむという大きな公害問題が起きたために、政治的圧力が高まり、水質や大気の汚染を厳しく規制する法案が国会であっさりと可決された。[*69] 一九七〇年の「公害国会」では、主な環境法だけでも一四件成立し、その翌年には環境庁が発足した。[*70] 一九七二年までには、日本は世界有数の環境規制の厳しい国になっていた。[*71] しかし、この環境革命はあくまでも人間の健康に関するもので、森林のような自然生態系の保全に関わるものではなかった。また、三〇〇〇を超える環境保護団体が公害防止対策を求める運動を行なったが、連携する動きはほとんどみられなかった。[*72] 全国規模の環境問題に取り組めるような永続的な団体にまとまることはなかった。

一九九〇年代の後半以来、日本の環境保護団体の活動は改善されている。一九九八年には特定非営利活動促進法（NPO法）が成立して、NPOを設立しやすくなった。[*73] ちなみに、NPO法の成立には、兵庫県南部で起きた阪神・淡路大震災の際にNPOの救援活動が功を奏したことが与って力があった。また、国際環境規範で、環境政策の意思決定に民間の参加を義務付けているので、国際的な取り決めによって、日本政府も開発計画によってはNPOを参加させる義務を負っている。政府予算の削減のためにも、環境保護団体と協力する気運が高まっている。NPOの影響力が増していることは、国立公園内の木材伐採を中止させる運動が成功したことでも推し量れる。一九九六年には環境保護団体は北海道の知床国立公園で計画されていた原生林の伐採の大部分を中止させることができた。[*74] 知床やその他の国立公園内の原生林伐採に反対する運動は、国立公園内での木材伐採に関する政策に変化をもたらした。日本の環境保護団体は国内に残っている自然地域の保全に、少しずつではあるが、力を発揮するようになってきた。

このように、日本に大規模な自然林がほとんど残されていない最大の原因が国の政策であることは明らかだが、ミニチュアの自然を大事にする伝統も一因になっているのかもしれない。庭園や地元の池、小さな干潟を訪れるだけで、自然に触れた満足感が得られるのなら、広大な森林を保護するために、大規模ダムの建設に反対する運動が支持を集めるのは難しいかもしれない。スティーヴン・ケラートは「日本人の自然観」を知るために、日本の市民を対象に、環境保護の問題に関する知識や考え方を尋ねるアンケート調査を行ない、さらに研究者や官僚、保護活動家、ジャーナリスト、林業家に対して聞き取り調査を行なった。こうした結果に基づいてケラートは、日本人の自然観は、特定の種や自然体験に重点を置いた「観念的で、型にはまっているということがわかった」と述べている。回答者の多くが原生自然を体験するよりも、庭園のような人為的な自然の美しさを好んでいた。[*75] また、自然に対する愛着は原生自然の実体験ではなく、美術鑑賞の楽しみに基づいていることが多かった。さらに、自然の美しさを愛でる伝統は生態系を考慮したものではないので、自然保護に対する倫理的責任感を芽生えさせることもなかった。したがって、自然の美しさを観賞しても、必ずしも森林や他の自然環境の将来に思いを馳せることはなかったのだ。

現代の生態学的研究の観点からみた「ミニチュア的自然」の保護

特定の景観や人気のある小さな生物種が生息する微小環境を重視した保全の方法は、機能している完全な生態系を保全する観点からみると、限界があるのは明らかだ。大型の捕食者や森林性鳥類の一部のような、分断されていない広大な生息環境を必要とする種は、こうした保全方法では保護することはできないだろう。また、森林が自然攪乱を受けるとその回復途中で様々な段階のパッチがモザイク状に散在するが、この方法ではそれを確保できるほど十分に広い地域を保全することもできない。さらに、小型の生物でも、個体群が孤立する可能性がある。個体群が孤立すると、個体群間で遺伝子の交換を行なうことができなくなるので、遺伝的多様性が失われ、絶滅しやすくなる。一方、小さな個体群でも個体群間の移動が可能な大きなネットワークを形成できれば個体群を維持できるが、大規模開発で個体群同士が分断されてしまうと、ネットワークの形成ができなくなるだろう。

しかし、小さな生き物や微小環境を重視する日本のやり方は、北米ではほとんど脚光を浴びない昆虫などの無脊椎動物の保護には効果があるだろう。セミやチョウ、トンボのような昆虫に関心をもっている人やその個体数の減少に懸念を抱いている人が、日本は他の国よりも多い。さらに、こうした日本の取り組み方は、開発の進んだ都市部にわずかに残っている自然の保全にも有効である。こうした自然は、一般市民を対象として、生物多様性について環境教育を行なう場としては極めて重要である。また、森や湿地、干潟、川べりなどが小島のようにわずかでも残っていれば、シベリアや北日本の繁殖地と、台湾や東南アジアの越冬地の間を行き来する渡り鳥の重要な中継地になる。

三地域の保全方法を融合させる

日本と北米、西ヨーロッパの落葉樹林の保全方法が異なるのは、それぞれの森林生態系が異なっているからではなくて、三者の文化や土地利用が異なっているからである。この三地域にみられる森林の分断化、自然攪乱の抑制、上位捕食者の消失といった基本的な問題は驚くほど似ているのだ。こうした問題を解決するために様々な方法がとられているが、それぞれ一長一短があるので、最も優れた解決方法は三地域の教訓を生かしたものになるだろう。

しかし、まず初めに、原生自然、人為的な自然、ミニチュア的自然という三態の自然の保全に重点を置いて述べてきた取り組み方はそれぞれの地域に限られたものではないことを改めて強調しておく。三地域で保護に携わっている人たちの間では、生態や保護について様々な情報交換が行なわれており、二地域または三地域で同じ取り組み方が独立に行なわれた場合もある。ヨーロッパやアジアの人でも、アメリカの保全の理想に触れたり、登山やハイキング、また日本では原生自然の残る山や海辺を訪れる精神的な巡礼を通じて、原生自然地域の価値を見出した人もいる。そのおかげで、ユーラシアではいくつかの原生自然地域が保全されている。例えば、知床国立公園は、北海道の果てのオホーツク海に突き出した細長い半島にあり、公園内にはハイキング用のトレイルがあるだけだ。公園内にはヒグマも生息しているが、誤って驚かすと人が危害を被ることがあるので、遊歩道の入口には「ヒグマ注意」の看板が立っている。この公園内では確かに原生自然を体験できる。また、スペイン北部のカンタブリア山脈にあるボスケ・デ・ムニエリョス自然公園（五四・八八平方キロメートル）には環状の遊歩道が設置されていて、ここでも原生自然の体験ができる。知床国立公園と同様に、ボスケ・デ・ムニエリョス自然公園にもヒグマが生息している。ナラの原生林や高山植物を保護するために、入場者は一日に二〇人と制限されているので、訪れるには予約が必要だ。

原生自然の保全が北米だけに限られているわけではないように、伝統的な農村景観という形の「人為的な自然」を保全する取り組みもヨーロッパだけのものではない。日本でも「里山」保全運動として、似たような取り組みが始まっている。*76 ちなみに、里山とは、人手の入った自然環境だが、棚田に、雑木林や高木林、小さな庭のある人家などが散在する村落からなる多様性豊かな地域のことを指す。伝統的な里山では、管理の行き届いた田畑や森で、水域や遷移初期、森林などの様々な生息環境に暮らす種が数多く繁栄している。しかし、現在は農薬の使用に加え、従来の水路がコンクリート製の灌漑用水路にとって代わられ、細かく区切られて個々に利用されていた田畑が農業の機械化に即した仕切りのない広々とした田畑に変えられて、生物の多様性はいうまでもなく、伝統的な農村の景観美も大きく失われてしまった。その結果、日本の各地で自然保護団体が伝統的な里山景観を復元しようと取り組みを始めている。また、北米でも、ニューイングランドの地方などで、農村地域の生物多様性を保全することに関心がもたれ始めているが、まだ萌芽に過ぎない。*77 ザ・ネイチャー・コンサーバンシーが他に先駆けて、農家や牧場主と連携をとり、使用されている土地を開発から守るために、環境保全地役権を取り付けたり、農業生産と生物多様性の両方を視野に入れた土地の管理を行なったりしている。微小生息環境や昆虫の保全は日本だけではなく、他の二地域、特にイギリスやヨーロッパの他の国々でも行なわれている。日本、北米、北西ヨーロッパの三地域で取り組まれている保全にこうした類似点や共通点が見られることは確かだが、生物多様性の主要な保全方法にはかなり大きな違いがあるのも事実だ。三地域の保護活動家は互いに学びあうことがたくさんあるのだ。

自然生態系が正常に機能する連続した広大な落葉樹林を保全することが重要だが、森林は分断されている地域が多いので、そのためには、孤立した森林を再びつなぎ合わせて、原生林の状態が維持されるように管理することが必要になる。さらに、捕食者や森林の野草、原生林に寄生する菌類のような失われた種を再移入する必要もあるだろう。河川の氾濫のような自然攪乱を適切な規模で復元することができない場合には、草原や若い森のような生息環境を人手で維持管理する必要があるかもしれない。農地のために開発される以前の真の原生自然の森では、種間の複雑な相互作用がみられたが、そうした作用を維持できるような自然度の高い森を復元するモデルとして、北米の経験は役に立つだろう。

しかし、北米東部やカナダを含め、世界の多くの地域で、原生自然に近い森林の復元を目指す取り組みは限定的なものになるだろう。人手の入ったこうした地方の環境も、手つかずの森ではないとはいえ、生物の多様性が豊かで景観も美しいところが多いので、保護と維持管理に値するといえる。ヨーロッパでは、伝統的な地方文化と共に、森林と開けた環境に生きる両方の生物の多様性を保全するために田園を管理してきた。その経験は北米東部や東アジアのモデルになる。この取り組みはヨーロッパの伝統的な農村地域に留まらず、中国の棚田やアメリカのバーモント州の酪農場や牧草地にも向いている。

庭園でも小さな池でも桜が満開な小公園でも、場所を問わず、自然を観賞する日本の伝統は都市の住民に自然の美しさや生物多様性の重要性を認識させる重要な役割を担っている。トンボ池の世話や鮮やかな色彩をした様々なトンボの観察を行なっている子供たちなら、自然生態系を保全する重要性を理解してくれるだろう。また、他の国々ではほとんど気にかけてもらえない昆虫のような小さな生き物の保護に直接役立っている。一方、マルハナバチのような花粉を媒介する昆虫が数種激減したとき、一般のアメリカ人がほとんど関心を示さなかったことでもわかるように、アメリカの原生自然地域や広大な保護区を重視する取り組みは、特殊な生息環境を必要とする小さな無脊椎動物や植物の保全には適していない。[*78] 昆虫などの無脊椎動物は自然生態系にとって極めて重要な存在であるにもかかわらず、北米ではその保全に取り組んでいるのはクセルクセス協会などの一握りの自然保護団体だけなのだ。北米でもトンボやチョウの観察や識別に興味をもつ人が増え、絶滅が危惧されているチョウやハンミョウの種は保護活動の中心となっているが、花粉媒介者のような生態系にとってなくてはならない無脊椎動物でさえも、自然保護活動家にほとんど注目されていないのが現状だ。

生息地の分断化、外来の病原体や害虫、気候の変動、シカの過度の喫食といった深刻な脅威に晒されているにもかかわらず、北半球の温帯林は複雑で多様性豊かな生態系として維持したり、復元したりすることができる。こうした森林は古生物学や考古学で扱われる悠久の時間スケールでも、歴史家や生態学者が扱う歴史的時間スケールでも、驚異的な回復力を示してきた。氷河の前進がくり返されるたびに、南方の小さなレフュージアに避難して生き延びてきたし、農地が放棄されると、多くの地域で再生してきた。しかし、残っている森林生態系は深刻な損傷を受けており、多様性の少ない藪のような生息環境へ向かっているものも多い。したがって、こうした森林を保護するためには、自然保護管理者の助けが必要だろう。そして、その成否は、絶滅危惧種を保護し、森林生態系のメカニズムの理解を深められるかどうかにかかっている。

自然保護管理者は一般的に試行錯誤や適応的管理と呼ばれる情報に基づいた「操作」によって、生態系の管理を行なっている。アルド・レオポルドの言葉を借りれば、知的操作の第一原則は「すべての歯車のような部品をとっておく」ことだ。[*79] したがって、まず初めにやるべきことは、いかに取るに足らないようにみえる種でも絶滅させないようにして、元の落葉樹林生態系の構成要素をすべてとっておくことである。次は、構成種をすべて備えた森林を正常に機能させているメカニズムを理解することだが、これはかなり進んでいる。このメカニズムには、エネルギーの流れ、栄養循環、捕食、植生遷移といった通常の営みだけでなく、樹冠を構成する樹木の風倒のようなたまに起こる大規模な攪乱も含まれる。原則として、こうした自然の営みは人の管理の手を加えずに、できる限り生かすようにするべきだが、要となる種やこうした自然の営みが失われてしまった森林生態系では、管理者が例えば、オオカミやビーバー、春の洪水などの肩代わりをする必要がある。こうした入念な管理を行なえば、夏緑樹林ともいわれる落葉樹林を東アジアや西ヨーロッパ、北米東部の広い地域で復元することができるだろう。そして、地上で最も美しく、多様性豊かな生態系を維持しながら、森林生産物の持続可能な供給を確保することもできるだろう。

謝辞

本書を著すきっかけになったのは日本を訪れたことである。日本は四回訪問したが、うち三回は「ＡＫＰ（連携京都プログラム）」で四〜五か月滞在して、授業や研究を行なった。その折には、日本の生態学者や自然愛好家の方々が、自身の研究や環境保全計画について心置きなく話してくれただけでなく、保全に関する知見も紹介してくれた。こうした人々の惜しみない協力がなければ、本書の執筆はできなかっただろう。須川恒と黒沢令子の両氏にはとりわけお世話になった。須川氏には京都ならびに琵琶湖地方の生態学者や研究者の方々を紹介していただいただけでなく、妻ともども様々な自然地域に案内していただき、地元の自然愛好家や生態学者のお話を伺うことができた。元教え子の黒沢氏には東京の研究者の方々を紹介してもらうと共に、関東地方や北海道の森林などの自然環境も案内してもらった。懇意になった岡田多恵氏には京都や琵琶湖地方の自然史や文化を紹介していただいた。久山喜久雄氏には調査地を案内していただくと共に、京都東部にある名刹、法然院の裏山の原生林で、長年にわたり研究を続けているムササビも見せていただいた。樋口広芳氏には東京大学や京都大学を始めとする研究機関の生態学者を紹介していただいただけでなく、森林性鳥類に関する研究計画の共同研究者にもなっていただいた。ダン・スミス氏には沖縄の森林やそこに生息する絶滅危惧種を見せてもらった。その他にも、ネイチャーセンターや研究施設、復元された農耕地、森林保護区を訪れた際に、行く先々で環境保全関係者や研究者の方々から保全の取り組みについて熱心に説明していただいた。お陰で、日本の環境保全について、十分とはいえないまでも理解を深めることができた。日本の美しい森林と日本の方々の温かいもてなしに心よりお礼申し上げる。

一方、ヨーロッパの森林を直接体験できた機会は、北米や日本の場合に比べると多いとはいえないが、それでも、妻と共に英国の森やスペイン北部のガリシアとアストゥリアスの山地に広がる広大な落葉樹林を踏査したことがある。さらに、とりわけ本書を執筆していたので、ポーランドのビャウォヴィエジャの森にも赴いた。この森はヨーロッパ有数の自然度がかなり高い低地落葉樹林なので、ヨーロッパの森林生態系を理解する上で極めて重要な存在である。実際に現地を訪れたことで、この森の生態に関する膨大な文献を解釈することができた。ヴァルデマル・クラソフスキー氏にはこの多様性豊かな美しい森の様々な環境や生物種を紹介していただいただけでなく、そこに生息する多様な鳥類種についても教えていただいた。

米国東部のコネチカット州の落葉樹林に関する研究を行なっていた際に、コネチカット・エネルギー環境保護局（ＤＥＥＰ）の豊富な知識を有する職員の方々から保全に関する助言や知見、野外調査の支援をいただいた。コネチカット・オーデュボン協会のパトリック・カミンズとコリーン・フォルサム＝オキーフ並びに、ジェニー・ディクソン、エメリー・グラック、シャノン・カーニー＝マギーの各氏からはとりわけ貴重なご意見をいただいた。また、米国農務省林野局で短期講座の講師を務めた際に、国有林の管理を担当する方々にも保全の問題について貴重な情報を提供していただいた。心よりお礼申し上げる。コネチカット・カレッジ植物園のグレン・ドライヤー園長には調査でお世話になった。

本書は私の専門分野をはるかに超えてしまったので、専門外の研究を取り上げた章は私の解釈に誤りがないことを確認するために、それぞれの専門家に査読をお願いした。コネチカット農業試験場のキャロル・チア

（ツガカサアブラムシ）、コネチカット大学のクリス・エルフィック（英国の鳥類保全）、ザ・ネイチャー・コンサーバンシーのデービッド・ユーアート（シカや森林病原体が落葉樹林に及ぼす影響）、ウィートン・カレッジのジョン・クリチャー（脊椎動物の進化）、黒沢令子（日本の鳥類生態と保全の取り組み）、コネチカット・カレッジ歴史学部のフレデリック・パクストン（落葉樹林の人類史）、麻布大学の高槻成紀（シカの生態的影響）、スミソニアン協会古生物学部門のスコット・ウイング（植物の化石記録）の各氏にはとりわけお世話になった。心よりお礼申し上げる。

さらに、前書と同様に、本書でも編集者のジーン・トムソン・ブラック氏に一方ならぬお世話になった。また、フィリップ・キング氏には丹念に原稿の整理をしていただいた。ジョン・マーズラフ氏や匿名の査読者の方には原稿に目を通していただき、貴重な助言をいただいた。

北米東部や米国領ヴァージン諸島、日本で行なった森林性鳥類の研究が本書の執筆につながった。こうした研究では、アンドリュー・W・メロン学部学生研究基金、コネチカット・カレッジ、AKP（連携京都プログラム）、コネチカット・カレッジ植物園、コネチカットDEEP野生生物局、コネチカット森林公園協会、コネチカット電力会社、熱帯林学研究所、米国森林局、米国地理学協会、ザ・ネイチャー・コンサーバンシー（コネチカット支部ならびにヴァージン諸島支部）、ノースイースト・ユーティリティーズ・トランスミッション株式会社、ノースイースト・ユーティリティーズ財団、米国農務省、農務省林野部、米国北東部森林試験場、米国魚類野生生物局、米国国立公園局、世界自然協会から助成金を頂いた。文一総合出版には、英語で発表できるように、鳥類保全に関する拙書の日本語版の一部を改変する許可を頂いた。ここにお礼申し上げる。

訳者あとがき

著者は米国コネチカット州にあるコネチカット・カレッジという教養大学の生物学教授である。カレッジのある町は北海道の函館くらいの緯度にあたり、ニューヨーク市から東方に車で三時間くらいのところにある。第1章にあるように、現地の落葉樹林を訪れてみると、太平洋を隔ててはるかかなたにあるのに、似たような緯度にある北海道南部の落葉樹林に実によく似ている。また本文にあるように、教授は日本を数回訪れて、特に京都には半年程度ずつ滞在していたので、その折に自然地域や文化的な場所も含めて、日本の各地を実際に訪問している。専門の鳥類学分野では、森林の分断化で鳥類が悪影響を被ることをいち早く察知して警鐘を鳴らした一人であり、『サイエンス』誌（一九九五年）にも寄稿している保全生物学的見地に立つ研究者である。

本書の醍醐味は何といっても、著者の視野の広さだろう。落葉樹林を切り口にして、中生代からの森林生態系の進化史を論じるという時間的広がりもさることながら、人間社会からの影響などを、三つの大陸にあてはめて論じるという空間的広がりも実に壮大である。中生代の森は磨りガラスを通してみるように不鮮明で、登場する分類群も科や属のレベルに留まるが、現代に近づくにつれて記述が鮮明になってくる様子が研究の進み方を表しているようで興味深い。現代の森では樹種や生息する動物種、さらに亜種なども見えてくる。さらには病原体などのミクロの生物の世界まで入り込んで森を見るという体験も一種の壮大さを感じさせる。

また、各地で同時的に発生しているシカなどの大型草食獣による喫食や、在来種を脅かす侵略的外来種とその移入を促している人間社会の問題など、森林保全上の大きなテーマをよく一冊の著書の中に組み込んだと感心する。そして、結論としては、別々の地域の文化の中に発達してきた多様な知恵を互いに学びあい、世界の落葉樹林を保全していこうという積極的な提案がなされている。深刻なテーマが続く中で、こうした未来志向のある視点に触れると、森林の保全活動に光明が差してくるようで、心の救いを得られる気がする。

前著書の『鳥たちに明日はあるか――景観生態学に学ぶ自然保護』（文一総合出版、二〇〇三年）では、生態系を森林や低木林、草原など鳥類の生息環境ごとに分けて論じ、その成立過程を考慮しながら、健全な機能を保全するための対応策を個別に説いていた。本書でも、落葉樹林や鳥類の保全策はそれぞれが抱える問題ごとに異なるので、細やかに対応する必要があることを力説している。例えば、シカによる喫食で森林が衰退する事態は世界中の森で問題になっているが、その森林の規模や周辺の環境ごとに対応が異なるという可能性は示唆に富んでいる。

日本に暮らしてその文化に浸っていると、自然を見る見方が他の文化の人々と同じかどうか、あまり考えることがないかもしれない。しかし、自国の文化に特有な自然観は、自然の生態系が健全さを失いかけたとき、それを保全するためには知っておくべき重要な背景である。その意味で、日本人の自然観が比較的に抽象的であることや、自然の中であってもネイチャーセンターが設えられており、縁側から庭園美を楽しむのと似たような観察の仕方をするという指摘に、目からうろこが落ちた思いがした。言い換えると、日本人の自然の楽しみ方は、積極的に自然の中に入って楽しむよりもその外から眺めて楽しむことで自然を体験したと感じているということだ。現代の特に都会人は、バーチャルな世界に浸る機会は増えたが、その反対に本物の自然を体験する機会はますます少なくなっている。一方、自然を研究対象にしている研究者でも、研究分野が専門化してくるにつれて、自身の研究分野の狭い範囲だけを切り取って見ることが多くなっている。これから先、日本人の自然体験の仕方は変わっていくのだろうか？　また、そうなると日本の自然を保全するときには、どのような視点の転換が必要になるのだろうか？

本書の著者は研究者であるとともに、熱心なバードウォッチャーでナチュラリストなので、実体験をとても重視している。例えば、本書に登場する西ヨーロッパや日本、北米などの各地の森の様子をとてもリアルに表現しているので、実際に読者も森の中を散策しているかのような気持ちになる。特に、中生代に恐竜が闊歩していた森を散策するイメージなどは、本書を読んで初めて味わった感覚である。

また、最新の研究の結果は、往々にして、学術用語が満載の研究論文で発表されるだけで、一般人に感覚的にわかりやすい形で提示されることは多くない。そんな中で、「梢の若芽が芽吹き始めた」というように私たちが森の中を歩いているときに感覚的に捉えられる現象を、「外来寄生生物の除去実験が成功した」という最新の研究結果と照らし合わせて説明してくれるような配慮はありがたい。このように時空間を超えて、各地の多様な森を研究者の案内付きで散策できるのは、めったにない体験と言えるだろう。実際に森へ出かけて、森の複雑さや多様さを味わい、ご自身なりの宝物探しをしてみていただきたい。

本書本文中の植物名については、原書で種名があるものは種に相当する和名をつけた。それ以外の属レベル以上の分類群については、「oak（オーク）」は「ナラ」、「violet（バイオレット）」は「スミレ」などと一般名をつけておいた。また、英語の「old–growth forest（オールド・グロウス・フォレスト）」は「原生林」と訳した。一方、「ancient forest（エンシャント・フォレスト）」は「古い森」の意味だが、若い森や二次林などと対比して原生林に近い条件を述べている場合には「原生林」と訳した場合もある。さらに、「landscape（ランドスケープ）」は生態学では「景観」と訳すが、より広い意味で使われていることが多かったので、場面に応じて「景色、地域、環境」などと訳した場合もある。

本書では東アジアと西ヨーロッパ、さらに北米という三つの大陸を比較している。著者は、アジアとヨーロッパは地理的にも人間の文化的にも大きくかけ離れた地域という意味で、別の大陸と捉えているようだ。一方、日本人にとっては、アジアとヨーロッパは陸続きなのでそれぞれ別の大陸という捉え方には違和感があるかもしれない。そこで、翻訳にあたっては、地域的な違いと考えられるときには、「三地域」という表現を使った場合もある。

最後に、本書の翻訳にあたって築地書館の土井二郎氏、黒田智美氏には色々とお世話になった。屋代通子氏には、築地書館の土井氏に紹介の労をとっていただいた。樋口広芳氏と須川恒氏は本書を和訳する意義を理解して、訳者の後押しをして下さった。ここに心からお礼を申し上げたい。

Wolfe J. A. 1979. Temperature parameters of humid to mesic forests of eastern Asia and relation to forests of other regions of the northern hemisphere and Australasia. *U.S. Geological Survey Professional Paper* 1106: 1–37.

Wolfe J. A. 1987. Late Cretaceous-Cenozoic history of deciduousness and the terminal Cretaceous event. *Paleobiology* 13: 215–226.

Wolfe J. A., and G. R. Upchurch Jr. 1986. Vegetation, climatic and floral changes at the Cretaceous-Tertiary boundary. *Nature* 324: 148–152.

Wolfe J. A., and G. R. Upchurch Jr. 1987. North American nonmarine climates and vegetation during the Late Cretaceous. *Palaeogeography, Palaeoclimatology, Palaeoecol*ogy 61: 33–77.

Woolhouse M. E. J. 1983. The theory and practice of the species-area effect, applied to the breeding birds of British woods. *Biological Conservation* 27: 315–332.

Woolhouse M. E. J. 1987. On species richness and nature reserve design: an empirical study of U.K. woodland avifauna. *Biological Conservation* 40: 167–178.

Wormworth J., and Ç. Sekercioğlu. 2011. *Winged Sentinels: Birds and Climate Change*. New York: Cambridge University Press.

Wunderle J. M., and R. B. Waide. 1993. Distribution of overwintering nearctic migrants in the Bahamas and Greater Antilles. *Condor* 95: 904–933.

Xu, J. 2011. China's new forests aren't as green as they seem. *Nature* 477: 371.

Yalden D. W., and U. Albarella. 2009. *The History of British Birds*. New York: Oxford University Press.

Yamashita A., J. Sano, and S. Yamamoto. 2002. Impact of a strong typhoon on the structure and dynamics of an old-growth beech (*Fagus crenata*) forest, Southwestern Japan. *Folia Geobotanica* 37: 5–16.

Yamauchi K., S. Yamazaki, and Y. Fujimaki. 1997. Breeding habitats of *Dendrocopos major* and *D. minor* in urban and rural areas. [In Japanese with English summary]. *Japanese Journal of Ornithology* 46: 121–131.

Yamaura Y., T. Amano, T. Koizumi, et al. 2009. Does land-use change affect biodiversity dynamics at a macroecological scale? A case study of birds over the past 20 years in Japan. *Animal Conservation* 12: 110–119.

Young D., and M. Young. 2005. *The Art of the Japanese Garden*, New Clarendon, Vt.: Tuttle Publishing.

Zheng, Y. F., G. P. Sun, L. Qin, et al. 2009. Rice fields and modes of rice cultivation between 5000 and 2500 BC in east China. *Journal of Archaeological Science* 36: 2609–2616.

Zuckerberg B., A. M. Woods, and W. F. Porter. 2009. Poleward shifts in breeding bird distributions in New York state. *Global Change Biology* 15: 1866–1883.

climate in eastern North America for the past 18,000 years. Pages 415–467 *in* H. E. Wright Jr., J. E. Kutzbach, T. Webb III, et al., ed. *Global Climates Since the Last Glacial Maximum*. Minneapolis: University of Minnesota Press.

Webster, J. R., K. Morkeski, C. A. Wojculewski, et al. 2012. Effects of hemlock mortality on streams in the southern Appalachian Mountains. *American Midland Naturalist* 168: 112–131.

Wen, J. 1999. Evolution of eastern Asian and eastern North American disjunct distributions in flowering plants. *Annual Review of Ecology and Systematics* 30: 421–455.

Wesołowski T. 1983. The breeding ecology and behaviour of Wrens *Troglodytes troglodytes* under primaeval and secondary conditions. *Ibis* 125: 499–515.

Wesołowski T. 2007. Primeval conditions— what can we learn from them? *Ibis* 149: 64–77.

Wesołowski T., and L. Tomialojć. 1997. Breeding bird dynamics in a primaeval temperate forest: long-term trends in Białowieża National Park (Poland). *Ecography* 20: 432–453.

Whitaker D. M., and I. G. Warkentin. 2010. Spatial ecology of migratory passerines on temperate and boreal forest breeding grounds. *Auk* 127: 471–484.

Whitcomb R. F., C. S. Robbins, J. F. Lynch, et al. 1981. Effects of forest fragmentation on avifauna of the eastern deciduous forest. Pages 125–205 *in* R. L. Burgess and D. M. Sharpe, ed. *Forest Island Dynamics in Man-Dominated Landscapes*. New York: Springer-Verlag.

White R. H. 1998. Changes in avian communities along successional gradients caused by tornadoes in hardwood forests. M.S. thesis, Empire State College, Saratoga Springs, New York.

Wilcove D. S. 1988. Changes in the avifauna of the Great Smoky Mountains, 1947–1983. *Wilson Bulletin* 100: 256–271.

Wilf P., C. C. Labandaira, K. R. Johnson, and B. Ellis. 2006. Decoupled plant and insect diversity after the end-Cretaceous extinction. *Science* 313: 1112–1115.

Williams M. 1989. *Americans and Their Forests: A Historical Geography*. New York: Cambridge University Press.

Williams M. 2003. *Deforesting the Earth: From Prehistory to Global Crisis*. Chicago: University of Chicago Press.

Wilson J. D., A. D. Evans, and P. V. Grice. 2009. *Bird Conservation and Agriculture*. New York: Cambridge University Press.

Wilson P. J., S. Grewal, I. D. Lawford, et al. 2000. DNA profiles of the eastern Canadian wolf and the red wolf provide evidence for a common evolutionary history independent of the gray wolf. *Canadian Journal of Zoology* 78: 2156–2166.

Wilson P. J., S. Grewal, F. F. Mallory, and B. N. White. 2009. Genetic characterization of hybrid wolves across Ontario. *Journal of Heredity* 100: S80–S89.

Wing S. L. 2004. Mass extinctions in plant evolution. Pages 61–97 *in* P. D. Taylor, ed. *Extinctions in the History of Life*. New York: Cambridge University Press.

Wing S. L., G. J. Harrington, F. A. Smith, et al. 2005. Transient floral change and rapid global warming at the Paleocene-Eocene boundary. *Science* 310: 993–996.

Wolfe J. A. 1972. An interpretation of Alaskan Tertiary floras. Pages 201–233 *in* A. Graham, ed. *Floristics and Paleofloristics of Asia and Eastern North America*. New York: Elsevier.

feedbacks. *Canadian Journal of Zoology* 83: 1087–1096.

Tsuji Y., and S. Takatsuki. 2004. Food habits and home range use by Japanese macaques on an island inhabited by deer. *Ecological Research* 19: 381–388.

Tsutsui W. M. 2003. Landscapes in the dark valley: toward an environmental history of wartime Japan. *Environmental History* 8: 294–311.

Tyrrell L. E., and T. R. Crow. 1994. Structural characteristics of old-growth hemlock-hardwood forests in relation to age. *Ecology* 75: 370–386.

Ueta M. 1998. Crow-related low nesting success of small birds in Tokyo area. *Strix* 16: 67–71.

van Dorp D., and P. F. M. Opdam. 1987. Effects of patch size, isolation and regional abundance on forest bird communities. *Landscape Ecology* 1: 59–73.

Vera F. W. M. 2000. *Grazing Ecology and Forest History*. New York: CABI.

Vines G. 2002. Gladerunners. *New Scientist* 175: 35.

Visser M. E., L. J. T. Holleman, and P. Gienapp. 2006. Shifts in caterpillar biomass phenology due to climate change and its impact on the breeding biology of an insectivorous bird. *Oecologia* 147: 164–172.

Vitousek P. M., C. M. D'Antonio, L. L. Loope, and R. Westbrooks. 1996. Biological invasions as global environmental change. *American Scientist* 84: 468–478.

Vitt P., K. Havens, and O. Hoegh-Guldberg. 2009. Assisted migration: part of an integrated conservation strategy. *Trends in Ecology and Evolution* 24: 473–474.

vonHoldt, B. M., J. P. Pollinger, D. A. Earl, et al. 2011. A genome-wide perspective on the evolutionary history of enigmatic wolf-like canids. *Genome Research* 21: 1294–1305.

Wada T. 1994. Effects of height of neighboring nests on nest predation in the Rufous Turtle-Dove (*Streptopelia orientalis*). *Condor* 96: 812–816.

Waldram M. S., W. J. Bond, and W. D. Stock. 2008. Ecological engineering by a mega-grazer: white rhino impacts on a South African savanna. *Ecosystems* 11: 101–112.

Walker B. L. 2005. *The Lost Wolves of Japan*. Seattle: University of Washington Press.

Wappler T., E. D. Currano, P. Wilf, et al. 2009. No post-Cretaceous ecosystem depression in European forests? Rich insect-feeding damage on diverse middle Palaeocene plants, Menat, France. *Proceedings of the Royal Society B: Biological Sciences* 276: 4271–4277.

Ward A. I. 2005. Expanding ranges of wild and feral deer in Great Britain. *Mammal Review* 35: 165–173.

Warnecke L., J. M. Turner, T. K. Bollinger, et al. 2012. Inoculation of bats with European *Geomyces destructans* supports the novel pathogen hypothesis for the origin of white-nose syndrome. *Proceedings of the National Academy of Sciences, USA* 109: 6999–7003.

Watanabe T. 2008. The management of mountain natural parks by local communities in Japan. Pages 259–268 *in* P. P. Karan and U. Suganuma, ed. *Local Environmental Movements: A Comparative Study of the United States and Japan*. Lexington: University Press of Kentucky.

Way J. G., L. Rutledge, T. Wheeldon, and B. N. White. 2010. Genetic characterization of eastern "coyotes" in eastern Massachusetts. *Northeastern Naturalist* 17: 189–204.

Webb T., III, P. J. Bartlein, S. P. Harrison, and K. H. Anderson. 1993. Vegetation, lake levels and

on Kinkazan Island, northern Japan. *Ecological Research* 9: 115–120.

Takatsuki S., and T. Y. Ito. 2009. Plants and plant communities on Kinkazan Island, northern Japan, in relation to sika deer herbivory. Pages 125–143 *in* D. R. McCullough, S. Takatsuki, and K. Kaji, ed. *Sika Deer: Biology and Management of Native and Introduced Populations*. New York: Springer.

Takeuchi K., R. D. Brown, I. Washitani, et al. 2003. *Satoyama: The Traditional Rural Landscape of Japan*. New York: Springer.

Tanai T. 1972. Tertiary history of vegetation in Japan. Pages 235–255 *in* A. Graham, ed. *Floristics and Paleofloristics of Asia and Eastern North America*. New York: Elsevier.

Temple S. A., and J. R. Cary. 1988. Modeling dynamics of habitat-interior bird populations in fragmented landscapes. *Conservation Biology* 2: 340–347.

Terborgh J., L. Lopez, P. Nuñez, M. Rao, et al. 2001. Ecological meltdown in predator-free forest fragments. *Science* 294: 1923–1926.

Thirgood J. V. 1981. *Man and the Mediterranean Forest: A History of Resource Depletion*. New York: Academic Press.

Thomas P., and J. R. Packham. 2007. *Ecology of Woodlands and Forests: Description, Dynamics and Diversity*. New York: Cambridge University Press.

Thompson F. R., III. 2007. Factors affecting nest predation on forest songbirds in North America. *Ibis* 149: 98–109.

Thompson F. R., III, T. M. Donovan, R. M. DeGraaf, et al. 2002. A multi-scale perspective of the effects of forest fragmentation on birds in eastern forests. *Studies in Avian Biology* 24: 8–19.

Thornton I. W. B. 1996. *Krakatau: The Destruction and Reassembly of an Island Ecosystem*. Cambridge: Harvard University Press.

Thorson R. M. 2002. *Stone by Stone: The Magnificent History in New England's Stone Walls*. New York: Walker & Company.

Tiffney B. H. 1985a. Perspectives on the origin of the floristic similarity between eastern Asia and eastern North America. Journal of the Arnold Arboretum 66: 73–94.

Tiffney B. H. 1985b. The Eocene North Atlantic land bridge: its importance in Tertiary and modern phytogeography of the Northern Hemisphere. *Journal of the Arnold Arboretum* 66: 243–273.

Tilghman N. G. 1989. Impacts of white-tailed deer on forest regeneration in northwestern Pennsylvania. *Journal of Wildlife Management* 53: 524–532.

Tingley M. W., D. A. Orwig, R. Field, and G. Motzkin. 2002. Avian response to removal of a forest dominant: consequences of hemlock woolly adelgid infestations. *Journal of Biogeography* 29: 1505–1516.

Tomiatojc L. 2000. Did White-backed Woodpeckers ever live in Britain? *British Birds* 93: 452–456.

Totman C. D. 1989. *The Green Archipelago: Forestry in Preindustrial Japan*. Berkeley: University of California Press.

Totman C. D. 2000. *A History of Japan*. Malden, Mass.: Blackwell.

Tremblay J., I. Thibault, C. Dussault, et al. 2005. Long-term decline in white-tailed deer browse supply: can lichens and litterfall act as alternative food sources that preclude density-dependent

Shaffer L. 1992. Native *Americans Before 1492: The Moundbuilding Centers of the Eastern Woodlands*. Armonk, N.Y.: M.E. Sharpe.

Shapiro J. 2001. *Mao's War Against Nature: Politics and the Environment in Revolutionary China*. New York: Cambridge University Press.

Sheldon B. C. 2010. Genetic perspectives on the evolutionary consequences of climate change in birds. Pages 149–168 *in* A. P. Møller, W. Fiedler, and P. Berthold, ed. *Effects of Climate Change on Birds*. New York: Oxford University Press.

Shidei T. 1974. Forest vegetation zones. Pages 87–124 *in* M. Numata, ed. *The Flora and Vegetation of Japan*. New York: Kodansha, Elsevier Scientific.

Shimatani I. K., and Y. Kubota. 2011. The spatio-temporal forest patch dynamics inferred from the fine-scale synchronicity in growth chronology. *Journal of Vegetation Science* 22: 334–345.

Short K. 2000. *Nature in Tokyo*. New York: Kodansha International.

Shu J., W. Wang, L. Jiang, and H. Takahara. 2010. Early Neolithic vegetation history, fire regime and human activity at Kuahuqiao, Lower Yangtze River, East China: new and improved insight. *Quaternary International* 227: 10–21.

Signor P. W., III, and J. H. Lipps. 1982. Sampling bias, gradual extinction patterns and catastrophes in the fossil record. Pages 291–296 *in* L. T. Silver and P. H. Schultz, ed. *Geological Implications of Impacts of Large Asteroids and Comets on the Earth*. Boulder, Colo.: Geological Society of America.

Silander J. A., Jr., and D. M. Klepeis. 1999. The invasion ecology of Japanese barberry (*Berberis thunbergii*) in the New England landscape. *Biological Invasions* 1: 189–201.

Silverberg R. 1968. *Mound Builders of Ancient America: The Archaeology of a Myth. Athens*: Ohio University Press.

Simberloff D., and P. Stiling. 1996. How risky is biological control? *Ecology* 77: 1965–1974.

Skelton P. W., R. A. Spicer, S. P. Kelley, and I. Gilmour. 2003. *The Cretaceous World*. New York: Open University; Cambridge University Press.

Stahle D. W. 1996. Tree rings and ancient forest history. Pages 321–343 *in* M. D. Davis, ed. *Eastern Old-Growth Forests: Prospects for Rediscovery and Recovery*. Washington, D.C.: Island Press.

Stuart A. J. 1999. Late Pleistocene megafaunal extinctions: a European perspective. Pages 257–269 *in* R. D. E. MacPhee, ed. *Extinctions in Near Time: Causes, Contexts, and Consequences*. New York: Kluwer Academic/Plenum Publishers.

Sweet A. R., and D. R. Braman. 2001. Cretaceous-Tertiary palynofloral perturbations and extinctions within the *Aquilapollenites* phytogeographic province. *Canadian Journal of Earth Sciences* 38: 249–269.

Sykes M. T., I. C. Prentice, and W. Cramer. 1996. A bioclimatic model for the potential distributions of north European tree species under present and future climates. *Journal of Biogeography* 23: 203–233.

Takatsuki S. 2009. Effects of sika deer on vegetation in Japan: a review. *Biological Conservation* 142: 1922–1929.

Takatsuki S., and T. Gorai. 1994. Effects of sika deer on the regeneration of a *Fagus crenata* forest

Runkle J. R. 1982. Patterns of disturbance in some old-growth mesic forests in eastern North America. *Ecology* 63: 1533–1546.

Runkle J. R. 1996. Central mesophytic forests. Pages 161–177 *in* M. D. Davis, ed. *Eastern Old-Growth Forests: Prospects for Rediscovery and Recovery*. Washington, D.C.: Island Press.

Runkle J. R. 2000. Canopy tree turnover in old-growth mesic forests of eastern North America. *Ecology* 81: 554–567.

Runte A. 1987. *National Parks: The American Experience*, Lincoln: University of Nebraska Press.

Russell D. A. 2009. *Islands in the Cosmos: The Evolution of Life on Land*. Bloomington: Indiana University Press.

Russell E. W. B. 1983. Indian-set fires in the forests of the northeastern United States. *Ecology* 64: 78–88.

Russell F. L., D. B. Zippin, and N. L. Fowler. 2001. Effects of white-tailed deer（*Odocoileus virginianus*）on plants, plant populations and communities: a review. *American Midland Naturalist* 146: 1–26.

Rutberg A. T. 1997. The science of deer management: an animal welfare perspective. Pages 37–54 *in* W. J. McShea, H. B. Underwood, and J. H. Rappole, ed. *The Science of Overabundance: Deer Ecology and Population Management*. Washington, D.C.: Smithsonian Institution Press.

Saito T., T. Yamanoi, and K. Kaiho. 1986. End-Cretaceous devastation of terrestrial flora in the boreal Far East. *Nature* 323: 253–255.

Sanderson F. J., P. F. Donald, D. J. Pain, et al. 2006. Long-term population declines in Afro-Palearctic migrant birds. *Biological Conservation* 131: 93–105.

Sands, J. P., S. J. DeMaso, L. A. Brennan, and M. J. Schnupp, ed. 2012. *Wildlife Science: Connecting Research with Management*. Boca Raton, Fla.: Taylor & Francis.

Sarjeant W. A. S., and P. J. Currie. 2001. The "great extinction" that never happened: the demise of the dinosaurs considered. *Canadian Journal of Earth Sciences* 38: 239–247.

Sauer J. R., J. E. Hines, and J. Fallon. 2008. *The North American Breeding Bird Survey, Results and Analysis, 1966–2007*. Version 5.15.2008. Retrieved from www.mbr-pwrc.usgs.gov/bbs/bbs.html. USGS Patuxent Wildlife Research Center, Laurel, Md.

Schmaltz J. 1991. Deciduous forests of southern South America. Pages 557–578 *in* E. Röhrig and B. Ulrich, ed. *Ecosystems of the World 7: Temperate Deciduous Forests*. New York: Elsevier.

Schreurs M. A. 2002. *Environmental Politics in Japan, Germany, and the United States*. New York: Cambridge University Press.

Schulte P., L. Alegret, I. Arenillas, et al. 2010. The Chicxulub asteroid impact and mass extinction at the Cretaceous-Paleogene boundary. *Science* 327: 1214–1218.

Seaton K. 1996. The Nature Conservancy's preservation of old growth. Pages 274–283 *in* M. D. Davis, ed. *Eastern Old-Growth Forests: Prospects for Rediscovery and Recovery*. Washington, D.C.: Island Press.

Selva S. B. 1996. Using lichens to assess ecological continuity in northeastern forests. Pages 35–48 *in* M. D. Davis, ed. *Eastern Old-Growth Forests: Prospects for Rediscovery and Recovery*. Washington, D.C.: Island Press.

Robbins C. S., D. K. Dawson, and B. A. Dowell. 1989. Habitat area requirements of breeding forest birds of the middle Atlantic states. *Wildlife Monographs* 103: 1–34.

Robbins C. S., B. A. Dowell, D. K. Dawson, et al. 1992. Comparison of Neotropical migrant landbird populations wintering in tropical forest, isolated forest fragments, and agricultural habitats. Pages 207–220 *in* J. M. Hagan III and D. W. Johnston, ed. *Ecology and Conservation of Neotropical Migrant Landbirds*, Washington, D.C.: Smithsonian Institution Press.

Robinson D. W., and S. K. Robinson. 1999. Effects of selective logging on forest bird populations in a fragmented landscape. *Conservation Biology* 13: 58–66.

Robinson G. S., L. P. Burney, and D. A. Burney. 2005. Landscape paleoecology and megafaunal extinction in southeastern New York state. *Ecological Monographs* 75: 295–315.

Robinson S. K., S. I. Rothstein, M. C. Brittingham, et al. 1995a. Ecology and behavior of cowbirds and their impact on host populations. Pages 428–460 in T. E. Martin and D. M. Finch, ed. *Ecology and Management of Neotropical Migratory Birds*. New York: Oxford University Press.

Robinson S. K., F. R. Thompson III, T. M. Donovan, et al. 1995b. Regional forest fragmentation and the nesting success of migratory birds. *Science* 267: 1987–1990.

Röhrig E. 1991. Temperate deciduous forests in Mexico and Central America. Pages 371–375 *in* E. Röhrig and B. Ulrich, ed. *Ecosystems of the World 7: Temperate Deciduous Forests*. New York: Elsevier.

Rooney T. P., and W. J. Dress. 1997. Species loss over sixty-six years in the ground layer vegetation of Heart's Content, an old-growth forest in Pennsylvania USA. *Natural Areas Journal* 17: 297–305.

Rooney T. P., and D. M. Waller. 2003. Direct and indirect effects of white-tailed deer in forest ecosystems. *Forest Ecology and Management* 181: 165–176.

Root T. L., J. T. Price, K. R. Hall, et al. 2003. Fingerprints of global warming on wild animals and plants. *Nature* 421: 57–60.

Rose F. 1992. Temperate forest management: its effects on bryophyte and lichen floras and habitats. Pages 211–233 *in* J. Bates and A. Farmer, ed. *Bryophytes and Lichens in a Changing Environment*. New York: Clarendon Press, Oxford University Press.

Rosenberg K. V., and M. G. Raphael. 1986. Effects of forest fragmentation on vertebrates in Douglas-fir forests. Pages 263–272 *in* J. Verner, M. L. Morrison, and C. J. Ralph, ed. *Wildlife 2000: Modeling Habitat Relationships of Terrestrial Vertebrates*. Madison: University of Wisconsin Press.

Roth R. R., and R. K. Johnson. 1993. Long-term dynamics of a Wood Thrush population breeding in a forest fragment. *Auk* 110: 37–48.

Royer D. L., C. P. Osborne, and D. J. Beerling. 2005. Contrasting seasonal patterns of carbon gain in evergreen and deciduous trees of ancient polar forests. *Paleobiology* 31: 141.

Royo A. A., R. Collins, M. B. Adams, et al. 2010. Pervasive interactions between ungulate browsers and disturbance regimes promote temperate forest herbaceous diversity. *Ecology* 91: 93–105.

Ruddiman W. F. 2008. *Earth's Climate: Past and Future*. New York: W.H. Freeman.

Ruddiman W. F., and J. E. Kutzbach. 1991. Plateau uplift and climatic change. *Scientific American 266* (March): 66–75.

Biological Sciences 270: 151–179.

Pimm S., and R. A. Askins. 1995. Forest losses predict bird extinctions in eastern North America. *Proceedings of the National Academy of Sciences, USA* 92: 9343–9347.

Pinto, B. 2010. Brief historical ecology of northern Portugal during the Holocene. *Environment and History* 16: 3–42.

Porneluzi P., J. C. Bednarz, L. J. Goodrich, et al. 1993. Reproductive performance of territorial Ovenbirds occupying forest fragments and a contiguous forest in Pennsylvania. *Conservation Biology* 7: 618–622.

Prather J. W., and K. G. Smith. 2003. Effects of tornado damage on forest bird populations in the Arkansas Ozarks. *Southwestern Naturalist* 48: 292–297.

Primack R. B., H. Higuchi, and A. J. Miller-Rushing. 2009. The impact of climate change on cherry trees and other species in Japan. *Biological Conservation* 142: 1943–1949.

Primack R. B., H. Kobori, and S. Mori. 2000. Dragonfly pond restoration promotes conservation awareness in Japan. *Conservation Biology* 14: 1553–1554.

Prothero D. R. 2009. *Greenhouse of the Dinosaurs: Evolution, Extinction, and the Future of Our Planet*. New York: Columbia University Press.

Pulido F., P. Berthold, G. Mohr, and U. Querner. 2001. Heritability of the timing of autumn migration in a natural bird population. *Proceedings of the Royal Society B: Biological Sciences* 268: 953–959.

Pyne S. J. 1982. *Fire in America: A Cultural History of Wildland and Rural Fire*. Princeton: Princeton University Press.

Qian H., and R. E. Ricklefs. 1999. A comparison of the taxonomic richness of vascular plants in China and the United States. *American Naturalist* 154: 160–181.

Qian H., and R. E. Ricklefs. 2000. Large-scale processes and the Asian bias in species diversity of temperate plants. *Nature* 407: 180–182.

Rackham O. 1980. *Ancient Woodland: Its History, Vegetation and Uses in England*. London: E. Arnold.

Rackham O. 1986. *The History of the Countryside*. London: J.M. Dent.

Rackham O. 2006. *Woodlands*. London: HarperCollins Publishers.

Rappole J. H. 1995. *The Ecology of Migrant Birds. A Neotropical Perspective*. Washington, D.C.: Smithsonian Institution Press.

Ricciardi A., and D. Simberloff. 2009. Assisted colonization is not a viable conservation strategy. *Trends in Ecology and Evolution* 24: 248–253.

Ripple W. J., and R. L. Beschta. 2003. Wolf reintroduction, predation risk, and cottonwood recovery in Yellowstone National Park. *Forest Ecology and Management* 184: 299–313.

Ripple W. J., and R. L. Beschta. 2007. Restoring Yellowstone's aspen with wolves. *Biological Conservation* 138: 514–519.

Robbins C. S. 1979. Effect of forest fragmentation on bird populations. Pages 198–212 in R. M. DeGraaf and K. E. Evans, ed. *Management of North-Central and Northeastern Forests for Nongame Birds: Workshop Proceedings*. U. S. Forest Service General Technical Report NC-51, St. Paul, Minn.: North Central Forest Experiment Station.

Opler P. A. 1978. Insects of American chestnut: possible importance and conservation concern. Pages 83–85 *in* J. McDonald, ed. *Proceedings of the American Chestnut Symposium,* Morgantown: *West* Virginia University Press.

Orwig D. A., D. R. Foster, and D. L. Mausel. 2002. Landscape patterns of hemlock decline in New England due to the introduced hemlock woolly adelgid. *Journal of Biogeography* 29: 1475–1487.

Owen-Smith N. 1987. Pleistocene extinctions: the pivotal role of megaherbivores. *Paleobiology* 13: 351–362.

Paillet F. L. 2002. Chestnut: history and ecology of a transformed species. *Journal of Biogeography* 29: 1517–1530.

Paquet J.-Y., X. Vandevyvre, L. Delahaye, and J. Rondeux. 2006. Bird assemblages in a mixed woodland-farmland landscape: the conservation value of silviculture-dependant open areas in plantation forest. *Forest Ecology and Management* 227: 59–70.

Parker A. G., A. S. Goudie, E. E. Anderson, et al. 2002. A review of the mid-Holocene elm decline in the British Isles. *Progress in Physical Geography* 26: 1–45.

Parker, G. 1995. *Eastern Coyote: The Story of Its Success*. Halifax, Nova Scotia: Nimbus Publishing.

Parmesan C., and G. Yohe. 2003. A globally coherent fingerprint of climate change impacts across natural systems. *Nature* 421: 37–42.

Parrish J. M., J. T. Parrish, J. H. Hutchison, and R. A. Spicer. 1987. Late Cretaceous vertebrate fossils from the North Slope of Alaska and implications for dinosaur ecology. *Palaios* 2: 377–389.

Parshall T., and D. R. Foster. 2002. Fire on the New England landscape: regional and temporal variation, cultural and environmental controls. *Journal of Biogeography* 29: 1305–1317.

Paton P. W. 1994. The effect of edge on avian nest success: how strong is the evidence? *Conservation Biology* 8: 17–26.

Perrins C. M., and R. Overall. 2001. Effect of increasing numbers of deer on bird populations in Wytham Woods, central England. *Forestry* 74: 299–309.

Peterken G. F. 1996. *Natural Woodland: Ecology and Conservation in Northern Temperate Regions*. New York: Cambridge University Press.

Peterken G. F., and M. Game. 1984. Historical factors affecting the number and distribution of vascular plant species in the woodlands of central Lincolnshire. *Journal of Ecology* 72: 155–182.

Peterson C. J., and S. A. Pickett. 1995. Forest reorganization: a case study in an oldgrowth forest catastrophic blowdown. *Ecology* 76: 763–774.

Petranka J. W., M. E. Eldridge, and K. E. Haley. 1993. Effects of timber harvesting on southern Appalachian salamanders. *Conservation Biology* 7: 363–370.

Phillips M. K., V. G. Henry, and B. T. Kelly. 2003. Restoration of the red wolf. Pages 272–288 *in* L. D. Mech and L. Boitani, ed. *Wolves: Behavior, Ecology, and Conservation*. Chicago: University of Chicago Press.

Pierce D. S. 2000. *The Great Smokies: From Natural Habitat to National Park*. Knoxville: University of Tennessee Press.

Pigott C. D. 1975. Natural regeneration of *Tilia cordata* in relation to forest-structure in the forest of Białowieża, Poland. *Philosophical Transactions of the Royal Society of London: Series B,*

Miyawaki S., and I. Washitani. 2004. Invasive alien plant species in riparian areas of Japan: the contribution of agricultural weeds, revegetation species and aquacultural species. *Global Environmental Research* 8: 89–101.

Mönkkönen M., and D. A. Welsh. 1994. A biogeographical hypothesis on the effects of human caused landscape changes on the forest bird communities of Europe and North America. *Annales Zoologici Fennici* 31: 61–70.

Montgomery M. E., and M. A. Keena. 2011. *Scymnus* (*Neopullus*) lady beetles from China. Pages 53–76 *in* B. P. Onken and R. C. Reardon, ed. *Implementation and Status of Biological Control of the Hemlock Woolly Adelgid.* U.S. Forest Service Publication FNTET-2011-04, Forest Health Technology Enterprise Team, USDA Forest Service, www.fs.fed.us/foresthealth/technology/.

Mörtberg U. 2001. Resident bird species in urban forest remnants: landscape and habitat perspectives. *Landscape Ecology* 16: 193–203.

Namba T., Y. Yabuhara, K. Yukinari, and R. Kurosawa. 2010. Changes in the avifauna of the Hokkaido University campus, Sapporo, detected by a long-term census. *Ornithological Science* 9: 37–48.

Nash R. 2001. *Wilderness and the American Mind.* New Haven: Yale University Press.

Neilson R. P., L. F. Pitelka, A. M. Solomon, et al. 2005. Forecasting regional to global plant migration in response to climate change. *BioScience* 55: 749–759.

Newman J. A., M. Anand, H. A. L. Henry, et al. 2011. *Climate Change Biology*. Cambridge, Mass.: CAB International.

Nichols D. J., and K. R. Johnson. 2008. *Plants and the K-T Boundary*. Cambridge, U.K.: Cambridge University Press.

Niemelä P., and W. J. Mattson. 1996. Invasion of North American forests by European phytophagous insects. *Bioscience* 46: 741–753.

Niering W. A., and R. H. Goodwin. 1962. Ecological studies in the Connecticut Arboretum Natural Area. I. Introduction and a survey of vegetation types. *Ecology* 43: 41–54.

Niklasson M., E. Zin, T. Zielonka, et al. 2010. A 350-year tree-ring fire record from Białowieża Primeval Forest, Poland: implications for Central Europe an lowland fire history. *Journal of Ecology* 98: 1319–1329.

Norton C. J., Y. Kondo, A. Ono, et al. 2010. The nature of megafaunal extinctions during the MIS 3–2 transition in Japan. *Quaternary International* 211: 113–122.

Oliver C. D. 1981. Forest development in North America following major disturbances. *Forest Ecology and Management* 3: 153–168.

Onken B. P., and R. C. Reardon. 2011. An overview and outlook for biological control of hemlock woolly adelgid. Pages 222–228 *in* B. P. Onken and R. C. Reardon, ed. *Implementation and Status of Biological Control of the Hemlock Woolly Adelgid.* U.S. Forest Service Publication FNTET-2011-04, Forest Health Technology Enterprise Team, USDA Forest Service, www.fs.fed.us/foresthealth/technology/.

Opdam P., G. Rijsdijk, and F. Hustings. 1985. Bird communities in small woods in an agricultural landscape: effects of area and isolation. *Biological Conservation* 34: 333–352.

McDonald R., D. L. Mausel, S. M. Salom, and L. T. Kok. 2011. A case study of a release of the predator *Laricobius nigrinus* Fender against hemlock woolly adelgid, *Adelges tsugae*, Annand, at the urban community forest interface: Hemlock Hill, Lees-McRae College, Banner Elk, North Carolina. Pages 170–177 *in* B. P. Onken and R. C. Reardon, ed. *Implementation and Status of Biological Control of the Hemlock Woolly Adelgid*. U.S. Forest Service Publication FNTET-2011-04, Forest Health Technology Enterprise Team, USDA Forest Service, www.fs.fed.us/foresthealth/technology/.

McGarigal K., and W. C. McComb. 1995. Relationships between landscape structure and breeding birds in the Oregon Coast Range. *Ecological Monographs* 65: 235–260.

McKenney D. W., J. H. Pedlar, K. Lawrence, et al. 2007. Potential impacts of climate change on the distribution of North American trees. *Bioscience* 57: 939–948.

McNamee T. 1996. The Return of Il Lupo. *Natural History* 105（12）: 50–59.

McNaughton S. J. 1984. Grazing lawns: animals in herds, plant form, and coevolution. *American Naturalist* 124: 863–886.

McShea W. J., W. Healy, P. Devers, et al. 2007. Forestry matters: decline of oaks will impact wildlife in hardwood forests. *Journal of Wildlife Management* 71: 1717–1728.

McShea W. J., M. V. McDonald, E. S. Morton, et al. 1995. Long-term trends in habitat selection by Kentucky Warblers. *Auk* 112: 375–381.

Mech L. D., and L. Boitani. 2003. Wolf social behavior. Pages 1–34 *in* L. D. Mech and L. Boitani, ed. *Wolves: Behavior, Ecology, and Conservation*. Chicago: University of Chicago Press.

Meier A. J., S. P. Bratton, and D. C. Duffy. 1996. Biodiversity in the herbaceous layer and salamanders in Appalachian primary forests. Pages 49–64 *in* M. D. Davis, ed. *Eastern Old-Growth Forests: Prospects for Rediscovery and Recovery*. Washington, D.C.: Island Press.

Mellars P., and S. C. Reinhardt. 1979. The early postglacial settlement of northern Europe: an ecological perspective. Pages 234–293 *in* P. Mellars, ed. *The Early Postglacial Settlement of Northern Europe: An Ecological Perspective*. Pittsburgh: University of Pittsburgh Press.

Menzel A., T. H. Sparks, N. Estrella, et al. 2006. European phenological response to climate change matches the warming pattern. *Global Change Biology* 12: 1969–1976.

Menzel M. A., T. C. Carter, J. M. Menzel, et al. 2002. Effects of group selection silviculture in bottomland hardwoods on the spatial activity patterns of bats. *Forest Ecology and Management* 162: 209–218.

Milecka K., A. M. Noryśkiewicz, and G. Kowalewski. 2009. History of the Białowieża primeval forest, NE Poland. *Studia Quaternaria* 26: 25–39.

Mitchell F. J. G., and E. Cole. 1998. Reconstruction of long-term successional dynamics of temperate woodland in Białowieża Forest, Poland. *Journal of Ecology* 86: 1042–1059.

Miyaki M., and K. Kaji. 2004. Summer forage biomass and the importance of litterfall for a high-density sika deer population. *Ecological Research* 19: 405–409.

Miyaki M., and K. Kaji. 2009. Shift to litterfall as year-round forage for sika deer after a population crash. Pages 171–180 *in* D. R. McCullough, S. Takatsuki, and K. Kaji, ed. *Sika Deer: Biology and Management of Native and Introduced Populations*. New York: Springer.

Lynch J. F. 1989. Distribution of overwintering nearctic migrants in the Yucatan Peninsula. 1. General patterns of occurrence. *Condor* 91: 515–544.

Lynch J. F., and R. F. Whitcomb. 1978. Effects of insularization of the eastern deciduous forest on avifaunal diversity and turnover. Pages 461–489 in A. Marmelstein, ed. *Classification, Inventory and Analysis of Fish and Wildlife Habitat: Proceedings of a Symposium*. Washington, D.C.: U.S. Fish and Wildlife Service OBS-78/76.

Maekawa F. 1974. Origin and characteristics of Japan's flora. Pages 33–85 in M. Numata, editor. *The Flora and Vegetation of Japan*. New York: Kodansha; Elsevier Scientific.

Mann C. 2005. 1491: new revelations of the Americas before Columbus. New York: Vintage Books.

Marquis D. A. 1981. Effect of deer browsing on timber production in Allegheny hardwood forests of northwestern Pennsylvania, USDA Forest Service Research Paper NE-475: 1–10. Newtown Square, Pa.: Northeastern Research Station.

Martin P. S. 1967. Prehistoric overkill: the global model. Page 453 *in* P. S. Martin and H. E. Wright, ed. *Pleistocene Extinctions; The Search for a Cause*. New Haven: Yale University Press.

Martin P. S. 2005. *Twilight of the Mammoths: Ice Age Extinctions and the Rewilding of America*. Berkeley: University of California Press.

Martin P. S., and D. W. Steadman. 1999. Prehistoric extinctions on islands and continents. Page 394 in R. D. E. MacPhee, ed. *Extinctions in Near Time: Causes, Contexts, and Consequences*. New York: Kluwer Academic/Plenum Publishers.

Martin T. E., and J. Clobert. 1996. Nest predation and avian life-history evolution in Europe versus North America: a possible role of humans? *American Naturalist* 147: 1028–1046.

Mason R. J. 1999. Whither Japan's environmental movement? An assessment of problems and prospects at the national level. *Pacific Affairs* 72: 187–207.

Mason W. L. 2007. Changes in the management of British forests between 1945 and 2000 and possible future trends. *Ibis* 149: 41–52.

Matthysen E. 1999. Nuthatches (*Sitta europaea*: Aves) in forest fragments: demography of a patchy population. *Oecologia* 119: 501–509.

Matthysen E., and F. Adriaensen. 1998. Forest size and isolation have no effect on reproductive success of Eurasian Nuthatches (*Sitta europaea*). *Auk* 115: 955–963.

McCabe T. R., and R. E. McCabe. 1997. Recounting whitetails past. Pages 11–26 *in* W. J. McShea, H. B. Underwood, and J. H. Rappole, ed. *The Science of Overabundance: Deer Ecology and Population Management*. Washington, D.C.: Smithsonian Institution Press.

McCartan L., B.H. Tiffany, J. A. Wolfe, et al. 1990. Late Tertiary floral assemblage from upland gravel deposits of the southern Maryland coastal plain. *Geology* 18: 311–314.

McClure M. S. 1995. *Diapterobates humeralis* (Oribatida: Ceratozetidae): an effective control agent of hemlock woolly adelgid (Homoptera: Adelgidae) in Japan. *Environmental Entomology* 24: 1207–1215.

McClure M. S., and C. A. S.-J. Cheah. 1999. Reshaping the ecology of invading populations of hemlock woolly adelgid, *Adelges tsugae* (Homoptera: Adelgidae), in eastern North America. *Biological Invasions* 1: 247–254.

General Technical Report PNW-285. Portland, Ore.: Pacific Northwest Research Station.

Leopold A. 1949. *A Sand County Almanac, and Sketches Here and There*. New York: Oxford University Press.

Leopold A. (L. B. Leopold, ed.) 1953. *Round River: From the Journals of Aldo Leopold*. New York: Oxford University Press.

Leverett R. 1996. Definitions and history. Pages 3–17 *in* M. D. Davis, ed. *Eastern Old-Growth Forests: Prospects for Rediscovery and Recovery*. Washington, D.C.: Island Press.

Lewis J. G. 2005. *The Forest Service and the Greatest Good: A Centennial History*. Durham, N.C.: Forest History Society.

Li H. 1952. Floristic relationships between eastern Asia and eastern North America. *Transactions of the American Philosophical Society, New Series* 42: 371–429.

Liebhold A. M., E. G. Brockerhoff, L. J. Garrett, et al. 2012. Live plant imports: the major pathway for forest insect and pathogen invasions of the U.S. *Frontiers in Ecology and the Environment* 10: 135–143.

Liebhold A. M., and D. G. McCullough. 2011. Forest insects. In D. Simberloff and M. Rejmánek, ed. *Encyclopedia of Biological Invasions*. Berkeley: University of California Press.

Liebhold A. M., W. L. MacDonald, D. Bergdahl, and V. C. Mastro. 1995. Invasion by exotic forest pests: a threat to forest ecosystems. *Forest Science Monographs* 30: 1–58.

Litvaitis J. A. 1993. Response of early successional vertebrates to historic changes in land use. *Conservation Biology* 7: 866–873.

Litvaitis J. A. 2003. Are pre-Columbian conditions relevant baselines for managed forests in the northeastern United States? *Forest Ecology and Management* 185: 113–126.

Litvaitis J. A., J. P. Tash, M. K. Litvaitis, et al. 2006. A range-wide survey to determine the current distribution of New England cottontails. *Wildlife Society Bulletin* 34: 1190–1197.

Litvaitis M. K., and J. A. Litvaitis. 1996. Using mitochondrial DNA to inventory the distribution of remnant populations of New England cottontails. *Wildlife Society Bulletin* 24: 725–730.

Litwin T. S., and C. R. Smith. 1992. Factors influencing the decline of Neotropical migrants *in* a northeastern forest fragment: isolation, fragmentation or mosaic effects? Pages 483–496 *in* J. M. Hagan III and D. W. Johnston, ed. *Ecology and Conservation of Neotropical Migrant Landbirds*. Washington, D. C.: Smithsonian Institution Press.

Liu X., H. V. Hunt, and M. K. Jones. 2009. River valleys and foothills: changing archaeological perceptions of north China's earliest farms. *Antiquity* 83: 82–95.

Loeb S. C., and J. M. O'Keefe. 2006. Habitat use by forest bats in South Carolina in relation to local, stand, and landscape characteristics. *Journal of Wildlife Management* 70: 1210–1218.

Lorimer C. G., and A. S. White. 2003. Scale and frequency of natural disturbances in the northeastern U.S.: implications for early successional forest habitats and regional age distributions. *Forest Ecology and Management* 185: 41–64.

Lu H., J. Zhang, K. Liu, et al. 2009. Earliest domestication of common millet (*Panicum miliaceum*) in East Asia extended to 10,000 years ago. *Proceedings of the National Academy of Sciences, USA* 106: 7367–7372.

1061–1065.

Kress S. W. 1983. The use of decoys, sound recordings and gull control for reestablishing a tern colony in Maine. *Colonial Waterbirds* 6: 185–196.

Kricher J. C. 2011. *Tropical Biology*. Princeton: Princeton University Press.

Kricher J. C., and G. Morrison. 1988. *A Field Guide to Eastern Forests: North America*. Boston: Houghton Mifflin.

Krusic R. A., M. Yamasaki, C. D. Neefus, and P. J. Pekins. 1996. Bat habitat use in White Mountain National Forest. *Journal of Wildlife Management* 60: 625–631.

Kuijper D. P. J., J. P. G. M. Cromsigt, B. Jędrzejewska, et al. 2010b. Bottom-up versus top-down control of tree regeneration in the Białowieża Primeval Forest, Poland. *Journal of Ecology* 98: 888–899.

Kuijper D. P. J., B. Jędrzejewska, B. Brzeziecki, et al. 2010a. Fluctuating ungulate density shapes tree recruitment in natural stands of the Białowieża Primeval Forest, Poland. *Journal of Vegetation Science* 21: 1082–1098.

Kulikoff A. 1986. *Tobacco and Slaves: The Development of Southern Cultures in the Chesapeake, 1680–1800*. Williamsburg, Va.: Institute of Early American History and Culture, and Chapel Hill: University of North Carolina Press.

Kurosawa R. 2009. Disturbance-induced bird diversity in early successional habitats in the humid temperate region of northern Japan. *Ecological Research* 24: 687–696.

Kurosawa R., and R. A. Askins. 1999. Differences in bird communities on the forest edge and in the forest interior: are there forest-interior specialists in Japan? *Journal of the Yamashina Institute for Ornithology* 31: 63–79.

Kurosawa R., and R. A. Askins. 2003. Effects of habitat fragmentation on birds in deciduous forests in Japan. *Conservation Biology* 17: 695–707.

Kyle C. J., A. R. Johnson, B. R. Patterson, et al. 2006. Genetic nature of eastern wolves: Past, present and future. *Conservation Genetics* 7: 273–287.

Labandeira, C. C., K. R. Johnson, and P. Wilf. 2002. Impact of the terminal Cretaceous event on plant-insect associations. *Proceedings of the National Academy of Sciences, USA* 99: 2061–2066.

Latham E. L., and R. E. Ricklefs. 1993. Continental comparisons of temperate zone tree species diversity. Pages 294–314 *in* R. Ricklefs E. and D. Schluter, ed. *Species Diversity in Ecological Communities*. Chicago: University of Chicago Press.

Laurent E. L. 2001. Mushi. *Natural History* 110: 70–75.

Lawler J. J., A. S. Ruesch, J. D. Olden, and B. H. McRae. 2013. Projected climate-driven faunal movement routes. *Ecology Letters 2013* doi: 10.1111/ele.12132.

Leck C. F., B. G. Murray Jr., and J. Swineboard. 1988. Long-term changes in the breeding bird populations of a New Jersey forest. *Biological Conservation* 46: 145–157.

Lehmkuhl, J. F., L. F. Ruggiero, and P. A. Hall. 1991. Landscape-scale configurations of forest fragmentation and wildlife richness and abundance in the southern Washington Cascade Range. Pages 425–442 *in* L. F. Ruggiero, K. B. Aubry, A. B. Carey, and M. H. Huff, technical coordinators, *Wildlife and Vegetation of Unmanaged Douglas-Fir Forests*. U.S. Forest Service

Juzwik J., T. C. Harrington, W. L. MacDonald, and D. N. Appel. 2008. The origin of *Ceratocystis fagacearum*, the oak wilt fungus. *Annual Review of Phytopathology* 46: 13–26.

Kadoya T., S. Suda, and I. Washitani. 2009. Dragonfly crisis in Japan: a likely consequence of recent agricultural habitat degradation. *Biological Conservation* 142: 1899–1905.

Kalland A., and P. J. Asquith. 1997. Japanese perceptions of nature: ideas and illusions. Pages 1–35 *in* P. J. Asquith and A. Kalland, ed. *Japanese Images of Nature: Cultural Perspectives*. Richmond, Surrey: Curzon Press.

Karasawa K., S. Yamane, S. Koshikawa, and S. Takinoiri. 1991. *Toshin ni okeru karasuno shudan negura no kotaisuuchosa* [Count of roosting crows in inner Tokyo]. *Urban Birds* 8: 17–25.

Karell P., K. Ahola, T. Karstinen, et al. 2011. Climate change drives microevolution in a wild bird. *Nature Communications* 2: doi: 10.1038/ncomms1213.

Kawaji N. 1994. Lower predation rates on artificial ground nests than arboreal nests in western Hokkaido. *Japanese Journal of Ornithology* 43: 1–9.

Kays R. W., A. Curtis, and J. J. Kirchman. 2010. Rapid adaptive evolution of northeastern coyotes via hybridization with wolves. *Biology Letters* 6: 89–93.

Kays R. W., M. E. Gompper, and J. C. Ray. 2008. Ecology of eastern coyotes based on large-scale estimates of abundance. *Ecological Applications* 18: 1014–1027.

Kellert S. R. 1991. Japanese perceptions of wildlife. *Conservation Biology* 5: 297–308.

Kerr A. 2001. *Dogs and Demons: Tales from the Dark Side of Japan*. New York: Hill and Wang.

Kershner B., and R. T. Leverett. 2004. *The Sierra Club Guide to the Ancient Forests of the Northeast*. San Francisco: Sierra Club Books.

King D. I., R. M. DeGraaf, and C. R. Griffin. 2001. Productivity of early successional shrubland birds in clearcuts and groupcuts in an eastern deciduous forest. *Journal of Wildlife Management* 65: 345–350.

Kirby K. J. 2001. The impact of deer on the ground flora of British broadleaved woodland. *Forestry* 74: 219–229.

Kitchener A. C., and N. Yamaguchi. 2010. Biogeography, morphology and taxonomy. Pages 53–86 *in* R. L. Tilson and P. J. Nyhus, ed. *Tigers of the World: The Science, Politics, and Conservation of Panthera tigris*. Boston: Elsevier/Academic Press.

Kizlinski M. L., D. A. Orwig, R. C. Cobb, and D. R. Foster. 2002. Direct and indirect ecosystem consequences of an invasive pest on forests dominated by eastern hemlock. *Journal of Biogeography* 29: 1489–1503.

Kleijn D., R. A. Baquero, Y. Clough, et al. 2006. Mixed biodiversity benefits of agri-environment schemes in five European countries. *Ecology Letters* 9: 243–254.

Knight J. 2003. *Waiting for Wolves in Japan: An Anthropological Study of People-Wildlife Relations*. New York: Oxford University Press.

Kobori H., and R. B. Primack. 2003. Participatory conservation approaches for *satoyama*, the traditional forest and agricultural landscape of Japan. *Ambio* 32: 307–311.

Kovach A. I., M. K. Litvaitis, and J. A. Litvaitis. 2003. Evaluation of fecal mtDNA analysis as a method to determine the geographic distribution of a rare lagomorph. *Wildlife Society Bulletin* 31:

Hoodless A. N., and G. J. M. Hirons. 2007. Habitat selection and foraging behaviour of breeding Eurasian Woodcock *Scolopax rusticola*: a comparison between contrasting landscapes. *Ibis* 149: 234–249.

Hopkins J. J., and K. J. Kirby. 2007. Ecological change in British broadleaved woodland since 1947. *Ibis* 149: 29–40.

Horsley S. B., S. L. Stout, and D. S. DeCalesta. 2003. White-tailed deer impact on the vegetation dynamics of a northern hardwood forest. *Ecological Applications* 13: 98–118.

Horton T. 2010. The continuing saga of the American chestnut. *American Forests* 115: 32–37.

House of Japan. 2011. Oita City to reintroduce wolves. www.houseofjapan.com/local/oita-city-to-reintroduce-wolves.

Huddle N., M. Reich, and N. Stiskin. 1975. *Island of Dreams: Environmental Crisis in Japan*. New York: Autumn Press.

Hudson C. M. 1997. *Knights of Spain, Warriors of the Sun: Hernando de Soto and the South's Ancient Chiefdoms*. Athens: University of Georgia Press.

Huntley B., and I. C. Prentice. 1993. Holocene vegetation and climates of Europe. Pages 136–168 *in* H. E. Wright Jr., J. E. Kutzbach, T. Webb III, et al., ed. *Global Climates Since the Last Glacial Maximum*. Minneapolis: University of Minnesota Press.

Hurrell J. W., and K. E. Trenberth. 2010. Climate change. Pages 9–29 *in* A. P. Møller, W. Fiedler, and P. Berthold, ed. *Effects of Climate Change on Birds*. New York: Oxford University Press.

Hutchinson G. E. 1965. *The Ecological Theater and the Evolutionary Play*. New Haven: Yale University Press.

Ikeda T. 2002. Araiguma. Page 70 *in* M. Okimasa and W. Izumi, ed. *Handbook of Alien Species in Japan*. Tokyo: Chijin Shokan.

Imanishi S. 2002. The drastic decline of breeding population of Brown Shrike *Lanius cristatus superciliosus* at Nobeyama Plateau in central Japan. *Journal of the Yamashina Institute of Ornithology* 34: 228–231.

Ito T. Y., M. Shimoda, and S. Takatsuki. 2009. Productivity and foraging efficiency of the short-grass（*Zoysia japonica*）community for sika deer. Pages 145–157 *in* D. R. McCullough, S. Takatsuki, and K. Kaji, ed. *Sika Deer: Biology and Management of Native and Introduced Populations*. New York: Springer.

Ito T. Y., and S. Takatsuki. 2009. Home range, habitat selection, and food habits of the sika deer using the short-grass community on Kinkazan Island, northern Japan. Pages 159–170 *in* D. R. McCullough, S. Takatsuki, and K. Kaji, ed. *Sika Deer: Biology and Management of Native and Introduced Populations*. New York: Springer.

Jacobs D. E. 2007. Toward development of silvical strategies for forest restoration of American chestnut（*Castanea dentata*）using blight-resistant hybrids. *Biological Conservation* 137: 497–506.

Johnson C. 2009. Megafaunal declines and fall. *Science* 326: 1072–1073.

Johnson K. R., and B. Ellis. 2002. A tropical rainforest in Colorado 1.4 million years after the Cretaceous-Tertiary boundary. *Science* 296: 2379–2383.

Jones, M. K., and X. Liu. 2009. Origins of agriculture in East Asia. *Science* 324: 730–731.

cornell.edu/bna/species/623/articles/introduction.

Heldbjerg H., and T. Fox. 2008. Long-term population declines in Danish trans-Saharan migrant birds. *Bird Study* 55: 267–279.

Heltzel J. M., and P. J. Leberg. 2006. Effects of selective logging on breeding bird communities in bottomland hardwood forests in Louisiana. *Journal of Wildlife Management* 70: 1416–1424.

Hemond H. F., W. A. Niering, and R. H. Goodwin. 1983. Two decades of vegetation change in the Connecticut Arboretum Natural Area. *Bulletin Torrey Botanical Club* 110: 184–194.

Henry J. D., and J. M. A. Swan. 1974. Reconstructing forest history from live and dead plant material: an approach to the study of forest succession in southwest New Hampshire. *Ecology* 55: 772–783.

Herbeck L. A., and D. R. Larsen. 1999. Plethodontid salamander response to silvicultural practices in Missouri Ozark forests. *Conservation Biology* 13: 623–632.

Hewson C. M., A. Amar, J. A. Lindsell, et al. 2007. Recent changes in bird populations in British broadleaved woodland. *Ibis* 149: 14–28.

Hewson C. M., and D. G. Noble. 2009. Population trends of breeding birds in British woodlands over a 32-year period: relationships with food, habitat use and migratory behaviour. *Ibis* 151: 464–486.

Hickey J. J. 1937. Bird-Lore's first breeding-bird census. *Bird Lore* 39: 373–374.

Hickling R., D. B. Roy, J. K. Hill, et al. 2006. The distributions of a wide range of taxonomic groups are expanding polewards. *Global Change Biology* 12: 450–455.

Higuchi H. 1998. Host use and egg color of Japanese cuckoos. Pages 80–93 *in* S. I. Rothstein and S. K. Robinson, ed. *Parasitic Birds and Their Hosts: Studies in Coevolution*. New York: Oxford University Press.

Higuchi H., and E. Morishita. 1999. Population declines of tropical migratory birds in Japan. *Actinia* 12: 51–59.

Higuchi H., Y. Tsukamoto, S. Hanawa, and M. Takeda. 1982. Relationship between forest areas and the number of bird species. *Strix* 1: 70–78.

Hino T. 1990. Palaearctic deciduous forests and their bird communities: comparisons between East Asia and West-Central Europe. Pages 87–94 *in* A. Keast, ed. *Biogeography and Ecology of Forest Bird Communities*. The Hague, Netherlands: SPB Academic Publishing.

Hinsley S. A., J. E. Carpenter, R. K. Broughton, et al. 2007. Habitat selection by Marsh Tits *Poecile palustris* in the U.K. *Ibis* 149: 224–233.

Hinsley S. A., R. Pakeman, P. E. Bellamy, and I. Newton. 1996. Influences of habitat fragmentation on bird species distributions and regional population sizes. *Proceedings of the Royal Society B: Biological Sciences* 263: 307–313.

Holmes R. T. 2011. Avian population and community processes in forest ecosystems: long-term research in the Hubbard Brook Experimental Forest. *Forest Ecology and Management* 262: 20–32.

Holt C. A., R. J. Fuller, and P. M. Dolman. 2010. Experimental evidence that deer browsing reduces habitat suitability for breeding Common Nightingales *Luscinia megarhynchos*. Ibis 152: 335–346.

Holt C. A., R. J. Fuller, and P. M. Dolman. 2011. Breeding and post-breeding responses of woodland birds to modification of habitat structure by deer. *Biological Conservation* 144: 2151–2162.

and Flagstaff: Northern Arizona University.

Gwinner E. 1986. Internal rhythms in bird migration. *Scientific American* 254: 84–92.

Gwinner E. 1996. Circadian and circannual programmes in avian migration. *Journal of Experimental Biology* 199: 39–48.

Haack R. A., F. Hérard, J. Sun, and J. J. Turgeon. 2010. Managing invasive populations of Asian longhorned beetle and citrus longhorned beetle: a worldwide perspective. *Annual Review of Entomology* 55: 521–546.

Hagan, J. M. 1992. Conservation biology when there is no crisis– yet. *Conservation Biology* 6: 475–476.

Hajek A. E. 1999. Pathology and epizootiology of *Entomophaga maimaiga* infections in forest Lepidoptera. *Microbiology and Molecular Biology Reviews* 63: 814–835.

Hajek A. E. 2004. *Natural Enemies: An Introduction to Biological Control*. New York: Cambridge University Press.

Hall B., G. Motzkin, D. R. Foster, et al. 2002. Three hundred years of forest and land-use change in Massachusetts, USA. *Journal of Biogeography* 29: 1319–1335.

Hamel P. B. 2000. Cerulean Warbler (*Dendroica cerulea*). A. Poole, ed. *The Birds of North America Online*, Cornell Laboratory of Ornithology http://bna.birds.cornell.edu/bna/species/511/articles/introduction.

Haney J. C., and C. P. Schaadt. 1996. Functional roles of eastern old growth in promoting forest bird diversity. Pages 76–88 *in* M. D. David, ed. *Eastern Old-Growth Forests: Prospects for Rediscovery and Recovery*. Washington, D.C.: Island Press.

Harris L. D. 1984. *The Fragmented Forest: Island Biogeography Theory and the Preservation of Biotic Diversity*. Chicago: University of Chicago Press.

Harrison S. P., G. Yu, H. Takahara, and I. C. Prentice. 2001. Palaeovegetation: diversity of temperate plants in East Asia. *Nature* 413: 129.

Havill N., and M. E. Montgomery. 2008. The role of arboreta in studying the evolution of host resistance to the hemlock woolly adelgid. *Arnoldia* 65: 2–9.

Havill N., M. Montgomery, and M. Keena. 2011. Hemlock woolly adelgid and its hemlock hosts: a global perspective. Pages 3–14 *in* B. P. Onken and R. C. Reardon, ed. *Implementation and Status of Biological Control of the Hemlock Woolly Adelgid*. U.S. Forest Service Publication FNTET-2011-04, Forest Health Technology Enterprise Team, USDA Forest Service, www.fs.fed.us/foresthealth/technology/.

Healy W. 1997. Influence of deer on the structure and composition of oak forests in central Massachusetts. Pages 249–266 *in* W. J. McShea, H. B. Underwood, and J. H. Rappole, ed. *The Science of Overabundance: Deer Ecology and Population Management*. Washington, D.C.: Smithsonian Institution Press.

Hebard F. V. 2001. Backcross breeding program produces blight-resistant American chestnuts. *Ecological Restoration* 19: 252–254.

Hejl S. J., J. A. Holmes, and D. E. Kroodsma. 2002. Winter Wren (*Troglodytes hiemalis*). A. Poole, ed. *The Birds of North America Online*, Cornell Laboratory of Ornithology, http://bna.birds.

Gill R. M. A., and V. Beardall. 2001. The impact of deer on woodlands: the effects of browsing and seed dispersal on vegetation structure and composition. *Forestry* 74: 209–218.

Gill R. M. A., and R. J. Fuller. 2007. The effects of deer browsing on woodland structure and songbirds in lowland Britain. *Ibis* 149: 119–127.

Głowaciński Z., and O. Järvinen. 1975. Rate of secondary succession in forest bird communities. *Ornis Scandinavica* 6: 33–40.

Godin A. J. 1977. *Wild Mammals of New England*. Baltimore: Johns Hopkins University Press.

Goetsch C., J. Wigg, A. Royo, et al. 2011. Chronic over browsing and biodiversity collapse in a forest understory in Pennsylvania: results from a 60-year-old deer exclusion plot. *Journal of the Torrey Botanical Society* 138: 220–224.

Graham A. 1972a. *Floristics and Paleofloristics of Asia and Eastern North America*. New York: Elsevier.

Graham A. 1972b. Outline of the origin and historical recognition of floristic affinities between Asia and eastern North America. Pages 1–16 *in* A. Graham, ed. *Floristics and Paleofloristics of Asia and Eastern North America*. New York: Elsevier.

Graham A. 1999. *Late Cretaceous and Cenozoic History of North American Vegetation*. New York: Oxford University Press.

Graham R. 1990. Evolution of new ecosystems at the end of the Pleistocene. Pages 54–60 *in* L. D. Agenbroad, J. I. Mead, and L. W. Nelson, ed. *Megafauna and Man: Discovery of America's Heartland*. Hot Springs: Mammoth Site of Hot Springs, South Dakota, Inc., and Flagstaff: Northern Arizona University.

Grayson D. K. 2008. Holocene underkill. *Proceedings of the National Academy of Sciences, USA* 105: 4077–4078.

Grayson D. K., and D. J. Meltzer. 2003. A requiem for North American overkill. *Journal of Archaeological Science* 30: 585–593.

Greenberg C. H., and J. D. Lanham. 2001. Breeding bird assemblages of hurricane-created gaps and adjacent closed canopy forest in the southern Appalachians. *Forest Ecology and Management* 154: 251–260.

Gregory R. D., P. Vorisek, A. Van Strien, et al. 2007. Population trends of widespread woodland birds in Europe. *Ibis* 149: 78–97.

Grimm E. C., and G. L. Jacobson Jr. 2004. Late-Quaternary vegetation history of the eastern United States. Pages 381–402 *in* A. R. Gillespie, S. C. Porter, and B. F. Atwater, ed. *The Quaternary Period in the United States*. New York: Elsevier.

Grixti J. C., L. T. Wong, S. A. Cameron, and C. Favret. 2009. Decline of bumble bees (Bombus) in the North American Midwest. *Biological Conservation* 142: 75–84.

Grove A. T., and O. Rackham. 2001. *The Nature of Mediterranean Europe. An Ecological History*. New Haven: Yale University Press.

Guthrie D. 1990. Late Pleistocene faunal revolution: a new perspective on the extinction debate. Pages 42–53 in L. D. Agenbroad, J. I. Mead, and L. W. Nelson, ed. *Megafauna and Man: Discovery of America's Heartland*. Hot Springs: Mammoth Site of Hot Springs, South Dakota, Inc., dwelling neotropical migrant songbirds. *Conservation Biology* 9: 1408–1414.

Fukui D., T. Hirao, M. Murakami, and H. Hirakawa. 2011. Effects of treefall gaps created by windthrow on bat assemblages in a temperate forest. *Forest Ecology and Management* 261: 1546–1552.

Fuller D. Q., and L. Qin. 2009. Water management and labour in the origins and dispersal of Asian rice. *World Archaeology* 41: 88–111.

Fuller J. L. 1998. Ecological impact of the mid-Holocene hemlock decline in southern Ontario, Canada. *Ecology* 79: 2337–2351.

Fuller J. L., D. R. Foster, Jason S. McLachlan, and N. Drake. 1998. Impact of human activity on regional forest composition and dynamics in central New England. *Ecosystems* 1: 76–95.

Fuller R. J. 2000. Influence of treefall gaps on distributions of breeding birds within interior old-growth stands in Białowieża Forest, Poland. *Condor* 102: 267–274.

Fuller R. J., K. J. Gaston, and C. P. Quine. 2007b. Living on the edge: British and Irish woodland birds in a European context. *Ibis* 149: 53–63.

Fuller R. J., and R. M. A. Gill. 2001. Ecological impacts of increasing numbers of deer in British woodland. *Forestry* 74: 193–199.

Fuller R. J., and C. Rose. 1995. *Bird Life of Woodland and Forest*. New York: Cambridge University Press.

Fuller R. J., K. W. Smith, P. V. Grice, et al. 2007a. Habitat change and woodland birds in Britain: implications for management and future research. *Ibis* 149: 261–268.

Fuller T. K., and S. DeStefano. 2003. Relative importance of early-successional forests and shrubland habitats to mammals in the northeastern United States. *Forest Ecology and Management* 185: 75–79.

Gale G. A., L. A. Hanners, and S. R. Patton. 1997. Reproductive success of Wormeating Warblers in a forested landscape. *Conservation Biology* 11: 246–250.

George, T. L., and L. A. Brand. 2002. The effects of habitat fragmentation on birds in coast redwood forests. *Studies in Avian Biology* 25: 92–102.

George T. S. 2001. *Minamata: Pollution and the Struggle for Democracy in Postwar Japan*. Cambridge: Harvard University Asia Center.

Gibbs J. N. 2003. Protecting Europe's forests: how to keep out both known and unknown pathogens. *New Zealand Journal of Forestry Science* 33: 411–419.

Gienapp P., R. Leimu, and J. Merilä. 2007. Responses to climate change in avian migration time: microevolution versus phenotypic plasticity. *Climate Research* 35: 25–35.

Gil L., P. Fuentes-Utrilla, A. Soto, M. T. Cervera, and C. Collada. 2004. English elm is a 2,000-year-old Roman clone. *Nature* 431: 1053.

Gill J. L., J. W. Williams, S. T. Jackson, et al. 2009. Pleistocene megafaunal collapse, novel plant communities, and enhanced fire regimes in North America. *Science* 326: 1100–1103.

Gill J. L., J. W. Williams, S. T. Jackson, et al. 2012. Climatic and megaherbivory controls on late-glacial vegetation dynamics: a new, high-resolution, multiproxy record from Silver Lake, Ohio. *Quaternary Science Reviews* 34: 66–80.

77: 115–128.

Faliński J. B., and K. Falińska. 1986. *Vegetation Dynamics in Temperate Lowland Primeval Forests: Ecological Studies in Białowieża Forest*. Boston: Dr. W. Junk; Distributors for the U.S. and Canada, Kluwer Academic Publishers.

Fazey I., and J. Fischer. 2009. Assisted colonization is a techno-fix. *Trends in Ecology and Evolution* 24: 475.

Fenton M. B. 2012. Bats and white-nose syndrome. *Proceedings of the National Academy of Sciences, USA* 109: 6794–6795.

Fike J., and W. A. Niering. 1999. Four decades of old field vegetation development and the role of *Celastrus orbiculatus* in the northeastern United States. *Journal of Vegetation Science* 10: 483–492.

Fiorillo A. R., and R. A. Gangloff. 2000. Theropod teeth from the Prince Creek Formation (Cretaceous) of northern Alaska, with speculations on arctic dinosaur paleoecology. *Journal of Vertebrate Paleontology* 20: 675–682.

Ford H. A. 1987. Bird communities on habitat islands in England. *Bird Study* 34: 205–218.

Ford T. B., D. E. Winslow, D. R. Whitehead, and M. A. Koulol. 2001. Reproductive success of forest-dependent songbirds near an agricultural corridor in southcentral Indiana. *Auk* 118: 864–873.

Forrest R., M. Schreurs, and R. Penrod. 2008. A comparative history of U.S. and Japanese environmental movements. Pages 13–37 *in* P. P. Karan and U. Suganuma, ed. *Local Environmental Movements: A Comparative Study of the United States and Japan*. Lexington: University Press of Kentucky.

Foster D. R. 1992. Land-use history (1730–1990) and vegetation dynamics in central New England, USA. *Journal of Ecology* 80: 753–772.

Foster D. R. 2002. Thoreau's country: a historical-ecological perspective on conservation in the New England landscape. *Journal of Biogeography* 29: 1537–1555.

Foster, D. R., and J. D. Aber. 2004. *Forests in Time: The Environmental Consequences of 1000 Years of Change in New England*. New Haven: Yale University Press.

Foster D. R., and E. R. Boose. 1992. Patterns of forest damage resulting from catastrophic wind in central New England, USA. *Journal of Ecology* 80: 79–98.

Foster D. R., S. Clayden, D. A. Orwig, et al. 2002. Oak, chestnut and fire: climatic and cultural controls of long-term forest dynamics in New England, USA. *Journal of Biogeography* 29: 1359–1379.

Foster D. R., and G. Motzkin. 2003. Interpreting and conserving the openland habitats of coastal New England: insights from landscape history. *Forest Ecology and Management* 185: 127–150.

Frank B., and C. Battisti. 2005. Area effect on bird communities, guilds and species in a highly fragmented forest landscape of central Italy. *Italian Journal of Zoology* 72: 297–304.

Frelich L. E. 2002. *Forest Dynamics and Disturbance Regimes: Studies from Temperate Evergreen-Deciduous Forests*. New York: Cambridge University Press.

Friesen L. E., M. D. Cadman, and R. J. MacKay. 1999. Nesting success of neotropical migrant songbirds in a highly fragmented landscape. *Conservation Biology* 13: 338–346.

Friesen L. E., P. F. J. Eagles, and R. J. MacKay. 1995. Effects of residential development on forest-

University Press.

Denevan W. M. 1992. The pristine myth: the landscape of the Americas in 1492. *Annals of the Association of American Geographers* 82: 369.

DeNitto G. A. 2003. Assessing the pest risks of wood imports into the United States of America. *New Zealand Journal of Forestry Science* 33: 399–410.

Dettmers R. 2003. Status and conservation of shrubland birds in the northeastern U.S. *Forest Ecology and Management* 185: 81–93.

Ditchkoff S. S., and F. A. Servello. 1998. Litterfall: an overlooked food source for wintering white-tailed deer. *Journal of Wildlife Management* 62: 250–255.

Dodds K. J., and D. A. Orwig. 2011. An invasive urban forest pest invades natural environments: Asian longhorned beetle in northeastern U.S. hardwood forests. *Canadian Journal of Forest Research* 41: 1729–1742.

Donahue B. 2004. *The Great Meadow: Farmers and the Land in Colonial Concord*. New Haven: Yale University Press.

Dong H., Y. Li, Q. Wang, and G. Yao. 2011. Impacts of invasive plants on ecosystems in natural reserves in Jiangsu of China. *Russian Journal of Ecology* 42: 133–137.

Dubos R. J. 1972. *A God Within*. New York: Scribner.

Dubos R. J. 1976. Symbiosis between the earth and humankind. *Science* 193: 459–462.

Eaton S. W. 1995. Northern Waterthrush（*Parkesia noveboracensis*）. A. Poole, ed. *The Birds of North America Online*, Cornell Laboratory of Ornithology, http://bna.birds.cornell.edu/bna/species/182/articles/introduction.

Ehrenfeld J. G., P. Kourtev, and W. Huang. 2001. Changes in soil functions following invasions of exotic understory plants in deciduous forests. *Ecological Applications* 11: 1287–1300.

Ehrlich P. R., D. S. Dobkin, and D. Wheye. 1994. *The Birdwatcher's Handbook: A Guide to the Natural History of the Birds of Britain and Europe*. New York: Oxford University Press.

Ellis B., K. R. Johnson, and R. E. Dunn. 2003. Evidence for an in situ early Paleocene rainforest from Castle Rock, Colorado. *Rocky Mountain Geology* 38: 73–100.

Elvin M. 2004. *The Retreat of the Elephants: An Environmental History of China*. New Haven: Yale University Press.

Eschtruth A. K., and J. J. Battles. 2008. Acceleration of exotic plant invasion in a forested ecosystem by a generalist herbivore. *Conservation Biology* 23: 388–399.

Faaborg J., M. Brittingham, T. Donovan, and J. Blake. 1995. Habitat fragmentation in the temperate zone. Pages 357–380 *in* T. E. Martin and D. M. Finch, ed. *Ecology and Management of Neotropical Migratory Birds*. New York: Oxford University Press.

Faaborg J., R. T. Holmes, A. D. Anders, et al. 2010. Conserving migratory land birds in the New World: do we know enough? *Ecological Applications* 20: 398–418.

Falcon-Lang, H. J., R. A. MacRae, and A. Z. Csank. 2004. Palaeoecology of Late Cretaceous polar vegetation preserved in the Hansen Point Volcanics, NW Ellesmere Island, Canada. *Palaeogeography, Palaeoclimatology, Palaeoecology* 212: 45–64.

Faliński J. B. 1988. Regeneration and fluctuation in the Białowieża Forest（NE Poland）. *Vegetatio*

Cogbill C. V., J. Burk, and G. Motzkin. 2002. The forests of presettlement New England, USA: spatial and compositional patterns based on town proprietor surveys. *Journal of Biogeography* 29: 1279–1304.

Comisky L., A. A. Royo, and W. P. Carson. 2005. Deer browsing creates rock refugia gardens on large boulders in the Allegheny National Forest, Pennsylvania. *American Midland Naturalist* 154: 201–206.

Connor E. F., and E. D. McCoy. 1979. The statistics and biology of the species-area relationship. *American Naturalist* 113: 791–833.

Costa S. D. 2011. Insect-killing fungi for HWA management: current status. Pages 107–115 *in* B. P. Onken and R. C. Reardon, ed. *Implementation and Status of Biological Control of the Hemlock Woolly Adelgid.* U.S. Forest Service Publication FNTET-2011-04, Forest Health Technology Enterprise Team, USDA Forest Service, www.fs.fed.us/foresthealth/technology/.

Costello C. A., M. Yamasaki, P. J. Pekins, W. B. Leak, and C. D. Neefus. 2000. Songbird response to group selection harvests and clearcuts in a New Hampshire northern hardwood forest. *Forest Ecology and Management* 127: 41–54.

Côté S. D., T. P. Rooney, J. Tremblay, C. Dussault, and D. M. Waller. 2004. Ecological impacts of deer overabundance. *Annual Review of Ecology, Evolution, and Systematics* 35: 113–147.

Cox T. R., R. S. Maxwell, P. D. Thomas, and J. J. Malone. 1985. *This Well-Wooded Land: Americans and Their Forests from Colonial Times to the Present.* Lincoln: University of Nebraska Press.

Cramp S., C. M. Perrins, and D. J. Brooks. 1985. *Handbook of the Birds of Europe, the Middle East and North Africa: The Birds of the Western Palearctic.* New York: Oxford University Press.

Cronon W. 1983. *Changes in the Land: Indians, Colonists, and the Ecology of New England.* New York: Hill and Wang.

Dalgeish H. J., and R. K. Swihart. 2012. American chestnut past and future: implications of restoration for resource pulses and consumer populations of eastern U.S. forests. *Restoration Ecology* 20: 490–497.

Davis M. B. 1969. Climatic changes in southern Connecticut recorded by pollen deposition at Rogers Lake. *Ecology* 50: 409–422.

Davis M. B. 1983. Quaternary history of deciduous forests of eastern North America and Europe. *Annals of the Missouri Botanical Garden* 70: 550–563.

deCalesta D. S. 1994. Effect of white-tailed deer on songbirds within managed forests in Pennsylvania. *Journal of Wildlife Management* 58: 711–718.

DeGraaf R. M., and M. Yamasaki. 2001. *New England Wildlife: Habitat, Natural History, and Distribution.* Hanover, N.H.: University Press of New England.

Delcourt H. R. 2002. *Forests in Peril: Tracking Deciduous Trees from Ice-Age Refuges into the Green house World.* Blacksburg, Va.: McDonald & Woodward.

Delcourt P. A., and H. R. Delcourt. 1987. *Long-term Forest Dynamics of the Temperate Zone: A Case Study of Late-Quaternary Forests in Eastern North America.* New York: Springer-Verlag.

Delcourt P. A., and H. R. Delcourt. 2004. *Prehistoric Native Americans and Ecological Change: Human Ecosystems in Eastern North America Since the Pleistocene.* New York: Cambridge

Brommer J. E., and A. P. Møller. 2010. Range margins, climate change and ecology. Pages 249–274 *in* A. P. Møller, W. Fiedler, and P. Berthold, ed. *Effects of Climate Change on Birds*. New York: Oxford University Press.

Brown M. L. 2000. *The Wild East: A Biography of the Great Smoky Mountains*. Gainesville: University Press of Florida.

Bruns H. 1960. The economic importance of birds in forests. *Bird Study* 7: 193–208.

Burke D. M., and E. Nol. 1998. Influence of food abundance, nest-site habitat, and forest fragmentation on breeding Ovenbirds. *Auk* 115: 96–104.

Burney D. A., G. S. Robinson, and L. P. Burney. 2003. *Sporormiella* and the late Holocene extinctions in Madagascar. *Proceedings of the National Academy of Sciences*, USA 100: 10800–10805.

Burnham C. R. 1988. The restoration of the American chestnut: Mendelian genetics may solve a problem that has resisted other approaches. *American Scientist* 76: 478–487.

Butcher G. S., W. A. Niering, W. J. Barry, and R. H. Goodwin. 1981. Equilibrium biogeography and the size of nature preserves: an avian case study. *Oecologia* 49: 29–37.

Butin E., N. P. Havill, J. S. Elkinton, and M. E. Montgomery. 2004. Feeding preference of three lady beetle predators of the hemlock woolly adelgid (Homoptera: Adelgidae). *Journal of Economic Entomology* 97: 1635–1641.

Caughley G. 1981. Overpopulation. Pages 7–19 *in* P. A. Jewell, S. J. Holt, and D. Hart, ed. *Problems in Management of Locally Abundant Wild Mammals*. New York: Academic Press.

Chambers S. M. 2010. A perspective on the genetic composition of eastern coyotes. *Northeastern Naturalist* 17: 205–210.

Charmantier A., R. H. McCleery, L. R. Cole, C. Perrins, L. E. B. Kruuk, and B. C. Sheldon. 2008. Adaptive phenotypic plasticity in response to climate change in a wild bird population. *Science* 320: 800–803.

Cheah C. A. S.-J. 2010. Connecticut's threatened landscape: natural enemies for biological control of invasive species. *Frontiers of Plant Science* 57: 5–16.

Cheah C. A. S.-J. 2011. *Sasajiscymnus* (=*Pseudoscymnus*) *tsugae*, a ladybeetle from Japan. Pages 43–52 *in* B. P. Onken and R. C. Reardon, ed. *Implementation and Status of Biological Control of the Hemlock Woolly Adelgid*. U.S. Forest Service Publication FNTET-2011-04, Forest Health Technology Enterprise Team, USDA Forest Service, www.fs.fed.us/foresthealth/technology/.

Chesser R. T., R. C. Banks, F. K. Barker, et al. 2010. Fifty-first supplement to the American Ornithologists' Union check-list of North American birds. *Auk* 127: 726–744.

Ching K. K. 1991. Temperate deciduous forests in East Asia. Pages 539–555 *in* E. Röhrig and B. Ulrich, ed. *Ecosystems of the World 7: Temperate Deciduous Forests*. New York: Elsevier.

Chiver I., L. J. Ogden, and B. J. Stutchbury. 2011. Hooded Warbler (*Wilsonia citrina*). A. Poole, ed. *The Birds of North America Online*, Cornell Laboratory of Ornithology, http://bna.birds.cornell.edu/bna/species/110/articles/introduction.

Cieślak M. 1985. Influence of forest size and other factors on breeding bird species number. *Ekologia Polska* 33: 103–121.

Blodget B. G., R. Dettmers, and J. Scanlon. 2009. Status and trends in an extensive western Massachusetts forest. *Northeastern Naturalist* 16: 423–442.

Bobiec A., E. Jaszcz, and K. Wojtunik. 2012. Oak (*Quercus robur L.*) regeneration as a response to natural dynamics of stands in Europe an hemiboreal zone. *European Journal of Forest Research* doi: 10.1007/s10342-012-0597-6.

Bobiec A., D. P. J. Kuijper, M. Niklasson, et al. 2011. Oak (*Quercus robur L.*) regeneration in early successional woodlands grazed by wild ungulates in the absence of livestock. *Forest Ecology and Management* 262: 780–790.

Bobiec A., H. van der Burgt, K. Meijer, et al. 2000. Rich deciduous forests in Białowieża as a dynamic mosaic of developmental phases: premises for nature conservation and restoration management. *Forest Ecology and Management* 130: 159–175.

Boerner R. E. J., and J. A. Brinkman. 1996. Ten years of tree seedling establishment and mortality in an Ohio deciduous forest complex. *Bulletin of the Torrey Botanical Club* 123: 309–317.

Boitani L. 2003. Wolf conservation and recovery. Pages 317–344 *in* L. D. Mech and L. Boitani, ed. *Wolves: Behavior, Ecology, and Conservation*. Chicago: University of Chicago Press.

Bonan G. B., and H. H. Shugart. 1989. Environmental factors and ecological processes in boreal forests. *Annual Review of Ecology and Systematics* 20: 1–28.

Boose E. R., K. E. Chamberlin, and D. R. Foster. 2001. Landscape and regional impacts of hurricanes in New England. *Ecological Monographs* 71: 27–48.

Bormann F. H., and G. E. Likens. 1979. Catastrophic disturbance and the steady state in northern hardwood forests: a new look at the role of disturbance in the development of forest ecosystems suggests important implications for landuse policies. *American Scientist* 67: 660–669.

Both C. 2010. Food availability, mistiming and climatic change. Pages 129–147 *in* A. P. Møller, W. Fiedler, and P. Berthold, ed. *Effects of Climate Change on Birds*. New York: Oxford University Press.

Both C., and M. E. Visser. 2001. Adjustment to climate change is constrained by arrival date in a long-distance migrant bird. *Nature* 411: 296–298.

Bozarth C. A., F. Hailer, L. L. Rockwood, et al. 2011. Coyote colonization of northern Virginia and admixture with Great Lakes wolves. *Journal of Mammalogy* 92: 1070–1080.

Brasier C. M., and K. W. Buck. 2001. Rapid evolutionary changes in a globally invading fungal pathogen (Dutch elm disease). *Biological Invasions* 3: 223–233.

Braun E. L. 1950. *Deciduous Forests of Eastern North America*. Philadelphia: Blakiston.

Brazil M., and M. Yabuuchi. 1991. *The Birds of Japan*. Washington, D.C.: Smithsonian Institution Press.

Brewer D., B. K. MacKay. 2001. *Wrens, Dippers, and Thrashers*. New Haven: Yale University Press.

Briggs, S. A., and J. H. Criswell. 1978. Gradual silencing of spring in Washington: selective reduction of species of birds found in three woodland areas over the past 30 years. *Atlantic Naturalist* 32: 19–26.

Broadbent J. 1998. *Environmental Politics in Japan: Networks of Power and Protest*. New York: Cambridge University Press.

in Japan. *Global Environmental Research* 4: 219–229.

Askins R. A., J. F. Lynch, and R. Greenberg. 1990. Population declines in migratory birds in eastern North America. Pages 1–57 *in* D. M. Power, ed. *Current Ornithology*, vol. 7. New York: Plenum Press.

Askins R. A., and M. J. Philbrick. 1987. Effect of changes in regional forest abundance on the decline and recovery of a forest bird community. *Wilson Bulletin* 99: 7–21.

Askins R. A., M. J. Philbrick, and D. S. Sugeno. 1987. Relationship between the regional abundance of forest and the composition of forest bird communities. *Biological Conservation* 39: 129–152.

Askins R. A., B. Zuckerberg, and L. Novak. 2007a. Do the size and landscape context of forest openings influence the abundance and breeding success of shrubland songbirds in southern New England? *Forest Ecology and Management* 250: 137–147.

Aukema J. E., B. Leung, K. Kovacs, et al. 2011. Economic impacts of non-native forest insects in the continental United States. *PLoS One* 6: doi: 10.1371/journal.pone. 0024587.

Austen M. J. W., C. M. Francis, D. M. Burke, and M. S. W. Bradstreet. 2001. Landscape context and fragmentation effects on forest birds in southern Ontario. *Condor* 103: 701–714.

Barnes B. V. 1991. Deciduous forests of North America. Pages 219–344 *in* E. Röhrig and B. Ulrich, ed. *Ecosystems of the World 7: Temperate Deciduous Forests*. New York: Elsevier.

Bayard T. S., and C. S. Elphick. 2010. How area sensitivity in birds is studied. *Conservation Biology* 24: 938–947.

Beerling D. J. 2007. *The Emerald Planet: How Plants Changed Earth's History*. New York: Oxford University Press.

Bellamy P. E., P. Rothery, S. A. Hinsley, and I. Newton. 2000. Variation in the relationship between numbers of breeding pairs and woodland area for passerines in fragmented habitat. *Ecography* 23: 130–138.

Bellemare J., G. Motzkin, and D. R. Foster. 2002. Legacies of the agricultural past in the forested present: an assessment of historical land-use effects on rich mesic forests. *Journal of Biogeography* 29: 1401–1420.

Benson L. V., T. R. Pauketat, and E. R. Cook. 2009. Cahokia's boom and bust in the context of climate change. *American Antiquity* 74: 467–483.

Berg Å. 1997. Diversity and abundance of birds in relation to forest fragmentation, habitat quality and heterogeneity. *Bird Study* 44: 355–366.

Bernadzki E., L. Bolibok, B. Brzeziecki, et al. 1998. Compositional dynamics of natural forests in the Białowieża National Park, northeastern Poland. *Journal of Vegetation Science* 9: 229–238.

Berthold P., A. J. Helbig, G. Mohr, and U. Querner. 1992. Rapid microevolution of migratory behaviour in a wild bird species. *Nature* 360: 668–670.

Berthold P., and S. B. Terrill. 1991. Recent advances in studies of bird migration. *Annual Review of Ecology and Systematics* 22: 357–378.

Betts M. G., A. S. Hadley, N. Rodenhouse, and J. J. Nocera. 2008. Social information trumps vegetation structure in breeding-site selection by a migrant songbird. *Proceedings of the Royal Society B: Biological Sciences* 275: 2257–2263.

参考文献

Akashi N., and T. Nakashizuka. 1999. Effects of bark-stripping by sika deer (*Cervus nippon*) on population dynamics of a mixed forest in Japan. *Forest Ecology and Management* 113: 75–82.

Amano T., and Y. Yamaura. 2007. Ecological and life-history traits related to range contractions among breeding birds in Japan. *Biological Conservation* 137: 271–282.

Anders A. D., J. Faaborg, and F. R. Thompson III. 1998. Postfledging dispersal, habitat use, and home-range size of juvenile Wood Thrushes. *Auk* 115: 349–358.

Anderson M. G. 2008. Conserving forest ecosystems: guidelines for size, condition and landscape requirements. Pages 213–220 *in* R. A. Askins, G. D. Dreyer, G. R. Visgilio, and D. M. Whitelaw, ed. *Saving Biological Diversity: Balancing Protection of Endangered Species and Ecosystems*. New York: Springer.

Anderson M. G., and C. E. Ferree. 2010. Conserving the stage: climate change and the geophysical underpinnings of species diversity. *PLoS One* 5: doi: 10.1371/journal.pone.0011554.

Angelstam P. 1996. The ghost of forest past: natural disturbance regimes as a basis for reconstruction of biologically diverse forests in Europe. Pages 287–337 *in* R. M. DeGraaf and R. I. Miller, ed. *Conservation of Faunal Diversity in Forested Landscapes*. London: Chapman & Hall.

Angelstam P., M. Breuss, G. Mikusinski, et al. 2001. Effects of forest structure on the presence of woodpeckers with different specialisation in a landscape history gradient in NE Poland. Pages 25–38 *in* D. Chamberlain and A. Wilson, ed. *Avian Landscape Ecology: Pure and Applied Issues in the Large-Scale Ecology of Birds*. International Association for Landscape Ecology, U.K.

Annand E. M., and F. R. Thompson III. 1997. Forest bird response to regeneration practices in central hardwood forests. *Journal of Wildlife Management* 61: 159–171.

Armstrong E. A. 1955. *The Wren*. London: Collins.

Askins R. A. 1990. *Birds of the Connecticut College Arboretum: Population Changes over Forty Years*. Connecticut College Arboretum Bulletin 31: 1–43.

Askins R. A. 1993. Population trends in grassland, shrubland, and forest birds in eastern North America. Pages 1–34 *in* D. Power, ed. *Current Ornithology*, vol. 11. New York: Plenum Press.

Askins R. A. 2002. *Restoring North America's Birds: Lessons from Landscape Ecology*. Second ed., New Haven: Yale University Press.

Askins R. A., F. Chávez-Ramírez, B. C. Dale, et al. 2007b. Conservation of grassland birds in North America: understanding ecological processes in different regions. *Ornithological Monographs* 64: 1–46.

Askins R. A., H. Higuchi, and H. Murai. 2000. Effect of forest fragmentation on migratory songbirds

6. Cox et al., 1985: 53–54; Williams, 1989: 121–122.
7. Nash, 2001: 141–156.
8. Leopold, 1949: 194–198.
9. Leopold, 1949: 196.
10. Nash, 2001: 116–121.
11. Williams, 1989: 406–407.
12. Runte, 1987: 114–115.
13. Runte, 1987: 116–117.
14. Cox et al., 1985: 407.
15. Pierce, 2000: xiv.
16. Brown, 2000: 174–175.
17. Williams, 1989: 410–411.
18. Williams, 1989: 415–421.
19. Cox et al., 1985: 227.
20. Cox et al., 1985: 227–229.
21. Williams, 1989: 458–459.
22. Cox et al., 1985: 229.
23. Lewis, 2005: 145–147.
24. Nash, 2001: 44–49.
25. Nash, 2001.
26. Anderson and Ferree, 2010.
27. Nash, 2001: 241.
28. Dubos, 1972: 135–152.
29. Dubos, 1976.
30. Bruns, 1960.
31. Rackham, 2006: 60.
32. Rackham, 2006: 16.
33. Rackham, 1980: 201–202.
34. Rackham, 1980: 201–202.
35. Rackham, 2006: 16.
36. Rackham, 2006: 211–213.
37. Mason, 2007.
38. Fuller et al., 2007a; Hinsley et al., 2007; Hoodless and Hirons, 2007.
39. Peterken, 1996: 310, 398–400, 457–458.
40. Vera, 2000.
41. Rackham, 2006: 430.
42. Rackham, 2006: 86.
43. J. D. Wilson et al., 2009: 114–125, 242–276.
44. Askins et al., 2007b: 32–33.
45. J. D. Wilson et al., 2009: 286–302.
46. Askins et al., 2007b: 33.
47. Kleijn et al., 2006.
48. J. D. Wilson et al., 2009: 284–288.
49. Askins, 2002: 138–142.
50. Angelstam, 1996; Askins, 2002: 142–143.
51. Kalland and Asquith, 1997: 16.
52. Kalland and Asquith, 1997: 17–18.
53. Young and Young, 2005: 124–125, 156–157.
54. Young and Young, 2005: 48.
55. Young and Young, 2005: 20.
56. Kalland and Asquith, 1997.
57. Young and Young, 2005: 20.
58. Young and Young, 2005: 108–109.
59. Young and Young, 2005: 48–53.
60. Laurent, 2001.
61. Short, 2000: 97–98.
62. Primack et al., 2000.
63. Kadoya et al., 2009.
64. Primack et al., 2000.
65. Mason, 1999.
66. Broadbent, 1998: 292; Mason, 1999; Schreurs, 2002: 244–245.
67. Mason, 1999; Kerr, 2001: 13–50.
68. Broadbent, 1998; Forrest et al., 2008.
69. Huddle et al., 1975; George, 2001.
70. Mason, 1999; Schreurs, 2002: 44–46.
71. Schreurs, 2002: 47.
72. Mason, 1999.
73. Mason, 1999.
74. Watanabe, 2008.
75. Kellert, 1991.
76. Kobori and Primack, 2003; Takeuchi et al., 2003.
77. Foster, 2002.
78. Grixti et al., 2009.
79. Leopold, 1953: 147.

19. Havill and Montgomery, 2008.
20. Orwig et al., 2002.
21. Thomas and Packham, 2007: 196–199; Liebhold and McCullough, 2011.
22. Aukema et al., 2011.
23. Niemelä and Mattson, 1996.
24. Liebhold et al., 1995; Gibbs, 2003.
25. Juzwik et al., 2008.
26. Gibbs, 2003.
27. Gibbs, 2003.
28. DeNitto, 2003.
29. アメリカ合衆国農務省動植物検疫局: www.aphis.usda.gov/import_export/plants/plant_imports/wood_packaging_materials.shtml.
30. Liebhold et al., 2012.
31. Liebhold et al., 1995.
32. Haack et al., 2010; Liebhold and McCullough, 2011.
33. Haack et al., 2010.
34. Dodds and Orwig, 2011.
35. Simberloff and Stiling, 1996.
36. McClure, 1995; Carole Cheah 私信
37. McClure, 1995.
38. McClure and Cheah, 1999.
39. Cheah, 2011.
40. McClure and Cheah, 1999; Cheah, 2011.
41. Cheah, 2011.
42. Montgomery and Keena, 2011.
43. Onken and Reardon, 2011.
44. Montgomery and Keena, 2011. 三種は *Scymnus camptodromus*、*S. sinuanodulus*、*S. ningshanensis*。
45. Butin et al., 2004.
46. Havill et al., 2011.
47. Onken and Reardon, 2011.
48. McDonald et al., 2011.
49. Costa, 2011.
50. Cheah, 2011.
51. Liebhold et al., 1995; Hajek, 2004.
52. Hajek, 2004.
53. Hajek, 1999.
54. Liebhold et al., 1995.
55. Liebhold et al., 1995.
56. Kizlinski et al., 2002.
57. Burnham, 1988; Horton, 2010.
58. Hebard, 2001; Jacobs, 2007; Horton, 2010.
59. Horton, 2010.
60. Forest Health Initiative, 2012: www.foresthealthinitiative.org/genomics.html.
61. Horton, 2010.
62. Dalgeish and Swihart, 2012.
63. Opler, 1978.
64. Opler, 1978.
65. Fuller, 1998.
66. Parker et al., 2002.
67. Warnecke et al., 2012.
68. Fenton, 2012.
69. Krusic et al., 1996.
70. Fike and Niering, 1999.
71. Silander and Klepeis, 1999.
72. Ehrenfeld et al., 2001.
73. Ehrenfeld et al., 2001.
74. Krusic et al., 1996.
75. Eschtruth and Battles, 2008.
76. Rackham, 2006: 267.
77. Miyawaki and Washitani, 2004.
78. Dong et al., 2011.
79. Rackham, 2006: 420.
80. Ikeda, 2002.
81. Vitousek et al., 1996.
82. Liebhold et al., 1995.

第10章　三大陸の保全戦略を融合する

1. Nash, 2001.
2. Cox et al., 1985: 135–137.
3. Nash, 2001: 82–83.
4. Cox et al., 1985: 137; Williams, 1989: 406.
5. Nash, 2001: 125–140.

75. Boitani, 2003.
76. McNamee, 1996.
77. Ward, 2005.
78. Fuller and Gill, 2001.
79. Gill and Beardall, 2001.
80. Kirby, 2001.
81. Gill and Fuller, 2007.
82. Gill and Fuller, 2007.
83. Kirby, 2001.
84. Fuller and Gill, 2001; Hopkins and Kirby, 2007. Fuller and Gill は『Forestry』誌の特別号で様々な生物にとってシカの喫食が及ぼす影響の論文を総説している。
85. Perrins and Overall, 2001.
86. Perrins and Overall, 2001.
87. Gill and Fuller, 2007.
88. Gill and Fuller, 2007.
89. Holt et al., 2011.
90. Holt et al., 2010.

第８章　世界的気候変動の脅威

1. Hurrell and Trenberth, 2010; Wormworth and Şekercioćğlu, 2011.
2. Root et al., 2003.
3. Parmesan and Yohe, 2003.
4. Menzel et al., 2006.
5. Primack et al., 2009.
6. Both, 2010.
7. Charmantier et al., 2008.
8. Visser et al., 2006.
9. Both, 2010.
10. Both and Visser, 2001.
11. Both, 2010.
12. Karell et al., 2011; Newman et al., 2011: 150–152.
13. Gwinner, 1996.
14. Berthold and Terrill, 1991.
15. Berthold and Terrill, 1991.
16. Pulido et al., 2001.
17. Berthold et al., 1992.
18. Gienapp et al., 2007.
19. Sheldon, 2010.
20. Zuckerberg et al., 2009.
21. Parmesan and Yohe, 2003; Brommer and Møller, 2010.
22. Hickling et al., 2006.
23. Huntley and Prentice, 1993.
24. Webb et al., 1993.
25. Sykes et al., 1996.
26. Sykes et al., 1996.
27. McKenney et al., 2007.
28. Neilson et al., 2005.
29. Fazey and Fischer, 2009; Ricciardi and Simberloff, 2009.
30. Vitt et al., 2009.
31. Ruddiman, 2008: 245–247.
32. Ruddiman, 2008: 326–341.
33. Ruddiman, 2008: 341.
34. Newman et al., 2011: 32–44.
35. Lawler et al., 2013.

第９章　もう一つの脅威

1. Liebhold et al., 1995.
2. Kricher and Morrison, 1988: 58.
3. Thomas and Packham, 2007: 213.
4. Paillet, 2002.
5. Rackham, 2006: 338.
6. Brasier and Buck, 2001.
7. Thomas and Packham, 2007: 209–210.
8. Gil et al., 2004.
9. Thomas and Packham, 2007: 210.
10. Rackham, 2006: 339.
11. Liebhold et al., 1995.
12. Shidei, 1974.
13. Liebhold et al., 1995.
14. Liebhold et al., 1995.
15. Thomas and Packham, 2007: 199–201.
16. Orwig et al., 2002.
17. Tingley et al., 2002.
18. Webster, 2012.

Ito, 2009.

4. Tsuji and Takatsuki, 2004.
5. Takatsuki and Gorai, 1994.
6. Takatsuki and Ito, 2009.
7. McNaughton, 1984; Askins, 2002.
8. Takatsuki, 2009; Takatsuki and Ito, 2009.
9. Ito et al., 2009.
10. Takatsuki and Ito, 2009.
11. Ito and Takatsuki, 2009.
12. Akashi and Nakashizuka, 1999.
13. Elvin, 2004; Kitchener and Yamaguchi, 2010.
14. Mech and Boitani, 2003.
15. Walker, 2005: 98–102.
16. Knight, 2003: 194–195.
17. Walker, 2005: 9.
18. Walker, 2005: 66–78.
19. Knight, 2003: 194; Walker, 2005: 6–7.
20. Walker, 2005: 137–146.
21. Walker, 2005: 148–151.
22. Walker, 2005: 151–156.
23. Knight, 2003: 199; Walker, 2005: 113–118, 211–213.
24. Knight, 2003: 202.
25. Knight, 2003: 230–231.
26. John Knight（2003）は「Waiting for Wolves in Japan（日本でオオカミを待つ)」の中で、日本の地方社会における農民や林業者、狩猟者にとってこうした大型獣の影響を述べている。
27. Knight, 2003: 216–223.
28. House of Japan, 2011.
29. Terborgh et al., 2001.
30. Terborgh et al., 2001.
31. Boerner and Brinkman, 1996.
32. Tilghman, 1989; Horsley et al., 2003.
33. Tilghman, 1989.
34. Horsley et al., 2003.
35. Tilghman, 1989.
36. Marquis, 1981.
37. Russell et al.（2001）の総説。
38. Russell et al., 2001.
39. Rooney and Dress, 1997.
40. Rooney and Dress, 1997.
41. Comisky et al., 2005.
42. Comisky et al., 2005.
43. Goetsch et al., 2011.
44. Rooney and Waller, 2003.
45. Russell et al., 2001.
46. deCalesta, 1994.
47. McShea et al., 1995.
48. Healy, 1997.
49. Tremblay et al., 2005.
50. Ditchkoff and Servello, 1998.
51. Royo et al., 2010; McCabe and McCabe, 1997.
52. Caughley, 1981.
53. Caughley, 1981: 8.
54. Caughley, 1981: 14.
55. Rutberg, 1997.
56. Healy, 1997.
57. Healy, 1997.
58. Côté et al., 2004.
59. Ripple and Beschta, 2003.
60. Ripple and Beschta, 2003, 2007.
61. Ripple and Beschta, 2007.
62. Phillips et al., 2003.
63. Parker, 1995: 46–57.
64. Wilson et al., 2000.
65. Kyle et al., 2006; P. J. Wilson et al., 2009; Bozarth et al., 2011.
66. vonHoldt et al., 2011.
67. Chambers, 2010; Way et al., 2010.
68. Bozarth et al., 2011.
69. Kays et al., 2010.
70. Kays et al., 2008.
71. Kyle et al., 2006.
72. Rackham, 1980: 191–193.
73. Boitani, 2003.
74. Boitani, 2003.

46. Yamaura et al., 2009.
47. Higuchi and Morishita, 1999; Namba et al., 2010.
48. Bayard and Elphick, 2010.
49. Roth and Johnson, 1993; Gale et al., 1997; Friesen et al., 1999.
50. Thompson et al., 2002; Thompson, 2007.
51. Robinson et al., 1995a.
52. Thompson et al., 2002.
53. Matthysen, 1999; Bellamy et al., 2000.
54. Bellamy et al., 2000.
55. Askins et al., 1990, 2000; Kurosawa and Askins, 2003.
56. Ford, 1987.
57. Chris Elphick 私信
58. Ford, 1987; Wool house, 1987.
59. Whitcomb et al., 1981; Askins et al., 1987.
60. Ford, 1987.
61. Yamauchi et al., 1997; Askins et al., 2000.
62. Opdam et al., 1985; van Dorp and Opdam, 1987.
63. Opdam et al., 1985; Cramp et al., 1985: 863.
64. Mörtberg, 2001.
65. この効果は受動的なサンプル仮説（Connor and McCoy, 1979）と呼ばれる。分断化された森林に生息する鳥類の分布を解析する際には、この仮説を考証することが重要であり、詳しくは、Woolhouse（1983）や Askins et al.（1990）を参照されたし。
66. Matthysen, 1999.
67. Matthysen and Adriaensen, 1998.
68. Mönkkönen and Welsh, 1994; Fuller et al., 2007b.
69. Mönkkönen and Welsh, 1994.
70. Tomiatojc, 2000; Yalden and Albarella, 2009: 60.
71. Yalden and Albarella, 2009: 56–60.
72. Mönkkönen and Welsh, 1994.
73. Hino, 1990; Mönkkönen and Welsh, 1994.
74. Ford, 1987.
75. Cieślak, 1985; Kurosawa and Askins, 2003.
76. Martin and Clobert, 1996, Wesołowski, 2007.
77. Brewer and MacKay, 2001.
78. Brewer and MacKay, 2001.
79. Chesser et al., 2010.
80. Brewer and MacKay, 2001.
81. Armstrong, 1955: 7.
82. Armstrong, 1955: 12–16.
83. Ford, 1987.
84. Hinsley et al., 1996; Bellamy et al., 2000.
85. Berg, 1997; Frank and Battisti, 2005.
86. Ford, 1987.
87. Wesołowski, 1983.
88. Hejl et al., 2002.
89. Wesołowski, 1983.
90. Rosenberg and Raphael, 1986; Lehmkuhl et al., 1991; McGarigal and Mc-Comb, 1995; George and Brand, 2002.
91. Brazil and Yabuuchi, 1991: 209.
92. Kurosawa and Askins, 2003.
93. Wesołowski, 2007.
94. Gregory et al., 2007.
95. Hopkins and Kirby, 2007.
96. Hewson et al., 2007.
97. Sanderson et al., 2006; Heldbjerg and Fox, 2008.
98. Hewson and Noble, 2009.
99. Hewson and Noble, 2009.
100. Wesołowski and Tomialojć, 1997.

第７章　オオカミが消えた森の衰退

1. Takatsuki and Gorai, 1994; Takatsuki and Ito, 2009.
2. Miyaki and Kaji, 2004, 2009.
3. Takatsuki and Gorai, 1994; Takatsuki and

88. Costello et al., 2000.
89. Annand and Thompson, 1997.
90. Litvaitis, 1993.
91. Dettmers, 2003.
92. Askins, 1993.
93. Askins, 1993.
94. Głowaciński and Järvinen, 1975; Ehrlich et al., 1994.
95. Fuller and Rose, 1995: 86–89.
96. Fuller and Rose, 1995: 99–101.
97. Paquet et al., 2006.
98. Hewson and Noble, 2009.
99. Fuller et al., 2007a.
100. Kurosawa, 2009.
101. Reiko Kurosawa 私信
102. Imanishi, 2002; Amano and Yamaura, 2007.
103. Yamaura et al., 2009.
104. Harris, 1984.

第６章　孤立林と森林性鳥類の減少

1. Askins, 1990.
2. Niering and Goodwin, 1962.
3. Niering and Goodwin, 1962, Hemond et al., 1983.
4. Butcher et al., 1981; Askins and Philbrick, 1987.
5. Askins et al., 1990.
6. Hickey, 1937.
7. Leck et al., 1988; Askins et al., 1990; Litwin and Smith, 1992.
8. Robbins, 1979.
9. Briggs and Criswell, 1978; Lynch and Whitcomb, 1978.
10. Wilcove, 1988; Blodget et al., 2009; Holmes, 2011.
11. Faaborg et al., 1995.
12. Burke and Nol, 1998.
13. Temple and Cary, 1988; Porneluzi et al., 1993; Paton, 1994.
14. Robinson et al., 1995a.
15. Kress, 1983.
16. Whitaker and Warkentin（2010）の総説。
17. Anders et al., 1998; Whitaker and Warkentin, 2010.
18. Betts et al., 2008.
19. Betts et al., 2008.
20. Askins et al., 1987.
21. Austen et al., 2001; Askins et al.（1990）の総説。
22. Robbins et al., 1989.
23. Robinson et al., 1995b.
24. Friesen et al., 1995; Ford et al., 2001.
25. Sands et al., 2012.
26. Hagan, 1992.
27. Anderson, 2008.
28. Lynch, 1989; Robbins et al., 1992; Wunderle and Waide, 1993.
29. Faaborg et al., 2010.
30. Rappole, 1995: 147.
31. Eaton, 1995; Hamel, 2000.
32. Sauer et al., 2008.
33. Askins, 1993; Sauer et al., 2008.
34. Askins et al., 2000.
35. Higuchi et al., 1982.
36. Askins et al., 1987.
37. 日本の鳥類のカテゴリー分類については「Kurosawa and Askins（1999）」を参照されたし。
38. Kurosawa and Askins, 2003.
39. Higuchi, 1998.
40. Kurosawa and Askins, 1999; Askins et al., 2000.
41. Kawaji, 1994; Wada, 1994; Ueta, 1998; Kurosawa and Askins, 1999, 2003.
42. Karasawa et al., 1991.
43. Ikeda, 2002.
44. Yamaura et al., 2009.
45. Amano and Yamaura, 2007; Yamaura et al., 2009.

(Milecka et al., 2009)。
19. Vera, 2000: 307.
20. Vera, 2000: 301–306.
21. Vera, 2000: 246.
22. Bernadzki et al., 1988.
23. Runkle, 2000.
24. Tyrell and Crow, 1994.
25. Thomas and Packham, 2007: 391.
26. Faliński, 1988.
27. Bobiec et al., 2000.
28. Wesołowksi, 2007.
29. Runkle, 1982.
30. Chiver et al., 2011.
31. Greenberg and Lanham, 2001; Chiver et al., 2011.
32. Fuller, 2000.
33. Annand and Thompson, 1997; Robinson and Robinson, 1999; Heltzel and Leberg, 2006.
34. Askins, 2002: 93–95.
35. Loeb and O'Keefe, 2006.
36. Menzel et al., 2002.
37. Fukui et al., 2011.
38. Kricher, 2011: 215–220.
39. Fuller, 2000.
40. Seaton, 1996; Kershner and Leverett, 2004: 184–185.
41. Peterson and Pickett, 1995; Kershner and Leverett, 2004: 48–50.
42. Peterson and Pickett, 1995.
43. Peterson and Pickett, 1995.
44. Oliver, 1981.
45. Frelich, 2002: 159–162, 184–186.
46. Bonan and Shugart, 1989.
47. Foster and Motzkin, 2003; Lorimer and White, 2003.
48. Runkle, 1996.
49. Bormann and Likens, 1979; Parshall and Foster, 2002.
50. Boose et al., 2001.
51. Foster and Boose, 1992.
52. Boose et al., 2001.
53. Henry and Swan, 1974.
54. Shimatani and Kubota, 2011.
55. Yamashita et al., 2002.
56. Parshall and Foster, 2002; Lorimer and White, 2003.
57. McShea et al., 2007.
58. Lorimer and White, 2003.
59. Cogbill et al., 2002.
60. Fuller et al., 1998; Foster et al., 2002.
61. Thomas and Packham, 2007: 239–240.
62. Meier et al., 1996.
63. Bellemare et al., 2002.
64. Peterken and Game, 1984.
65. Selva, 1996.
66. Rose, 1992.
67. Selva, 1996.
68. Petranka et al., 1993.
69. Herbeck and Larsen, 1999.
70. Haney and Schaadt, 1996.
71. Leverett, 1996.
72. Stahle, 1996.
73. Tyrell and Crow, 1994.
74. Litvaitis et al., 2006.
75. Litvaitis and Litvaitis, 1996.
76. Litvaitis, 1993; DeGraaf and Yamasaki, 2001: 319–320.
77. DeGraaf and Yamasaki, 2001: 320; Litvaitis et al., 2006.
78. Litvaitis et al., 2006.
79. Litvaitis, 2003.
80. Litvaitis, 1993.
81. Kovach et al., 2003.
82. Godin, 1977: 71–72.
83. Fuller and DeStefano, 2003.
84. White, 1998.
85. Prather and Smith, 2003.
86. Askins et al., 2007a.
87. King et al., 2001.

81. Totman, 1989: 52–56; Williams, 2003: 238.
82. Totman, 2000: 203–215.
83. Totman, 1989: 56–69.
84. Williams, 2003: 238.
85. Totman, 1989: 79.

第４章　自然林の減少と持続可能な林業の創出

1. 「Mémoires concernant l'histoire, les sciences, les artes, les moeurs, les usages & des Chinois, par les Missionaires de Pékin（Paris: Nyon, 1776–1786）」は Elvin（2004: 463）の翻訳による。
2. Elvin, 2004: 462–467.
3. Elvin, 2004: 460–461.
4. Elvin, 2004.
5. Elvin, 2004: 470–471.
6. Elvin, 2004: 471.
7. Shapiro, 2001: 80–83.
8. Shapiro, 2001: 67–70.
9. Xu, 2011.
10. Williams, 2003: 173–175.
11. Williams, 2003: 203–206.
12. Williams, 2003: 273–275.
13. Williams, 2003: 206–209, 273–275.
14. Williams, 2003: 237.
15. Totman, 1989: 84–85.
16. Totman, 1989: 84–97.
17. Totman, 1989: 116–129.
18. Totman, 1989: 135.
19. Totman, 1989: 161–169.
20. Totman, 1989: 132–133.
21. Tsutsui, 2003.
22. Yamaura et al., 2009.
23. Cronon, 1983: 90.
24. Cronon, 1983: 85–89.
25. Deneven, 1992.
26. Silverberg, 1968: 50–73.
27. Shaffer, 1992.
28. Thorson, 2002: 126–127.
29. Hall et al., 2002.
30. Foster, 1992.
31. Donahue, 2004: 54–73.
32. Donahue, 2004: 64.
33. Kulikoff, 1986: 47–50.
34. Pimm and Askins, 1995.
35. Pimm and Askins, 1995; Williams, 2003: 412–413.
36. Williams, 2003: 317–324.
37. Williams, 2003: 386–389.
38. Lewis, 2005: 99.
39. Lewis, 2006: 103.
40. Nash, 2001: 106–109.
41. Nash, 2001: 61–62, 108, 116–121.
42. Rackham, 1986: 93–97.

第５章　巨木と林内の空き地

1. Faliński and Falińska, 1986: 152.
2. Angelstam et al., 2001.
3. Faliński and Falińska, 1986: 152.
4. Milecka et al., 2009.
5. Niklasson et al., 2010.
6. Bernadzki et al., 1988; Faliński and Falińska, 1986: 377–382.
7. Bernadzki et al., 1988.
8. Bernadzki et al., 1988.
9. Kuijper et al., 2010a.
10. Kuijper et al., 2010b.
11. Kuijper et al., 2010b.
12. Pigott, 1975.
13. Faliński and Falińska, 1986: 152.
14. Pigott, 1975; Thomas and Packham, 2007: 393.
15. Bobiec et al., 2011.
16. Bobiec et al., 2012.
17. Vera, 2000: 245–274; Vines, 2002.
18. Mitchell and Cole, 1998. コナラの花粉はビャウォヴィエジャの花粉堆積物に、完新世中期以降は定期的に見られる

8. Gill et al., 2009, 2012; Johnson, 2009.
9. Burney et al., 2003.
10. Stuart, 1999.
11. Owen-Smith, 1987; Martin and Steadman, 1999.
12. Stuart, 1999.
13. Norton et al., 2010.
14. Elvin, 2004: 31–32.
15. Owen-Smith, 1987.
16. Owen-Smith, 1987; Waldram et al., 2008.
17. Owen-Smith, 1987.
18. Williams, 2003: 15–19.
19. Askins, 2002; Williams, 2003: 30–32.
20. Pyne, 1982: 48; Williams, 2003: 30–31.
21. Mellars and Reinhardt, 1979.
22. Williams, 2003: 23.
23. Pyne, 1982: 66.
24. Russell, 1983.
25. Delcourt and Delcourt, 1987: 378–379; Shaffer, 1992: 62.
26. Williams, 2003: 44–45.
27. Williams, 2003: 46.
28. Williams, 2003: 48–49.
29. Delcourt and Delcourt, 2004: 36–42.
30. Delcourt and Delcourt, 2004: 79.
31. Shaffer, 1992: 28–37.
32. Williams, 2003: 71.
33. Fuller and Qin, 2009.
34. Jones and Liu, 2009.
35. Zheng et al., 2009.
36. Shu et al., 2010.
37. Lu et al., 2009.
38. Fuller and Qin, 2009.
39. Totman, 2000: 28–30.
40. Fuller and Qin, 2009.
41. Mann, 2005.
42. Totman, 2000: 28–29.
43. Thirgood, 1981.
44. Thirgood, 1981: 37–39.
45. クリティアスⅢからの引用（Thirgood, 1981: 36）。
46. Thirgood, 1981: 3.
47. Grove and Rackham, 2001: 156–161.
48. Williams, 2003: 79–84.
49. Williams, 2003: 83–84; Pinto, 2010.
50. Williams, 2003: 102.
51. Williams, 2003: 108–111.
52. Williams, 2003: 134–136.
53. Rackham, 1986: 72–88.
54. Shaffer, 1992: 38–42.
55. Shaffer, 1992: 7.
56. Shaffer, 1992: 44–46.
57. Shaffer, 1992: 56.
58. Shaffer, 1992: 51–62.
59. Delcourt and Delcourt, 2004: 122; Benson et al., 2009.
60. Benson et al., 2009.
61. Benson et al., 2009.
62. Shaffer, 1992: 87–89.
63. Shaffer, 1992: 58–60; Hudson, 1997: 289–290.
64. Hudson, 1997: 179–180.
65. Shaffer, 1992: 91.
66. Delcourt and Delcourt, 2004: 104–109.
67. Delcourt and Delcourt, 2004: 90–95.
68. Delcourt and Delcourt, 2004: 95.
69. Williams, 2003: 140–142.
70. Elvin, 2004.
71. Elvin, 2004: 9–17. ゾウの地理的分布域が狭まったという分析は Wen Huanran の研究に基づいている。
72. Totman, 2000: 34–35.
73. Totman, 1989: 18.
74. Totman, 1989: 18.
75. Totman, 1989: 14–15.
76. Shidei, 1974.
77. Shidei, 1974.
78. Totman, 1989: 27–28.
79. Maekawa, 1974.
80. Totman, 1989: 39.

33. Thornton, 1996: 57–58, 109.
34. Wing, 2004.
35. Wolfe and Upchurch, 1986.
36. Nichols and Johnson, 2008: 69–90.
37. 「K」はよく使われる白亜紀の短縮形で、「T」は第三紀の短縮形。新生代最後の180万年間以外の時期について以前使われていた用語である。現在では、第三紀は「古第三紀」と「新第三紀」に分けられているので、この間の境界は「K–Pg」境界と呼ばれることもある。
38. Nichols and Johnson, 2008: 192.
39. 日本の北海道における海生堆積物でも、K－T境界において、花粉が減少する一方で、胞子が増加するというよく似たパターンが見られている（Saito et al., 1986）。
40. Nichols and Johnson, 2008: 227.
41. Labandeira et al., 2002.
42. Graham, 1999: 161.
43. Wolfe, 1987.
44. Wolfe, 1987; Wolfe and Upchurch, 1987.
45. Johnson and Ellis, 2002; Nichols and Johnson, 2008: 57.
46. Johnson and Ellis, 2002; Ellis et al., 2003.
47. Johnson and Ellis, 2002.
48. Wilf et al., 2006.
49. Wappler et al., 2009.
50. Wolfe, 1987.
51. Wing, 2004.
52. Wing et al., 2005.
53. Wolfe, 1972.
54. Graham, 1972b.
55. Wolfe, 1972; Wolfe, 1987.
56. Ruddiman and Kutzbach, 1991.
57. Barnes, 1991.
58. Graham, 1999: 250.
59. McCartan et al., 1990; Graham, 1999: 249–250.
60. Tanai, 1972.
61. Wolfe, 1979; Davis, 1983.
62. Latham and Ricklefs, 1993; Harrison et al., 2001.
63. Graham, 1999: 37–38; Skelton et al., 2003: 174–175.
64. Graham, 1999: 274.
65. Braun, 1950.
66. Braun, 1950: 39–56; Delcourt, 2002: 37–38.
67. Delcourt, 2002: 129–139.
68. Graham, 1999: 285.
69. Davis, 1983.
70. Delcourt, 2002: 148–149.
71. Davis, 1983.
72. Wolfe, 1979; Delcourt and Delcourt, 1987: 374–376.
73. Latham and Ricklefs, 1993.
74. Wolfe, 1979.
75. Delcourt, 2002: 147–149.
76. Davis, 1969.
77. Grimm and Jacobson, 2004.
78. Delcourt and Delcourt, 1987: Chapter 5, 359–361.
79. Delcourt and Delcourt, 1987: 165, 231, 356–358.
80. Delcourt and Delcourt, 1987: 374–381.
81. Graham, 1999: 323.
82. Harrison et al., 2001.
83. Ching, 1991.
84. Qian and Ricklefs, 2000.

第３章　人類出現後の落葉樹林

1. Martin, 1967; Martin, 2005.
2. Grayson and Meltzer, 2003.
3. Gill et al., 2009.
4. Martin and Steadman, 1999.
5. Grayson and Meltzer, 2003.
6. Graham, 1990; Guthrie, 1990; Stuart, 1999.
7. Grayson, 2008.

注

第１章　よく似た景観

1. 本書は主に北米とヨーロッパおよび東アジアの落葉樹林地域に焦点をあてている。熱帯や南半球の温帯落葉樹林は明らかに異なる樹林なので、本書ではそうした地域の樹林は検討しなかった（Schmaltz, 1991）。また、北米西部やメキシコおよび中米の山岳地帯にある比較的小規模な落葉樹林についての研究についても触れていない（Barnes, 1991; Röherig, 1991）。
2. Latham and Ricklefs, 1993.
3. Qian and Ricklefs, 1999.
4. Graham, 1972a.
5. Li, 1952.
6. Wen, 1999.
7. Tiffney, 1985a, 1985b; Qian and Ricklefs, 1999.
8. Qian and Ricklefs, 1999.
9. 生態劇場と進化劇という比喩は、G. Evelyn Hutchinson（1965）による同名の著書による。

第２章　白亜紀の森

1. Parrish et al., 1987.
2. Falcon-Lang et al., 2004.
3. Parrish et al., 1987.
4. Skelton et al., 2003: 148–156; Beerling, 2007: 200–202.
5. Falcon-Lang et al., 2004.
6. Skelton et al., 2003: 90–91.
7. David Beerlingの『エメラルド色の惑星（The Emerald Planet）』は古代の極地方にあった森林を理解するには詳細で魅力的な著書である（2007：132–137）。
8. Royer et al., 2005.
9. Beerling, 2007: 137.
10. Graham, 1999: 156.
11. Parrish et al., 1987; Graham, 1999: 158.
12. Graham, 1999: 157.
13. Parrish et al., 1987; Prothero, 2009: 2–5.
14. Skelton et al., 2003: 159.
15. Russell, 2009: 222–228.
16. Graham, 1999: 158, Falcon-Lang et al., 2004.
17. Skelton et al., 2003: 90.
18. Russell, 2009: 230–231, 238.
19. Russell, 2009: 230–232.
20. Parrish et al., 1987.
21. Parrish et al., 1987.
22. Parrish et al., 1987.
23. Fiorillo and Gangloff, 2000.
24. Russell, 2009: 247–249.
25. Wolfe and Upchurch, 1986.
26. Sarjeant and Currie, 2001; Sweet and Braman, 2001; Prothero, 2009.
27. Skelton et al., 2003: 312–325.
28. Skelton et al., 2003: 329–334.
29. Prothero, 2009: 127.
30. Nichols and Johnson, 2008; Skelton et al., 2003: 297–300; Schulte et al., 2010.
31. Signor and Lipps, 1982; Nichols and Johnson, 2008: 8–12.
32. Nichols and Johnson, 2008: 60–66.

フィッシャー（*Martes pennanti*） 89
プレーリードッグ（属）（*Cynomys spp.*） 181
ヘラジカ（*Alces alces*） 102, 208
ホエザル（属）（*Alouatta spp.*） 190
ボブキャット（*Lynx rufus*） 130, 155

【マ行】

マストドン（*Mammut americanum*） 51
マングース（科）（*Herpestidae*） 251
マンモス（属）（*Mammuthus spp.*） 51, 57
ムササビ（*Petaurista leucogenys*） 86
ムルスイギュウ（*Bubalus murrensis*） 121
メフィストフェレススイギュウ（*Bubalus mephistopheles*） 63

【ヤ・ワ行】

ヤベオオツノシカ（*Sinomegaceros yabei*） 57
ヨーロッパオオヤマネコ（*Lynx lynx*） 184
ヨーロッパバイソン（*Bison bonasus*） 101
ヨーロッパビーバー（*Castor fiber*） 102
ワタオウサギ（*Sylvilagus floridanus*） 130

アカシカ（*Cervus elaphus*） 101, 201
アジアゾウ（*Elephas maximus*） 57, 71
アパラチアワタオウサギ
（*Sylvilagus transitionalis*） 128
アフリカゾウ（*Loxodonta africana*） 57
アメリカアカオオカミ
（*Canis lupus rufus*（*Canis rufus*）） 206
アメリカアカシカ（ワピチ）
（*Cervus canadensis*） 205
アメリカグマ（*Ursus americanus*） 155
アメリカバイソン（*Bison bison*） 205
アメリカモモンガ（*Glaucomys volans*） 89
アライグマ（*Procyon lotor*） 146
アンチクウスゾウ（パレオロクソドン属）
（*Palaeoloxodon antiquus*） 56
イノシシ（*Sus scrofa*） 86, 104, 187, 189, 213
ウマ（*Equus caballus*） 38, 52, 121, 187
オーロックス（*Bos primigenius*） 106
オオカミ 19, 184, 212
オジロジカ（*Odocoileus virginianus*） 190, 198

【カ行】

カバ（*Hippopotamus amphibius*） 56, 121
キタリス（*Sciurus vulgaris*） 267
キツネザル 56
キバノロ（*Hydropotes inermis*） 213
キョン（*Muntiacus reevesi*） 213
ケナガマンモス（*Mammuthus primigenius*） 56
ケブカサイ（*Coelodonta antiquitatis*） 56
コウモリ 112, 265
コヨーテ（*Canis latrans*） 206

【サ行】

ジャコウウシ（*Ovibos moschatus*） 27
シカ 104, 180, 181, 184, 197, 203, 212, 214, 280
ショートフェイスベア（*Arctodus simus*） 53
シロアシマウス（*Peromyscus leucopus*） 262
シロサイ（*Ceratotherium simum*） 57
シンリンオオカミ（*Canis lycaon*） 208
スイギュウ 187
スミロドン（*Smilodon fatalis*） 53
ゾウ 52

【タ行】

ターパン（*Equus ferus*（*Equus caballus*）） 106
ダイアウルフ（*Canis dirus*） 53
タイリクオオカミ（*Canis lupus*） 205
タヌキ（*Nyctereutes procyonoides*） 161
ダマジカ（*Dama dama*） 213
ツキノワグマ（*Ursus thibetanus*） 86
テン（*Martes melampus*） 161
トウブシマリス（*Tamias striatus*） 262
トウブハイイロリス（*Sciurus carolinensis*） 267
トビイロホオヒゲコウモリ
（*Myotis lucifugus*） 265
トラ（*Panthera tigris*） 184

【ナ行】

ナウマンゾウ（*Palaeoloxodon naumanni*） 57
ニホンカモシカ（*Capricornis crispus*） 189
ニホンザル（*Macaca fuscata*） 86
ニホンジカ（*Cervus nippon*） 180, 189, 198, 213
ネコ（*Felis catus*） 146, 161
ノロジカ（*Capreolus capreolus*） 213

【ハ行】

バイソン 104
ビーバー 55, 77, 130, 134, 205, 279, 308
ヒグマ（*Ursus arctos*） 305
ピューマ（*Puma concolor*） 130, 204

ニシノビタキ（*Saxicola rubicola*） 136
ニワムシクイ（*Silvia borin*） 136
ネコマネドリ（*Dumetella carolinensis*） 132, 134
ノドグロミドリアメリカムシクイ（*Setophaga virens*） 244
ノドグロルリアメリカムシクイ（*Setophaga caerulescens*） 149, 151
ノドジロムシクイ（*Sylvia communis*） 136

【ハ行】

ハクセキレイ（*Motacilla alba*） 291
ハゴロモムシクイ（*Setophaga ruticilla*） 45
ハシジロキツツキ（*Campephilus principalis*） 111
パシフィックレン（*Troglodytes pacificus*） 173
ハシブトガラ（*Poecile palustris*） 168, 285
ハシブトガラス（*Corvus macrorhynchos*） 160
ハシボソガラス（*Corvus corone*） 120
ヒガラ（*Periparus ater*） 158
ヒバリ（*Alauda arvensis*） 136
ヒメドリ（*Spizella pusilla*） 134
ヒヨドリ（*Hypsipetes amaurotis*） 19
フタスジアメリカムシクイ（*Helmitheros vermivorum*） 45, 132, 133, 164
ブユムシクイ（*Polioptila caerulea*） 133
ホオジロ（*Emberiza cioides*） 137
ホトトギス（*Cuculus poliocephalus*） 160

【マ行】

マキバタヒバリ（*Anthus pratensis*） 136
マダラヒタキ（*Ficedula hypoleuca*） 167
マツアメリカムシクイ（*Dendroica pinus*） 133
マナヅル（*Grus vipio*） 291
マミジロノビタキ（*Saxicola rubetra*） 98
ミズイロアメリカムシクイ（*Setophaga cerulea*） 152, 156
ミソサザイ（*Troglodytes troglodytes*） 172
ミドリメジロハエトリ（*Empidonax virescens*） 133, 244
ミヤマガラス（*Corvus frugilegus*） 120
ムシワイ類 225
ムナグロアメリカムシクイ（*Vermivora bachmanii*） 111
ムネアカヒワ（*Carduelis cannabina*） 136
メガネアメリカムシクイ（*Geothlypis formosa*） 197
メジロハエトリ（*Empidonax traillii*） 206
メジロモズモドキ（*Vireo griseus*） 134
モズ（*Lanius bucephalus*） 137
モズモドキ科（*Vireonidae*） 19
モリツグミ（*Hylocichla mustelina*） 132

【ヤ行】

ヤマシギ（*Scolopax rusticola*） 285
ヨーロッパウズラ（*Coturnix coturnix*） 98
ヨーロッパオオライチョウ（*Tetrao urogallus*） 167, 171
ヨーロッパカヤクグリ（*Prunella modularis*） 111, 136, 215

【ラ・ワ行】

リョコウバト（*Ectopistes migratorius*） 273
ルリノジコ（*Passerina cyanea*） 133
ワキアカトウヒチョウ（*Pipilo erythrophthalmus*） 133
ワキチャアメリカムシクイ（*Setophaga pensylvanica*） 131
ワシミミズク（*Bubo bubo*） 171

◉哺乳類

【ア行】

アカギツネ（*Vulpes vulpes*） 129

オオモズ（*Lanius excubitor*） 136
オオルリ（*Cyanoptila cyanomelana*） 158
オリーブチャツグミ（*Catharus ustulatus*） 124

【カ行】
カオグロアメリカムシクイ（*Geothlypis trichas*） 132
カケス（*Garrulus glandarius*） 106
カタアカノスリ（*Buteo lineatus*） 89
カマドムシクイ（*Seiurus aurocapilla*） 45, 133, 141, 146, 152
カラス（属）（*Corvus spp.*） 146, 165
カラ類 152
カワセミ（*Alcedo atthis*） 291
カンムリガラ（*Lophophanes cristatus*） 168
キアオジ（*Emberiza citrinella*） 136
キタミズツグミ（*Parkesia noveboracensis*） 156
キタヤナギムシクイ（*Phylloscopus trochilus*） 215
キツツキ 99
キビタキ（*Ficedula narcissina*） 86
キマユアメリカムシクイ（*Setophaga fusca*） 123
キョクアジサシ（*Sterna paradisaea*） 147
キンバネアメリカムシクイ（*Vermivora chrysoptera*） 135
クマゲラ（*Dryocopus martius*） 171
クロズキンアメリカムシクイ（*Setophaga citrina*） 110, 142
コウウチョウ（*Molothrus ater*） 133, 146
コガラ（*Poecile montanus*） 168
コゲラ（*Dendrocopos kizuki*） 157
コクマルガラス（*Corvus dauuricus*） 120
ゴジュウカラ（*Sitta europaea*） 168
コジュリン（*Emberiza yessoensis*） 299
コノドジロムシクイ（*Sylvia curruca*） 136
コルリ（*Luscinia cyane*） 160

【サ行】
サヨナキドリ（*Luscinia megarhynchos*） 215
シジュウカラ（*Parus minor*（*Troglodytes pacificus*）） 222
ジュウイチ（*Hierococcyx hyperythrus*） 160
シロオビアメリカムシクイ（*Setophaga magnolia*） 123
シロクロアメリカムシクイ（*Mniotilta varia*） 133, 142
ズキンガラス（*Corvus cornix*） 120
ズグロムシクイ（*Sylvia atricapilla*） 111, 215
スズメ（*Passer montanus*） 291
セアカモズ（*Lanius collurio*） 136
セジロコゲラ（*Picoides pubescens*） 141
センダイムシクイ（*Phylloscopus coronatus*） 160

【タ行】
タイランチョウ科（*Tyrannidae*） 19
タンシキバシリ（*Certhia brachydactyla*） 168
タンチョウ（*Grus japonensis*） 291
チゴモズ（*Lanius tigrinus*） 137
チフチャフ（*Phylloscopus collybita*） 111, 215
チャイロツグミモドキ（*Toxostoma rufum*） 134
チャスジアメリカムシクイ（*Setophaga discolor*） 131, 134
ツツドリ（*Cuculus optatus*） 86, 160
トウヒチョウ（*Pipilo erythrophthalmus*） 132
トモエガモ（*Anas formosa*） 291

【ナ行】
ナベヅル（*Grus monacha*） 291
ニシコウライウグイス（*Oriolus oriolus*） 167

白鼻症候群菌
（*Pseudogymnoascus destructans*） 265
マツ瘤病菌（*Cronartium ribicola*） 245, 246

◉昆虫

アオナガタマムシ（*Agrilus planipennis*） 245
アブラムシ 253
エクトエデミア・カスタネアエ（*Ectoedemia castaneae*） 262
カブトムシ（亜科）（*Dynastinae*） 298
キクイムシ 179
コガネムシ 121
チョウ 230, 307
ツガカサアブラムシ（*Adelges tsugae*） 244
ツガヒメテントウ（*Sasajiscymnus tusgae*） 252
ツヤハダゴマダラカミキリ（*Anoplophora glabripennis*） 245, 249
テントウムシ 252
トンボ 291
ナミスジフユナミシャク（*Operophtera brumata*） 222
ニレカワノキクイムシ（*Scolytus spp.*） 263
ハキリアリ（属）（*Atta spp.*） 190
ハモグリガ 262
パラプロキフィルス・テッセラトス（*Paraprociphilus tessellatus*） 253
ヒュドリア・プルニヴォラタ（*Hydria prunivorata*） 192
フェニセカ・タルキニウス（*Feniseca tarquinius*） 253
フユシャク 223
マイマイガ（*Lymantria dispar*） 243, 249
マルハナバチ（属）（*Bombus spp.*） 45, 307
モンナガコバネダニ（*Diapterobates humeralis*） 252
ラリコビウス・ニグリヌス（*Laricobius nigrinus*） 254

◉無脊椎動物

マツノザイセンチュウ（*Bursaphelenchus xylophilus*） 243

◉鳥類

【ア行】

アオゲラ（*Picus awokera*） 157
アオバト（*Sphenurus sieboldii*） 86
アオバネアメリカムシクイ（*Vermivora cyanoptera*） 131, 134
アカゲラ（*Dendrocopos major*） 168
アカフウキンチョウ（*Piranga olivacea*） 154
アカメモズモドキ（*Vireo olivaceus*） 45
アカモズ（*Lanius cristatus*） 136
アメリカキバシリ（*Certhia americana*） 123
アメリカフクロウ（*Strix varia*） 89
アメリカムシクイ科（*Parulidae*） 19
イカル（*Eophona personata*） 157
イスカ（*Loxia curvirostra*） 124
ウィンターレン 173
ウグイス（*Cettia diphone*） 137
ウタイムシクイ（*Hippolais polyglotta*） 136
ウタツグミ（*Turdus philomelos*） 215
エゾセンニュウ（*Locustella fasciolata*） 137
エナガ（*Aegithalos caudatus*） 216
エボシガラ（*Parus bicolor*） 133
エボシクマゲラ（*Dryocopus pileatus*） 89
オオアカゲラ（*Dendrocopos leucotos*） 171
オオアメリカムシクイ（*Icteria virens*） 131, 133
オオセッカ（*Locustella pryeri*） 299
オオタカ（*Accipiter gentilis*） 167

ハナミズキ（*Cornus florida*） 44
バンクスマツ（*Pinus banksiana*） 41
ハンノキ（属）（*Alnus spp.*） 42
ヒッコリー（*Carya ovata*） 39, 44, 62
ヒノキ（*Chamaecyparis obtusa*） 47, 72, 82
ヒマワリ（*Helianthus annuus*） 61
ヒメツルニチニチソウ（*Vinca minor*） 89
ピンチェリー（*Prunus pensylvanica*） 191
フウ（属）（*Liquidambar spp.*） 34
フサスグリ（*Ribes rubrum*） 247
ブタクサ（属）（*Ambrosia spp.*） 70
ブナ（*Fagus crenata*） 38, 118
ブナ（属）（*Fagus spp.*） 47
フユボダイジュ（*Tilia cordata*） 103
フラサバソウ（ツタバイヌノフグリ）（*Veronica hederifolia*） 267
ブラックオーク（*Quercus velutina*） 89
ブラックチェリー（*Prunus serotina*） 191, 192
ブルーベリー（ツツジ科スノキ属の低木、*Vaccinium spp.*） 132, 266
ヘイセンテッド（ファーン）（*Dennstaedtia punctilobula*） 194
ベイツガ（*Tsuga heterophylla*） 254
ペカン（属）（*Carya spp.*） 39, 47, 62, 239
ポプラ（*Populus*） 205, 249
ホワイトオーク（*Quercus alba*） 44
ポンティクムシャクナゲ（*Rhododendron ponticum*） 267

【マ行】

マートルブナ（*Nothofagus cunninghamii*） 24
マツ（属）（*Pinus spp.*） 38
マンサク（*Hamamelis japonica*） 15, 17
ミズキ（*Cornus controversa*） 38
ミズメ（*Betula grossa*） 118
メギ（*Berberis thunbergii*） 181, 266
メタセコイア（*Metasequoia glyptostroboides*） 21, 24
モクレン（*Magnolia liliiflora*） 16
モミ（属）（*Abies spp.*） 13, 40
モンチコラマツ（*Pinus monticola*） 247, 259

【ヤ行】

ヤナギ（属）（*Salix spp.*） 102
ヤマザクラ（*Prunus jamasakura*） 219
ユリノキ（*Liriodendron tulipifera*） 203
ヨーロッパアカマツ（*Pinus sylvestris*） 100
ヨーロッパカエデ（*Acer platanoides*） 102
ヨーロッパグリ（*Castanea sativa*） 238
ヨーロッパトウヒ（*Picea abies*） 99
ヨーロッパナラ（*Quercus robur*） 102
ヨーロッパニレ（*Ulmus minor*） 242
ヨーロッパブナ（*Fagus sylvatica*） 100

【ラ・ワ行】

ラクウショウ（*Taxodium distichum*） 48
リギダマツ（*Pinus rigida*） 118
レジノサマツ（*Pinus resinosa*） 41
レッドトリリウム（*Trillium erectum*） 194
ワラビ（*Pteridium aquilinum*） 214

◉菌類

エントモファガ・マイマイガ（*Entomophaga maimaiga*） 256
オフィオストマ・ウルミ（*Ophiostoma ulmi*） 240
オフィオストマ・ノヴォウルミ（*O. nova-ulmi*） 240
コムギ黒さび病菌（*Puccinia graminis*） 266
クリ胴枯れ病菌（*Cryphonectria parasitica*） 239
スポロルミエラ属（*Sporormiella*） 54
ナラ萎凋病菌（*Ceratocystis fagacearum*） 247

種、*Castanea mollissima* × *C. dentata*） 260
クリ（属）（*Castanea spp.*） 73, 240, 250, 258, 261, 280
クルミ（属）（*Juglans spp.*） 37
クワガタソウ属（*Veronica*） 267
ケヤキ（属）（*Zelkova spp.*） 38
コナラ（属）（*Quercus spp.*） 41, 84, 98
コムギ（属）（*Triticum spp.*） 60, 266, 288
コメツガ（*Tsuga diversifolia*） 252

【サ行】

サクラ（属）（*Prunus spp.*） 38, 113, 220, 294
ササ（属）（*Sasa spp.*） 84, 180
サッサフラス（*Sassafras albidum*） 48
サトウカエデ（*Acer saccharum*） 196
サトウマツ（*Pinus lambertiana*） 247
サワグルミ（*Pterocarya rhoifolia*） 38
サンショウ（*Zanthoxylum piperitum*） 181
シイ（属）（*Castanopsis spp.*） 50, 73
シダ 31, 192, 197
シナグリ（*Castanea mollissima*） 238, 259
シナノキ（属）（*Tilia spp.*） 47, 66
シバ（*Zoysia japonica*） 181
シログルミ（*Juglans cinerea*） 245
シロスジカエデ（*Acer pensylvanicum*） 193
スギ（*Cryptomeria japonica*） 73, 82
スグリ（属）（*Ribes spp.*） 247
スズカケノキ（属）（*Platanus spp.*） 25, 47
ススキ（*Miscanthus sinensis*） 181
ストローブマツ（*Pinus strobus*） 46
スミレ（属）（*Viola spp.*） 12
セイタカアワダチソウ（*Solidago altissima*） 267
セイヨウイラクサ（*Urtica dioica*） 104
セイヨウシデ（*Carpinus betulus*） 103
セイヨウスグリ（*Ribes uva-crispa*） 247
セイヨウトネリコ（*Fraxinus excelsior*） 103
セイヨウナナカマド（*Sorbus aucuparia*） 104
セイヨウハシバミ（*Corylus avellana*） 267
セイヨウハルニレ（*Ulmus glabra*） 242
セイヨウメギ（*Berberis vulgaris*） 266
セイヨウヤブイチゴ（*Rubus fruticosus*） 214
セコイア（*Sequoia sempervirens*） 22, 99
ソテツ 22, 25
ソロモンズシール（アマドコロ属）（*Polygonatum biflorum*） 194

【タ行】

ダイオウマツ（*Pinus palustris*） 88
タラノキ（*Aralia elata*） 181
ダンドボロギク（*Erechtites hieracifolia*） 114
チュペロ（ヌマミズキ科）（*Nyssa sylvatica*） 46, 48
ツガ（*Tsuga sieboldii*） 12, 39, 252, 258
ツガ属（*Tsuga spp.*） 47
ツタ 15, 17, 131, 135, 214, 265
ツルアリドオシ属（*Mitchella*） 17
トウヒ（属）（*Picea spp.*） 40, 44, 46
トウモロコシ（*Zea mays*） 68
トチノキ（属）（*Aesculus spp.*） 249
トネリコ（属）（*Fraxinus spp.*） 37, 39, 47, 55, 100

【ナ行】

ナラ 106, 239, 247
ナラ類 243
ニセアカシア（*Robinia pseudoacacia*） 267
ニレ（属）（*Ulmus spp.*） 25, 37, 240, 263
ノルウェーカエデ（*Acer platanoides*） 102

【ハ行】

ハコヤナギ（属）（*Populus spp.*） 34
ハックルベリー（ツツジ科ゲイルッサキア属）（*Gaylussacia spp.*） 266
ハナヒリノキ（*Leucothoe grayana*） 181

生物名索引

◉植物

【ア行】

アカカエデ（*Acer rubrum*） 193
アカザ属の1種（*Chenopodium berlandieri*） 61
アカマツ（*Pinus densiflora*） 73, 86, 243
アサダ（*Ostrya japonica*） 55
アシボソ（*Microstegium vimineum*） 266
アネモネ・クィンケフォリア（*Anemone quinquefolia*） 45
アメリカカラマツ（*Larix laricina*） 25
アメリカグリ（*Castanea dentata*） 46, 238, 239, 241, 259, 268
アメリカサイカチ（*Gleditsia triacanthos*） 190
アメリカシラネワラビ（*Dryopteris intermedia*） 194
アメリカトネリコ（*Fraxinus americana*） 89
アメリカニレ（*Ulmus americana*） 190
アメリカブナ（*Fagus grandifolia*） 46
アメリカミズメ（*Betula lenta*） 89, 202, 244
アレチウリ（*Sicyos angulatus*） 267
アワ（*Setaria italica*） 63
イヴァ・アンヌア（*Iva annua*） 61, 68
イチジク（属）（*Ficus spp.*） 37
イチョウ（*Ginkgo biloba*） 16
イチリンソウ（キンポウゲ科）（*Anemone spp.*） 12
イワナシ（*Epigaea asiatica*） 15
ウメ（*Prunus mume*） 294
ウルシ（*Toxicodendron vemicifluum*） 38
エノキ（属）（*Celtis spp.*） 34, 42, 47
エンレイソウ（属）（*Trillium spp.*） 12
オオイヌノフグリ（*Veronica persica*） 267
オオブタクサ（*Ambrosia trifida*） 267
オオムギ（*Hordeum vulgare*） 60, 64

【カ行】

ガーリック・マスタード（*Alliaria petiolata*） 266
カエデ（属）（*Acer spp.*） 25
カシ 38
カナダツガ（*Tsuga canadensis*） 112, 119, 142, 172, 244, 251, 257, 268
カナダマイヅルソウ（*Maianthemum canadense*） 194
カバノキ（属）（*Betula spp.*） 13, 25
カボチャ（属）（*Cucurbita spp.*） 70
カラマツ属（*Larix spp.*） 22
カロライナツガ（*Tsuga caroliniana*） 251
キイチゴ（属）（*Rubus spp.*） 114, 181
キササゲ（*Catalpa ovata*） 15, 17
キハダカンバ（*Betula alleghaniensis*） 114
キビ（*Panicum mileaceum*） 63
キョクチカエデ（*Acer arcticum*） 25
ギンリョウソウモドキ（*Monotropa uniflora*） 12
グースフット（*Chenopodium berlandieri*） 61
クスノキ（属）（*Cinnamomum spp.*） 37
クマシデ（*Carpinus japonica*） 55
クラッパー（シナグリとアメリカグリの雑

【ワ行】

【マ行】

【ヤ行】

【ラ行】

【ナ行】

【タ行】

事項索引

著者紹介

ロバート・A・アスキンズ (Robert A. Askins)

専門は鳥類学と生態学で米国コネチカット・カレッジの生物学教授。同志社大学のAKP（連携京都プログラム）に3期来日し、日本語学習に来ているアメリカ人学生に環境学と鳥類学を教えた。また、日本の森林性鳥類の研究も行った。コネチカット・オーデュボン協会のエコツアーリーダーとしても来日。著書に『鳥たちに明日はあるか——景観生態学に学ぶ自然保護』（文一総合出版、2003年）など。

訳者紹介

黒沢令子 （くろさわ・れいこ）

専門は鳥類生態学。米国コネチカット・カレッジで動物学修士、北海道大学で地球環境学博士を修得。現在は、（NPO）バードリサーチの研究員の傍ら、翻訳に携わる。訳書に『フィンチの嘴』（早川書房、1995年、共訳）、『鳥たちに明日はあるか——景観生態学に学ぶ自然保護』（文一総合出版、2003年）、『動物行動の観察入門——計画から解析まで』（白揚社、2015年）など。

落葉樹林の進化史

恐竜時代から続く生態系の物語

2016年11月20日　初版発行

著者　ロバート・A・アスキンズ
訳者　黒沢令子
発行者　土井二郎
発行所　築地書館株式会社
〒104-0045
東京都中央区築地7-4-4-201
☎ 03-3542-3731　FAX 03-3541-5799
http://www.tsukiji-shokan.co.jp/
振替 00110-5-19057
印刷・製本　シナノ印刷株式会社
装丁　吉野　愛

© 2016 Printed in Japan ISBN978-4-8067-1528-3 C0045